高等职业教育电力系统自动化技术专业新形态一体化教材

配电系统设计与实施

——理论分册

主　编　唐明凤　赵扬帆　杨炽昌

副主编　许素玲　荣俊香　董家斌

主　审　杨志红

北京理工大学出版社

BEIJING INSTITUTE OF TECHNOLOGY PRESS

内 容 简 介

本书采用最新的国家标准，以社会要求供配电系统规划与实施的从业人员必须掌握的重要知识和技术能力为引领，结合近几年高职院校教学改革的经验与成果进行编写，教材为新型活页式教材。

本书分为活页工单和理论部分，其中工单分为 13 个任务，分别是电力系统认知、供电质量及额定电压确定、变电力负荷计算、高压开关柜的"五防"设计、低压成套设备中开关电器的安装、楼宇照明系统设计、线路敷设、导线在绝缘子上的固定、电缆头的制作与安装、常用继电器的工作原理和性能检验、变压器保护、安全用电、触电急救；理论部分共 8 个模块，分别是电力系统构成、变配电所主接线方案与设备选择、中压配电装置、低压配电装置、楼宇照明系统、线路敷设、继电保护方式选择和电击防护与安全用电。

图书在版编目（ＣＩＰ）数据

配电系统设计与实施 / 唐明凤，赵扬帆，杨炽昌主编. -- 北京：北京理工大学出版社，2024.1（2024.3 重印）
ISBN 978 – 7 – 5763 – 3451 – 7

Ⅰ. ①配… Ⅱ. ①唐… ②赵… ③杨… Ⅲ. ①配电系统 – 系统设计 – 高等职业教育 – 教材 Ⅳ. ①TM727

中国国家版本馆 CIP 数据核字（2024）第 033889 号

责任编辑：张鑫星　　　文案编辑：张鑫星
责任校对：周瑞红　　　责任印制：施胜娟

出版发行 / 北京理工大学出版社有限责任公司
社　　址 / 北京市丰台区四合庄路 6 号
邮　　编 / 100070
电　　话 / （010）68914026（教材售后服务热线）
　　　　　（010）68944437（课件资源服务热线）
网　　址 / http：//www. bitpress. com. cn

版 印 次 / 2024 年 3 月第 1 版第 2 次印刷
印　　刷 / 河北盛世彩捷印刷有限公司
开　　本 / 787 mm × 1092 mm　1/16
印　　张 / 18
字　　数 / 398 千字
定　　价 / 59.80 元

前言

《国家职业教育改革实施方案》要求围绕"教师、教材、教法"推进教育教学改革，"三教"改革应着眼于整体，以课程建设为引领，推动教材改革与产业发展需求深度契合。教材作为"三教"改革核心要素之一，是保障教学质量的重要支撑，构建以"行动导向、技能本位"的应用逻辑课程应体现在职业教育教材的规划建设中。

"供配电系统规划与实施"是提高学生相关专业知识和职业技能的核心课程，本课程主要适用于供用电技术、电气自动化技术、电力系统继电保护技术、建筑电气工程技术等专业，教材内容可根据不同专业的培养规格和学时安排等侧重点自行取舍；而其他项目和任务，可作为选讲内容或拓展内容，安排给学生自学。

本教材分为理论部分和活页工单，其中，理论部分共 8 个模块 23 个任务，分别是电力系统构成、变配电所主接线方案与设备选择、中压配电装置、低压配电装置、楼宇照明系统、线路敷设、继电保护方式选择和电击防护与安全用电，工单分为 13 个任务，分别是电力系统认知、供电质量及额定电压确定、电力负荷计算、高压开关柜的"五防"设计、低压成套设备中开关电器的安装、楼宇照明系统设计、线路敷设、导线在绝缘子上的固定、电缆头的制作与安装、常用继电器的工作原理和性能检验、变压器保护、安全用电、触电急救。

本教材由云南机电职业技术学院杨志红教授主审，负责全书整体策划、指导工作，由唐明凤、赵扬帆和杨炽昌任主编，许素玲、荣俊香和董家斌任副主编。其中唐明凤老师编写了工单中的任务 10、任务 11，理论部分的模块七；赵扬帆老师编写了工单中的任务 7、任务 8、任务 9，理论部分的模块六；杨炽昌老师编写了工单中的任务 1、任务 2、任务 3，理论部分的模块一、模块二；许素玲老师编写了工单中的任务 4、任务 5，理论部分的模块三、模块四；荣俊香老师编写了工单中的任务 6，理论部分的模块五；董家斌编写了工单中的任务 12、任务 13，理论部分的模块八。

本教材的编者有多年企业一线电气相关岗位的工作经验，编写的内容贴近生产实际，具有实用性和可操作性，并融入了思政元素；教材以社会要求供配电系统规划与实施的从业人员必须掌握的重要知识和技术能力为引领，按模块和任务的形式进行分类设计，便于读者查阅和学习。

限于编者水平，本教材的疏漏之处在所难免，敬请读者批评指正，以便进一步完善！

编　者

目录

模块一
电力系统构成

模块介绍

本模块主要是让同学们认识电力系统、供配电系统的基本概念、构成以及发电厂基本知识；清楚供电质量的意义以及电能质量的主要指标，了解各指标偏差带来的影响和改善措施；能够熟练说出电网额定电压各个等级。能够在给定系统图的情况下准确地确定电网线路和用电设备、发电机、变压器的额定电压。知道电力用户供配电电压如何选择。

知识目标

1. 正确理解电力系统、供配电系统基本概念以及结构。

2. 清楚供电质量的意义以及电能质量的主要指标，了解各指标偏差带来的影响和改善措施。

3. 知道什么是电网额定电压以及设备额定电压确定的依据。

能力目标

1. 能够正确区分电力系统、电网、供配电系统。

2. 掌握电网额定电压、电力设备额定电压的确定。

3. 知道电力用户供配电电压如何选择。

素质目标

1. 培养学生自主探究学习能力。

2. 培养学生团队合作意识。

3. 培养学生敬业、专注、创新的工匠精神。

任务 1.1 电力系统认知

相关知识

1.1.1 发电厂基本知识

发电厂又称发电站，是将自然界的各种一次能源转换为电能的工厂，主要有水力发电厂、火力发电厂、核能发电厂、太阳能发电厂、风力发电厂等。

1. 火力发电厂

火力发电厂是利用燃料（煤、天然气、石油等）的化学能来生产电能，如图 1－1 所示。我国的火力发电厂以燃煤为主，将锅炉内的水烧成高温高压的蒸汽，推动汽轮机转动，带动与它联轴的发电机旋转发电。

图 1－1　火力发电厂

火力发电厂通常使用的燃料能源不可再生，污染环境。为了实现可持续发展战略，在新世纪，我国要大力发展大容量、高参数和高效率的火电机组，并要在火电的开发建设中采用洁净煤发电技术和电力环保技术，开发利用城市垃圾和生物质能（如糖厂、纸厂等的副产品）来发电，而一些严重污染环境的低效火力发电厂，则按节能减排的方针坚决予以关停。目前国内较大的火力发电厂有内蒙古托克托发电厂、嘉兴发电厂、宁波北仑发电厂等。

2. 核能发电厂

核能发电厂是利用原子核的裂变能来生产电能的工厂，其生产过程与火力发电厂基本相同，只是以核反应堆代替了燃煤锅炉，以少量的核燃料取代了大量的煤炭等燃料。

由于核能是极其巨大的能源，而且也是比较洁净和安全的一种能源，所以世界各国都很重视核电建设。我国从 20 世纪 80 年代起，就确定"适当发展核电"的方针，现已在沿海地区兴建了秦山、大亚湾、岭澳等多座大型核电站，并已安全运行多年。但核电站的选址不能处于地震带，以防地震引发核电站的核泄漏，污染环境、危害人类健康。

3. 水力发电厂

水力发电厂是利用水流的位能（势能）来推动水轮机从而生产电能。

水电是一种清洁、廉价和可再生的能源，因此我国早就制定了优先发展水电的方针。在 21 世纪，随着我国"西部大开发"战略的实施，拥有极其丰富水力资源的西南地区正出现一个水电建设的高潮，并实施"西电东送"工程，将根本改变经济较发达的东部地区能源紧张的状况，同时促进西部地区的经济实现跨越式发展。目前国内已较大的水力发电厂有三峡水电站、溪洛渡水电站、白鹤滩水电站、乌东德水电站、向家坝水电站等。

4. 其他类型发电厂

以上几种方式的发电属于常规能源发电。与此同时还有太阳能发电、风能发电、地热能发电等新能源发电。

（1）风力发电厂利用风力的动能来生产电能，如图 1-2 所示。它需要建造在风力资源丰富的地方。

图 1-2　风力发电厂

（2）太阳能发电厂利用太阳辐射的光能或热能来生产电能，如图 1-3 所示。它建造在长年日照时间长的地方。

图 1-3　太阳能发电厂

（3）地热发电厂利用地壳内蕴藏的地热能来生产电能。它建造地热资源丰富的地方。

风能、太阳能和地热能，都属于清洁、廉价和可再生的能源，特别是取之不尽的风能和太阳能值得大力推广利用。

1.1.2　电力系统、电网、供配电系统基本概念

传统的电力系统概念是通过各级电压的电力线路，将发电厂、变配电所和电力用户连接起来的一个发电、输电、变电、配电和用电的整体，称为"电力系统"，可称为狭义电力系统。发电厂与电力用户之间的输电、变电和配电的整体，包括所有变配电所和各级电压的线路，称为"电力网"，简称"电网"。电网或系统又往往以电压等级来区分。例如说 10 kV 电网或 10 kV 系统，这实际上是指 10 kV 电压级的整个电力线路。从发电厂到用户的送电过程如图 1-4 所示。

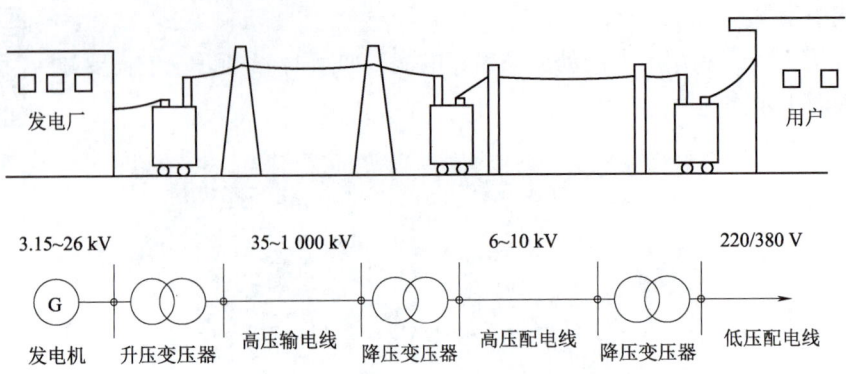

3.15~26 kV　　　35~1 000 kV　　　6~10 kV　　　220/380 V

发电机　升压变压器　高压输电线　降压变压器　高压配电线　降压变压器　低压配电线

图1-4　从发电厂到用户的送电过程

供配电系统是指工厂企业所需的电力从进厂起到所有用电设备入端止的整个供配电线路及其中所有变配电设备和控制、保护等设备。具有总降压变电所的工厂供电系统简图如图1-5所示。

送电动画过程

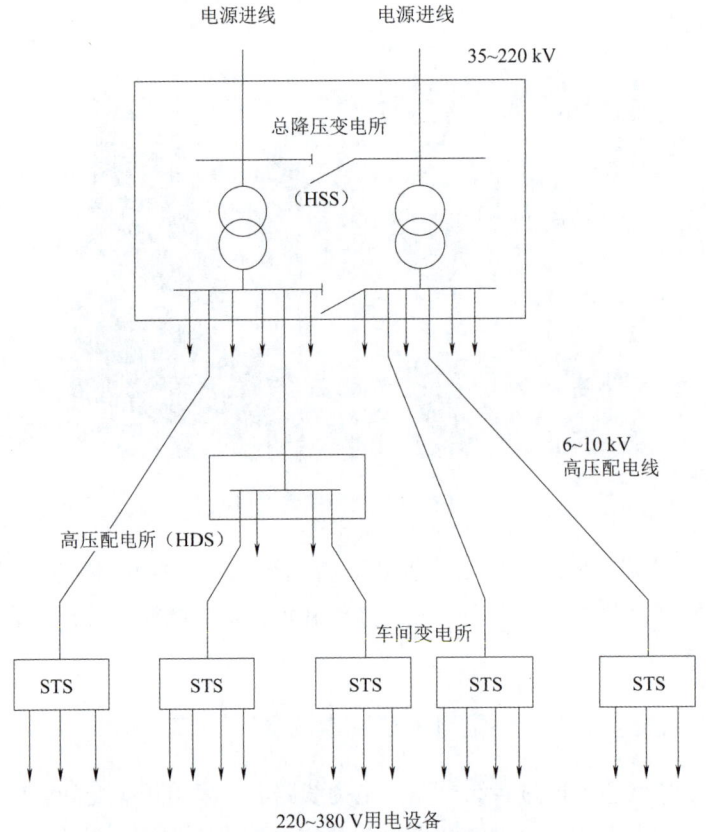

图1-5　具有总降压变电所的工厂供电系统简图

现代电力系统不仅具有以大机组、大电网、超高压、交直流联合输电为主体的结构特征，而且可再生能源的开发和应用将形成新型的输、配电网与分布式发电系统拓扑结构。现代电力系统更为显著的标志是电力系统主体运行安全、优质、经济且实现了高度自动化、数字化、网络化和智能化。信息通信系统和电网监测、控制系统成为电力系统主体安全、优质、经济运行的重要技术保障。因此现代电力系统是由电力统主体、信息通信系统和电网监测、控制系统组成的统一整体，是一个巨大而又复杂的系统。现代电力系统又可称为广义电力系统。

拓展阅读

"绿水青山就是金山银山"

任务1.2　供电质量及额定电压确定

相关知识

1.2.1　供电质量

供电质量包括电能质量和供电可靠性两方面。

电能质量是指电压、频率和波形的质量。电能质量的主要指标有：频率偏差、电压偏差、电压波动和闪变、电压波形畸变引起的高次谐波及三相电压不平衡度等。

供电可靠性可用供电企业对电力用户全年实际供电小时数与全年总小时数（8 760 h）的百分比值来衡量，也可用全年的停电次数和停电持续时间来衡量。原电力工业部1996年发布施行的《供电营业规则》规定：供电企业应不断提高供电可靠性，减少设备检修和电力系统事故对用户的停电次数及每次停电持续时间。供用电设备计划检修应做到统一安排。供电设备计划检修时，对35 kV及以上电压供电的用户的停电次数，每年不应超过1次；对10 kV供电的用户，每年停电不应超过3次。

1.2.2　电能质量主要指标

1. 供电频率

《供电营业规则》规定：供电企业供电的额定频率为交流50 Hz，此50 Hz频率通称"工频"。

在电力系统正常状况下，供电频率的允许偏差为：电网装机容量在300万kW及以上的，为±0.2 Hz；电网装机容量在300万kW以下的，为±0.5 Hz。

在电力系统非正常状况下，供电频率的允许偏差不应超过±1.0 Hz。

改善供电频率偏差可采取下列措施：

（1）加速电力建设，增加系统的装机容量和调节负荷高峰的能力。

（2）做好计划用电工作，搞好负荷调整，移峰填谷，并采取技术措施来降低冲击性负荷的影响。

（3）装设低频减载自动装置及排定低频停限电序次，以便在电网频率降低时，适时地切除部分非重要负荷，以保证重要负荷的稳定连续供电。

2. 电压偏差

用电设备端子处的电压偏差 ΔU 百分值按下式定义：

$$\Delta U\% = \frac{U - U_N}{U_N} \times 100\% \tag{1-1}$$

式中，U_N 为用电设备额定电压；U 为用电设备端电压。

1）电压偏差允许值

GB 50052—2016《供配电系统设计规范》规定：正常运行情况下，用电设备端子处的电压偏差允许值（以 U_N 的百分值表示）应符合下列要求：

（1）电动机规定为 ±5%。

（2）电气照明在一般工作场所为 ±5%；对于远离变电所的小面积一般工作场所难以满足以上要求时，可为 +5%、−10%；应急照明、道路照明和警卫照明等为 +5%、−10%。

（3）其他用电设备当无特殊要求时，为 ±5%。

2）电压调整的措施

（1）正确选择无载调压型变压器的电压分接头或采用有载调压变压器。

（2）合理减小系统的阻抗。

（3）合理改变系统的运行方式。

（4）尽可能使系统的三相负荷平衡。

（5）采用无功功率补偿装置。

3. 电压波动

电压波动是指电网电压的快速变动或电压包络线的周期性快速变动。电压变动值，以电力系统中多个用户公共连接点的相邻最大与最小电压方均根值 U_{max} 与 U_{min} 之差对电网额定电压 U_N 的百分值来表示，即

$$\delta U\% = \frac{U_{max} - U_{min}}{U_N} \times 100\% \tag{1-2}$$

1）危害

电压波动是由于负荷急剧变动的冲击性负荷所引起的。负荷急剧变动，使电网的电压损耗相应变动，从而使用户公共供电点的电压出现波动现象。电网电压波动可影响电动机、电子设备无法正常工作。

2）电压波动的抑制措施

（1）对负荷变动剧烈的大型电气设备，采用专用线路或专用变压器单独供电。

（2）设法增大供电容量，减小系统阻抗。

（3）在系统出现严重的电压波动时，减少或切除引起电压波动的负荷。

（4）对大容量电弧炉的炉用变压器，宜由短路容量较大的电网供电，一般是选用更高

电压等级的电网供电。

4. 电网谐波

谐波是指对周期性非正弦交流量进行傅里叶级数分解所得到的大于基波频率整数倍次的各次分量，通常称为"高次谐波"。而基波，即其频率与工频（50 Hz）相同的交流分量。

1）危害

谐波电流通过变压器，可使变压器铁芯损耗明显增加，而使变压器出现过热，缩短其使用寿命。谐波电流使电动机的铁芯损耗明显增加，使电动机转子发生振动现象，严重影响机械加工的产品质量等。

2）电压谐波的抑制

（1）三相整流变压器采用 Yd 或 Dy 连接。

（2）增加整流变压器二次侧的相数。

（3）使各台整流变压器二次侧互有相角差。

（4）装设分流滤波器。

（5）选用 Dyn11 连接组三相配电变压器。

（6）其他抑制谐波的措施。

5. 三相不平衡

在三相供电系统中，如果三个相的电压或电流幅值或有效值不相等，或者三个相的电压或电流的相位差不为120°时，则称此三相电压或电流不平衡。

1）危害

一个不平衡的三相电压或电流，可按对称分量法将它分解成正序分量、负序分量和零序分量等三个对称分量。由于其负序分量的存在，对系统中的电气设备运行产生不良的影响，例如可使三相异步电动机中出现一个反向转矩，从而削弱了电动机的输出转矩，使电动机效率降低，并使其绕组电流增大、温升增大、加速绝缘老化、缩短使用寿命。对三相变压器来说，由于三相电流不平衡，当最大相电流达到变压器额定电流时，其他两相电流却低于额定值，从而使变压器容量不能充分利用。三相电压不平衡，还会严重影响多相整流设备触发脉冲的对称性，使之产生更多的高次谐波，进一步影响电能质量。

2）电压不平衡度及其允许值

三相电压的不平衡度 εU 用其负序分量的方均根值 U_2 对其正序分量方均根值 U_1 的百分比值来表示，即

$$\varepsilon U\% = \frac{U_2}{U_1} \times 100\% \qquad (1-3)$$

GB/T 15543—2008《电能量·三相电压不平衡度》规定：电力系统公共连接点，正常不平衡度允许值为2%，短时不得超过4%；接于公共连接点的每个用户，电压不平衡度一般不得超过1.3%，短时不超过2.6%。

3）三相不平衡的改善措施

造成系统三相电压不平衡的主要原因，是单相负荷在三相系统中的容量分配和接入位置不合理、不均衡，造成三个相线上的电压降不一致。因此在供配电设计和运行中，应注意将

单相负荷均衡地分配在三相系统中。在低压配电系统中，各相之间容量之差不宜超过15%。

1.2.3　电网和设备额定电压

电网的额定电压（标称电压）等级是国家根据国民经济的发展需要和电力工业的发展水平，经全面技术经济分析后确定的。它是确定其他电力设备额定电压的基本依据。我国国标规定的标准电压（又称额定电压），选择电力线路电压时，只能选用国家规定的电压等级。

供电质量及额定电压

用电设备、发电机、变压器的额定电压之所以不一致，说明如下：

经线路输送功率时，沿线路的电压分布往往是始端高于末端，沿线路的电压分布如图1-6所示。

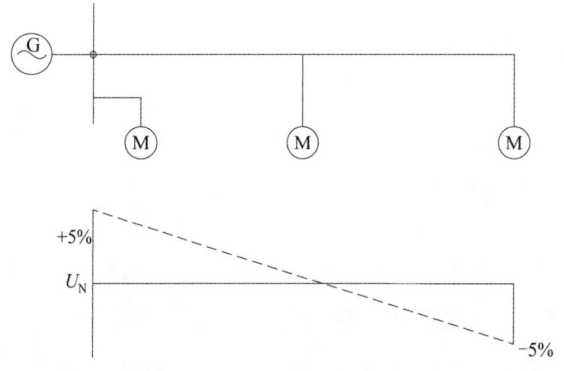

图1-6　沿线路的电压分布

从而，图1-6中用电设备的端电压将各不相同。所谓线路的额定电压 U_N 实际就是线路的平均电压，而各用电设备的额定电压则取与线路额定电压相等，使所有用电设备能在接近它们的额定电压下运行。

由于用电设备的容许电压偏移一般为±5%，而沿线路的电压降落一般为10%，这就要求线路始端电压为额定值的105%，以使其末端电压不低于额定值的95%。发电机往往接在线路始端，因此发电机的额定电压为线路额定电压的105%。变压器一次侧接电源，相当于用电设备，二次侧向负荷供电，又相当于发电机。因此变压器一次侧额定电压应等于用电设备额定电压（直接和发电机相连的变压器一次侧额定电压应等于发电机额定电压），二次侧电压应较线路额定电压高5%。但又因变压器二次侧电压规定为空载时的电压，而额定负荷下变压器内部的电压降落约为5%。为使正常运行时变压器二次侧电压较线路额定电压高5%，变压器二次侧额定电压应较线路额定电压高10%。只有漏抗很小的、二次侧直接与用电设备相连的和电压特别高的变压器，其二次侧额定电压才可能较线路额定电压仅高5%，如图1-7所示。

我国的三相交流电网和电力设备（包括发电机、电力变压器和用电设备等）的额定电压，按 GB/T 156—2007《标准电压》规定，如表1-1所示。

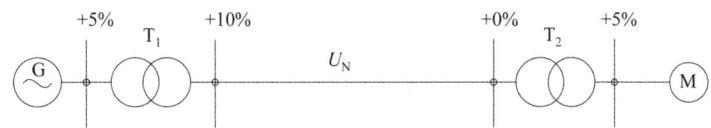

图 1−7　二次侧直接与用电设备相连电路

表 1−1　额定电压

分类	电网和用电设备额定电压/kV	发电机额定电压/kV	电力变压器额定电压/kV	
			一次绕组	二次绕组
低压	0.38	0.4	0.38	0.40
	0.66	0.69	0.66	0.69
高压	3	3.15	3、3.15	3.15、3.3
	6	6.3	6、6.3	6.3、6.6
	10	10.5	10、10.5	10.5、11
	20	13.8、15.75、18、20、22、24、26	13.8、15.75、18、20、22、24、26	—
	35		35	38.5
	66	—	66	72.5
	110	—	110	121
	220	—	220	242
	330	—	330	362
	500	—	500	550
	750	—	750	825（800）
	1 000	—	1 000	1 100

按 GB/T 156—2017《标准电压》规定："低压"指 1 000 V 及以下的电压；"高压"指 1 000 V 以上的电压。

据《电业安全工作规程》规定：

低压——指设备对地电压在 250 V 及以下者；

高压——指设备对地电压在 250 V 以上者。

但也有下列分类："安全特低电压"为 50 V 及以下；"低压"为 1 000 V 及以下；"中压"为 3~35 kV；"高压"为 66~220 kV；"超高压"为 330~500 kV；"特高压"为 500 kV 以上。可见电压分类标准并不完全一致，也有的将 35 kV 归入"高压"，将 220 kV 归入"超高压"。

1.2.4　电力用户供配电电压的选择

电力用户供电电压的选择，主要取决于当地供电企业（当地电网）供电的电压等级，同时也要考虑用户用电设备的电压、容量及供电距离等因素。

供电质量及
额定电压

《供电营业规则》规定：供电企业供电的额定电压，低压有单相220 V，三相380 V；高压有10 kV、35 kV（66 kV）、110 kV、220 kV。并规定：除发电厂直配电压可采用3 kV或6 kV外，其他等级的电压应逐步过渡到上述额定电压。如用户需要的电压等级不在上列范围时，应自行采取变压措施解决。用户需要的电压等级在110 kV及以上时，其受电装置应作为终端变电所设计，其方案需经省电网经营企业审批。

电力用户的用电设备容量在100 kW及以下，或需用变压器容量在50 kV·A及以下时，一般宜采用低压三相四线制供电；但特殊情况（例如供电点距离用户太远时）也可采用高压供电。

1. 电力用户高压配电电压的选择

电力用户高压配电电压的选择，主要取决于该用户高压用电设备的电压、容量和数量等因素。当用户的供电电源电压为10 kV及以上时，用户的高压配电电压一般应采用10 kV。当用户用电设备的总容量较大，且选用6 kV经济合理时，特别是可取得附近发电厂的6 kV直配电压时，可采用6 kV作高压配电电压。如果用户6 kV用电设备不多，则仍应采用10 kV作高压配电电压，而对6 kV设备则通过专用的10 kV/6.3 kV变压器单独供电。如果用户有3 kV的用电设备，则应通过专用的10 kV/3.15 kV变压器供电。

当用户的供电电压为35 kV时，为了减少用户供配电系统的变压级数，如果安全要求允许且技术经济合理时，也可考虑采用35 kV作为用户的高压配电电压。

2. 电力用户低压配电电压的选择

电力用户的低压配电电压，通常采用220 V/380 V，其中线电压380 V用来接用三相电力设备及额定电压为380 V的单相设备，而相电压220 V用来接用额定电压为220 V的单相设备和照明灯具。但某些场合宜采用660 V甚至更高的1 140 V作为低压配电电压。例如在矿井下，因负荷往往离变电所较远，为保证远端负荷的电压水平，宜采用660 V或1 140 V的电压。采用较高的电压配电，不仅可减少线路的电压损耗，保证远端负荷的电压水平，而且能减小导线截面和线路投资，增大供电半径，减少变电点，简化供配电系统，因此提高低压配电电压有其明显的经济价值，也是节电的一项有效措施。但是将380 V升压为660 V，需电器制造部门全面配合，我国目前尚有困难。采用660 V作配电电压，目前只限于采矿、石油和化工等少数部门。而1 140 V电压，GB/T 156—2017已明确规定："只限矿井下采用。"

拓展阅读

从量变到质变

测一测

模块一测一测

模 块 二

变配电所主接线方案与设备选择

模块介绍

本模块主要是让同学们学会根据变电所主接线方案基本要求并根据用户情况（负荷级别等）选择最佳的 10 kV 车间变电所主接线方案和 35 kV 总降压变电所主接线方案；再根据用户实际情况选择合适的变电所类型及变电所总体布置方案。

总体方案的确定以及主接线图里的一次设备和导线电缆又将如何选择？必须学会通过负荷计算确定用电设备组或者工厂的计算负荷；能进行无功补偿计算；了解三相短路物理过程和物理量；并能进行三相短路电流计算，以此来理解电动效应、热效应与动稳定度及热稳定度校验；据此来选择高低压电器型号、导线电缆截面积等。

知识目标

1. 读懂 10 kV 和 35 kV 主接线图。
2. 知道变电所类型及其使用范围、总体布置基本要求。
3. 学会负荷计算、无功补偿计算。
4. 学会三相短路计算。

能力目标

1. 能区分各种主接线方案的优缺点。
2. 能根据要求确定变电所类型、所址及总体布置情况。
3. 能根据计算结果选择主接线方案，变压器容量、类型，高、低压电器，导线电缆。

素质目标

1. 培养学生自主探究学习能力。
2. 培养学生团队合作意识。
3. 培养学生敬业、专注、创新的工匠精神。

任务 2.1 变电所主接线方案选择

相关知识

2.1.1 概述

变配电所的接线图（电路图），按其功能可分为两种：一种是表示变配电所的电能输送和分配路线的接线图，称为主接线图，或称主电路图或一次电路图；另一种是表示用来控制、指示、测量和保护主接线（主电路）及其设备运行的接线图，称为二次接线图，或称二次回路图（二次电路图）。

变配电所主接线方案基本要求有：

（1）安全——应符合国家标准和有关技术规范的要求，能充分保证人身和设备的安全。例如在高压断路器的电源侧及可能反馈电能的负荷侧，必须装设隔离开关；对低压断路器也一样，在其电源侧及可能反馈电能的负荷侧，也必须装设隔离开关。

（2）可靠——应满足各级电力负荷对供电可靠性的要求，也就是变配电所的主接线方案，应与其电力负荷的级别相适应。例如，对一、二级重要负荷，其主接线方案应考虑两台主变压器，且一般应为双电源供电；对特别重要的一次负荷，尚应考虑增设应急电源。

（3）灵活——应能适应供电系统所需的各种运行方式，便于操作维护，并能适应负荷的发展，有扩充改建的可能性。

（4）经济——在满足上述要求的前提下，应尽量使主接线简单、投资少、运行费用低，并节约电能和有色金属消耗量，应尽可能选用技术先进又经济适用的节能产品。

2.1.2 变配电所接线图分析

主接线图有两种绘制形式：系统式主接线图、装置式主接线图。

1. 系统式主接线图

这是按照电力输送的顺序依次安排其中的设备和线路相互连接关系而绘制的一种简图。它全面系统地反映出主接线中电力的传输过程，但是它不并反映其中各成套配电装置之间相互排列的位置。这种主接线图多用于变配电所的运行中，如图 2 - 1 所示。

主接线方案分析

2. 装置式主接线图

这是按照主接线中高压或低压成套配电装置之间相互连接关系和排列位置而绘制的一种简图，通常按不同电压等级分别绘制。从这种主接线图上可以一目了然地看出某一电压等级的成套配电装置的内部设备连接关系及装置之间相互排列的位置。这种主接线图多在变配电所施工图中使用，如图 2 - 2 所示。

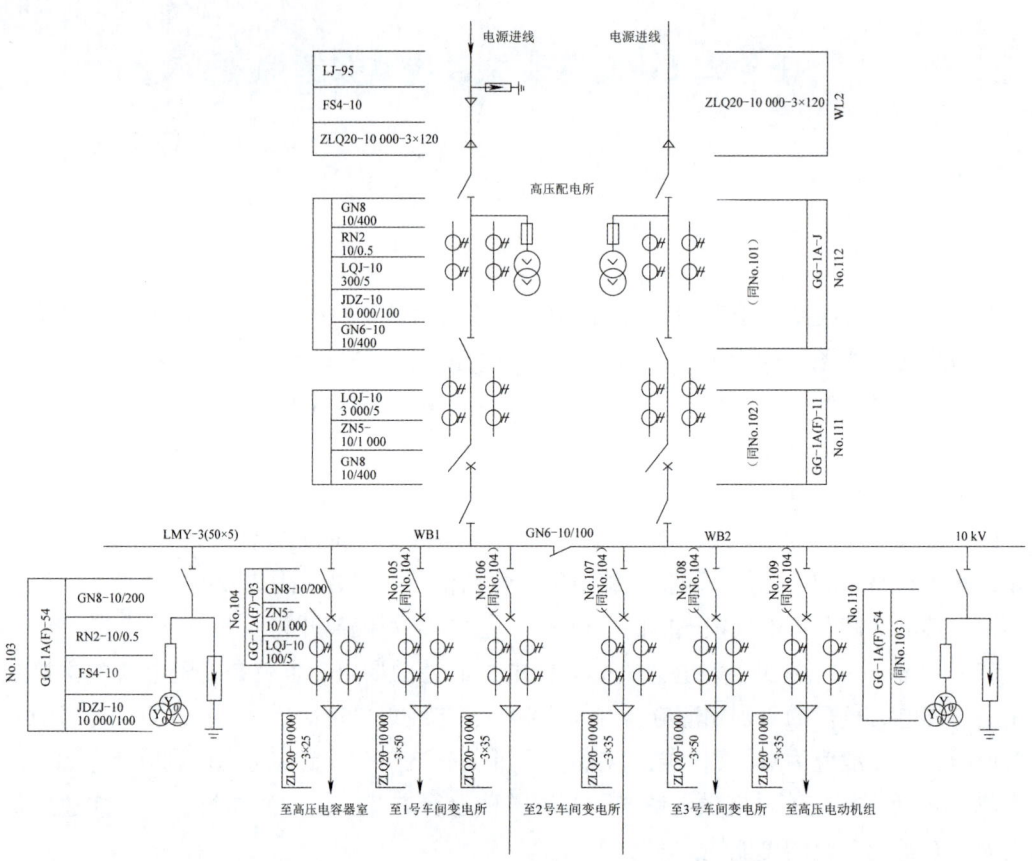

图 2-1　某企业高压配电所系统式主接线图

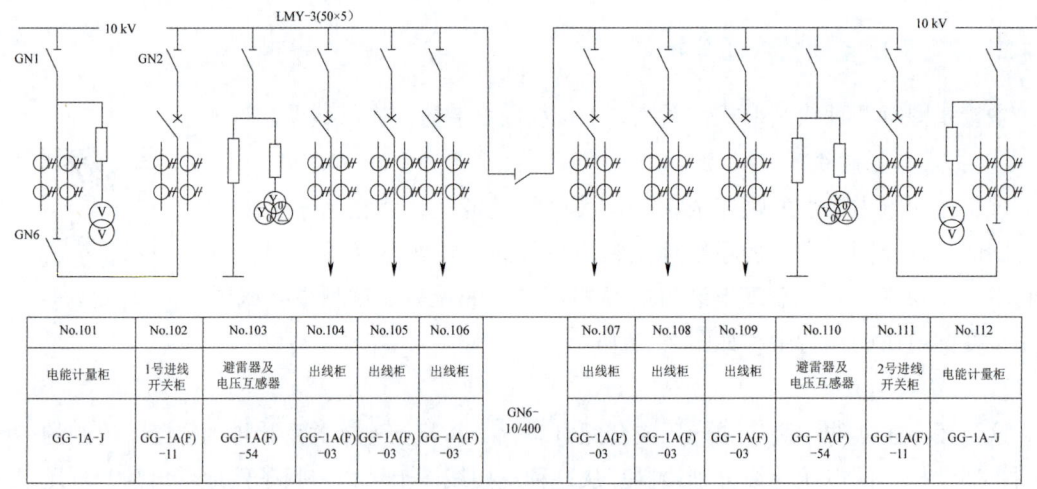

No.101	No.102	No.103	No.104	No.105	No.106		No.107	No.108	No.109	No.110	No.111	No.112
电能计量柜	1号进线开关柜	避雷器及电压互感器	出线柜	出线柜	出线柜	GN6-10/400	出线柜	出线柜	出线柜	避雷器及电压互感器	2号进线开关柜	电能计量柜
GG-1A-J	GG-1A(F)-11	GG-1A(F)-54	GG-1A(F)-03	GG-1A(F)-03	GG-1A(F)-03		GG-1A(F)-03	GG-1A(F)-03	GG-1A(F)-03	GG-1A(F)-54	GG-1A(F)-11	GG-1A-J

图 2-2　某企业高压配电所装置式主接线图

3. 主接线图案例分析

下面我们对某企业高压变配电所的主接线图进行分析，从主接线方案的基本要求出发，了解主接线方案设计的总体思路。

1）电源进线

这个高压配电所有两路 10 kV 进线：一路电源来自公共 10 kV 电网作为正常电源；另一路电源则来自邻近单位的高压联络线作为备用电源。这种双电源供电方式，在供电可靠性要求较高的工业企业中比较常见，具有一定的代表性。

按规定，在电源进线上装设有专用的电能计量柜，如图 2 – 3 中的 No. 101 柜和 No. 112 柜，（主电源和备用电源两路）用以计量该企业所耗用的电能量，柜中的电流互感器和电压互感器只用来连接计费电能表。

装设进线断路器的高压开关柜 No. 102 和 No. 111，由于需与计量柜连接，因此采用 GG – 1A(F) – 11 型。由于进线采用了高压断路器控制，所以切换十分灵活方便，而且配以继电保护和自动装置，使供电可靠性大大提高。

考虑到进线断路器在检修时有可能两端带电，因此为保证检修时的人身安全，断路器两侧均装有高压隔离开关。

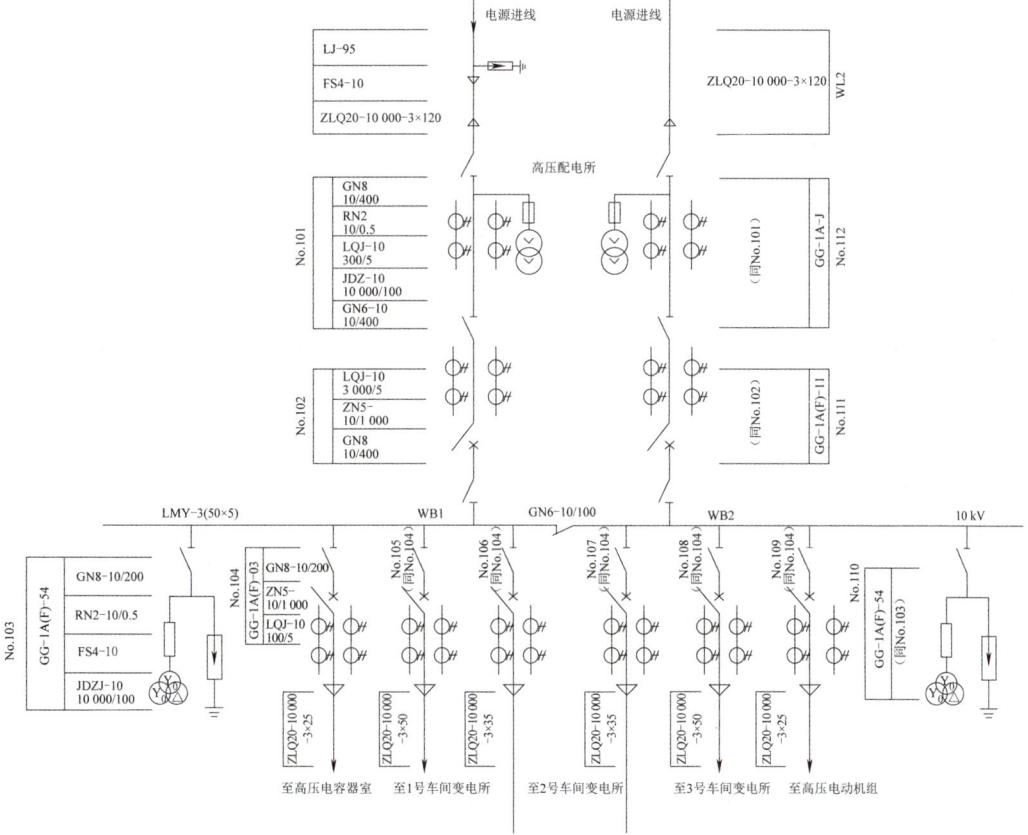

图 2 – 3　某企业高压变配电所主接线图

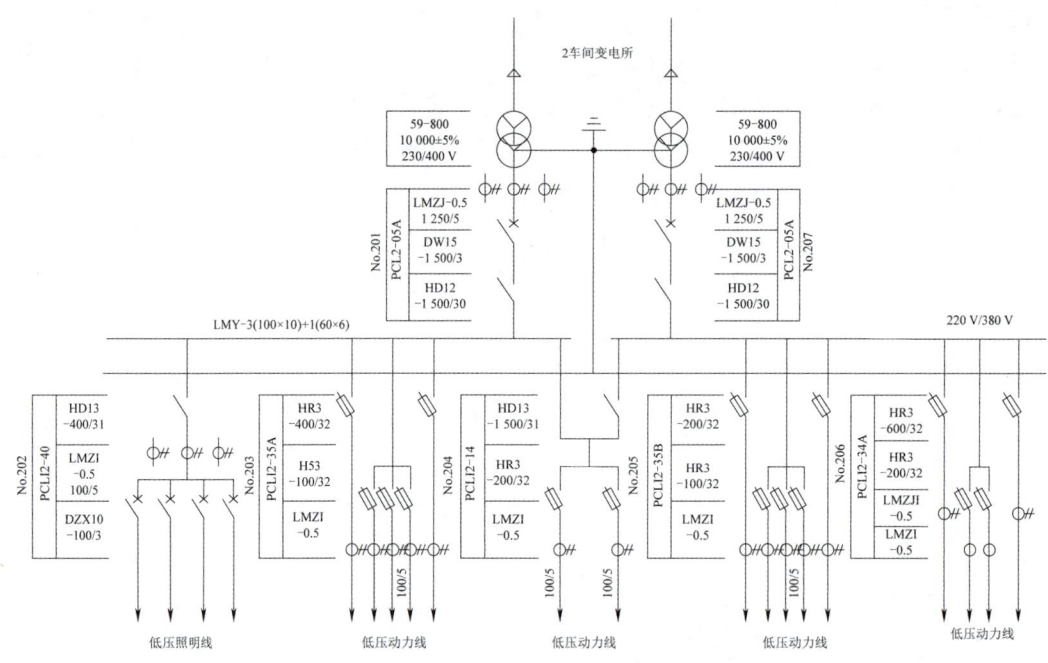

图 2-3　某企业高压变配电所主接线图（续）

2）母线

高压配电所的母线，通常采用单母线制。如果是两路电源进线，则采用以高压隔离开关或高压断路器（两侧装高压隔离开关）分段的单母线制。母线采用隔离开关分段时，分段隔离开关通常安装在墙上或桥架上，也可采用专门的分段柜（亦称联络柜）。

图 2-3 所示为一路电源工作、一路电源备用，因此母线分段开关通常是闭合的，高压并联电容器组对整个配电所进行无功补偿。如果工作电源进线发生故障或进行检修时，在切除该进线后，投入备用电源即可对整个配电所恢复供电。

为了测量、监视、保护和控制主电路设备的需要，每段母线上都接有电压互感器，进线和出线上都串接有电流互感器。

为了防止雷电过电压侵入配电所击毁其中的电气设备，每段母线上都装有避雷器。避雷器与电压互感器同装在一个高压开关柜内，而且共用一组高压隔离开关。

3）高压配电出线

这个高压配电所有六路高压出线。其中有两路分别从两段母线经隔离开关－断路器配电给 2 号车间变电所的两台主变压器，因为 2 号车间属于供电可靠性要求较高的重要车间。另一路供 1 号车间变电所，一路供 3 号车间变电所，还有一路供无功补偿的高压并联电容器组，一路供高压电动机组。由于这些高压配电线路都是由高压母线来电，因此其出线断路器只需在母线侧加装高压隔离开关，以保证断路器的安全检修。

2.1.3　典型车间及小型变电所（10 kV）的主接线图

车间变电所和小型工厂变电所，通常都是将高压 10 kV 降为低压用电设备所需的 220/

380 V 的降压变电所。其变压器容量一般不超过 1 000 kV·A，主接线方案通常比较简单。分两种情况：

1. 变电所前有工厂总降压变电所或高压配电所的车间变电所

10 kV 主接线方案

这类车间变电所高压侧的开关、保护装置和测量仪表等，一般都安装在总变配电所的高压配电室内，而车间变电所只设变压器室（室外则设变压器台）和低压配电室，其高压侧多数不装开关，或只装简单的隔离开关、熔断器（室外装跌开式熔断器）、避雷器等，如图 2 - 4 所示。

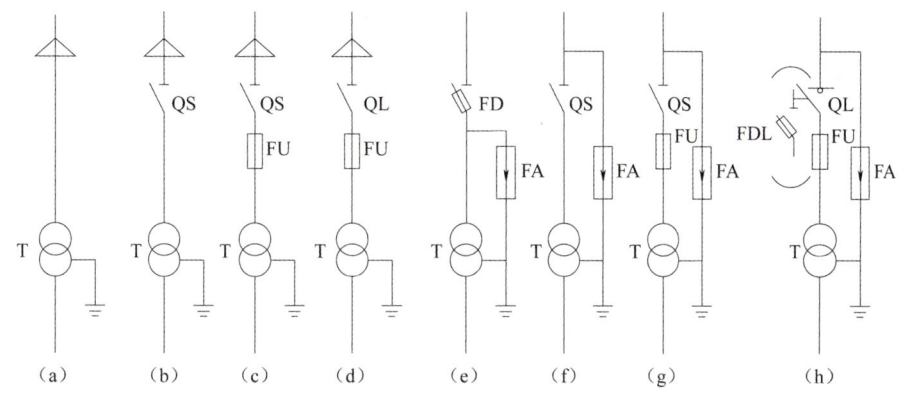

图 2 - 4 典型车间变电所高压侧的主接线方案

凡是高压架空进线，无论变压器是装在室内还是室外，都要装设避雷器来防止雷电过电压波沿架空线侵入变电所击毁电力变压器及其他电气设备的绝缘。如图 2 - 4（e）所示高压架空进线，装跌开式熔断器和避雷器；图 2 - 4（f）所示高压架空进线，装隔离开关和避雷器；图 2 - 4（g）所示高压架空进线，装隔离开关 - 熔断器和避雷器；图 2 - 4（h）所示高压架空进线，装负荷开关 - 熔断器（或负荷型跌开式熔断器）和避雷器。

而高压电缆进线时，避雷器是装在电缆首端的（图中未标），而且避雷器的接地端需连同电缆的金属外皮一起接地，这时变压器高压侧可不再装设避雷器。如图 2 - 4（a）所示高压电缆进线，无开关；图 2 - 4（b）所示高压电缆进线，装隔离开关；图 2 - 4（c）所示高压电缆进线，装隔离开关 - 熔断器；图 2 - 4（d）所示高压电缆进线，装负荷开关 - 熔断器。

但是，如果变压器高压侧为架空线加一段引入电缆的进线方式时，则变压器高压侧仍应装避雷器，如图 2 - 3 中 WL1 进线。

2. 变电所前面无总变、配电所的车间变电所

此类变电所是直接从公共电网受电。这类变电所高压侧的开关电器、保护装置和监测仪表等，都必须配备齐全，所以一般要设置高压配电室。在变压器容量较小、供电可靠性要求较低的情况下，也可不设高压配电室，其高压熔断器、隔离开关、负荷开关或跌开式熔断器等，就装设在变压器室（室外为变压器台）的墙上或室外杆上，而在低压侧计量电能；或者在高压开关柜不多于 6 台时，高、低压开关柜就装设在同一配电室内，在高压侧计量电能。

下面介绍高压侧设备较齐全的一些小型变电所常见的主接线方案（为简化电路，图中均未绘出计量柜部分）。

1）只有一台主变压器的小型变电所主接线图

此类型变电所，其高压侧一般采用无母线的接线。根据高压侧采用的开关不同，可有以下几种典型的主接线方案。

（1）高压侧采用隔离开关–熔断器或跌开式熔断器的变电所主接线图。

这种主接线，因受隔离开关和跌开式熔断器切断空载变压器容量的限制，一般只用于500 kV·A 及以下容量的变电所。这种变电所相当简单经济，但供电可靠性不高，且隔离开关和跌开式熔断器不能带负荷操作，只适于对不重要的三级负荷供电，如图 2 – 5 所示。

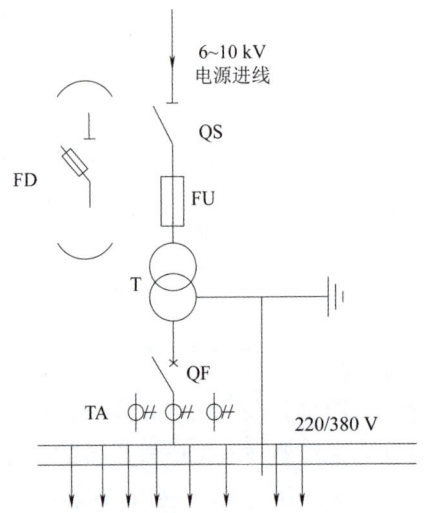

图 2 – 5　高压侧采用负荷开关 – 熔断器或跌开式熔断器的变电所主接线图

（2）高压侧采用隔离开关 – 断路器的变电所主接线图。

这种主接线由于采用了高压断路器，因此变电所的停送电操作十分灵活方便。同时由于高压断路器都配备有继电保护装置，在变电所发生短路和过负荷时均能自动跳闸，而且在短路故障和过负荷消除后，又可直接迅速合闸，从而使恢复供电的时间大大缩短。如果再配备自动重合闸装置，则供电可靠性可进一步提高。但是如果变电所只此一路电源进线时，一般也只用于三级负荷。如果变电所低压侧有联络线与其他变电所相连或另有备用电源（如柴油发电机组）时，则可用于二级负荷，如图 2 – 6 所示。如果变电所有如图 2 – 7 所示的两路高压电源进线，且另有备用电源时，则供电可靠性相应提高，可供二级负荷及少量一级负荷。

2）装有两台主变压器的小型变电所主接线图

（1）高压无母线、低压单母线分段的变电所主接线图，如图 2 – 8 所示。

这种主接线的供电可靠性较高。当任一电源进线或任一断路器的变电所主接线图主变压器停电检修或发生故障时，可通过闭合低压母线分段开关，即可迅速恢复对整个变电所的供电。如果两台主变压器低压侧的主开关都装设互为备用的备用电源自动投入装置（APD），则任一变压器低压主开关因电源断电（失压）而跳闸时，另一变压器低压侧的主开关和低压母线分段开关将在 APD 作用下自动合闸，恢复整个变电所的正常供电。这种主接线可供一、二级负荷。

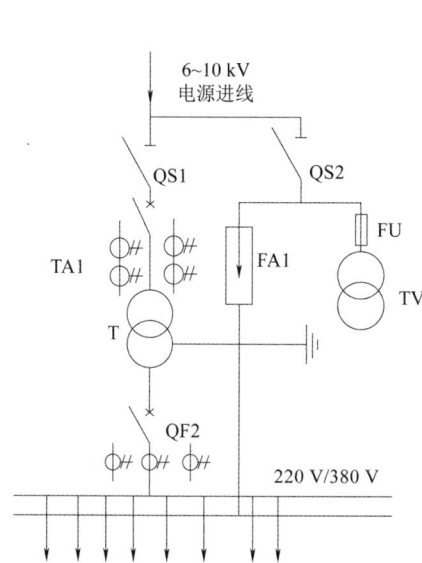

图 2 － 6　高压侧采用隔离开关 – 断路器的变电所主接线图

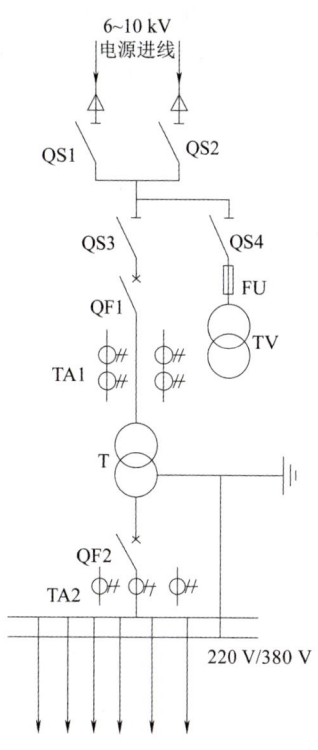

图 2 － 7　高压侧采用隔离开关 – 断路器且双电源进线的变电所主接线图

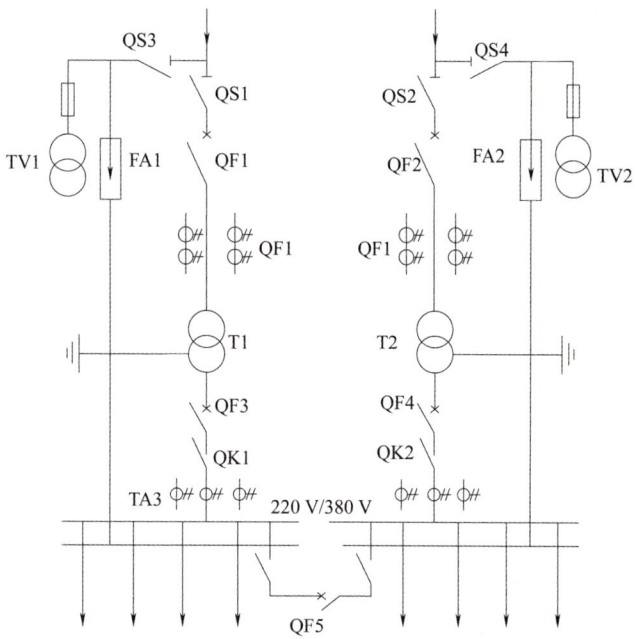

图 2 － 8　高压无母线、低压单母线分断的变电所主接线图

（2）高压采用单母线、低压单母线分段的变电所主接线图，如图 2-9 所示。

这种主接线适用于装有两台及以上主变压器或同时具有多路高压出线的变电所。其供电可靠性也较高，任一主变压器检修或发生故障时，可通过切换操作，很快恢复对整个变电所的供电。但在高压母线或电源进线检修或发生故障时，整个变电所将要停电。如果变电所有与其他变电所相连的低压或高压联络线时，则可通过投入联络线恢复供电，供电可靠性从而大大提高。无联络线时，可供二、三级负荷；有联络线时，则可供一、二级负荷。

（3）高低压侧均为单母线分段的变电所主接线图。

这种主接线的两段高压母线在正常时可以接通运行，也可以分段运行，如图 2-10 所示。一台主变压器或一路电源进线停电检修或发生故障时，通过切换操作，即可迅速恢复整个变电所的供电，因此其供电可靠性相当高，可供一、二级负荷。

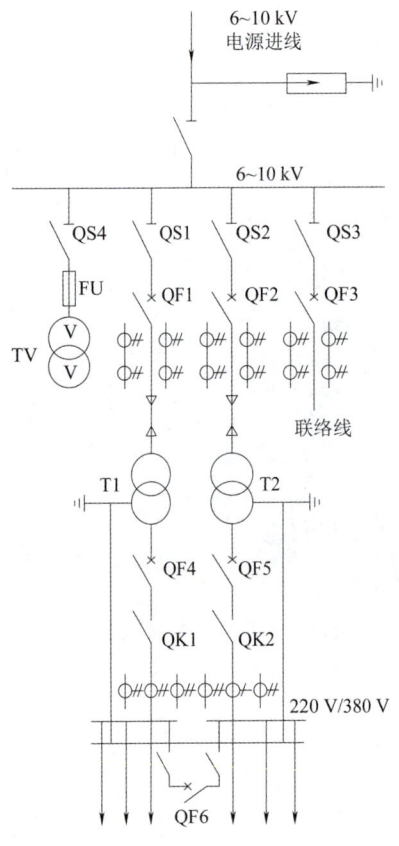

图 2-9 高压采用单母线、
低压单母线分断的变电所主接线图

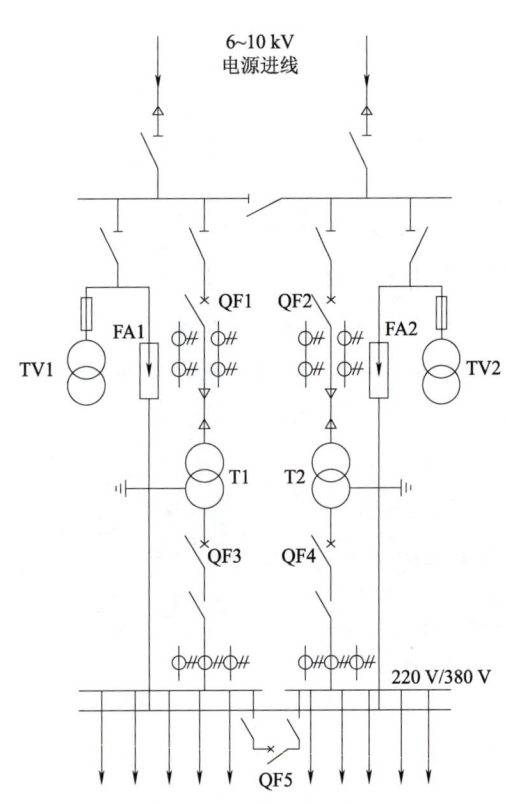

图 2-10 高低压测均为单母线分段的
变电所主接线图

2.1.4 典型总降压变电所（35 kV）的主接线图

对于电源进线为 35 kV 及以上的大中型企业，通常是先经总降压变电所降为 6~10 kV 的高压配电电压，然后经车间变电所，降为一般低压用电设备所需的电压，如 220 V/380 V。

下面介绍总降压变电所较常见的几种主接线方案。为了使主接线简明起见，图上省略了包括电能计量柜在内的所有电流互感器、电压互感器和避雷器等一次设备。

1. 只装有一台主变压器的总降压变电所主接线图

通常采用一次侧无母线、二次侧为单母线的主接线，如图 2 – 11 所示。一次侧通常采用高压断路器作主开关，其特点是简单经济，但供电可靠性不高，只适用于三级负荷的企业。

2. 装有两台主变压器的总降压变电所主接线图

35 kV 主接线方案

1）一次侧采用内桥式接线、二次侧采用单母线分段的总降压变电所主接线图

这种主接线，其一次侧的高压断路器 QF10 跨接在两路电源进线之间，犹如一座桥梁，而且处在线路断路器 QF11 和 QF12 的内侧，靠近主变压器，因此称为"内桥式接线"，如图 2 – 12 所示。这种主接线的运行灵活性较好，供电可靠性较高，适用于一、二级负荷的企业。如果某路电源例如线路 WL1 停电检修或发生故障时，则断开 QF11，投入 QF10（其两侧 QS 先合），即可由线路 WL2 恢复对变压器 T1 的供电。这种内桥式接线多用于电源进线较长因而发生故障和停电检修的概率较大、而主变压器不需经常切换的总降压变电所。

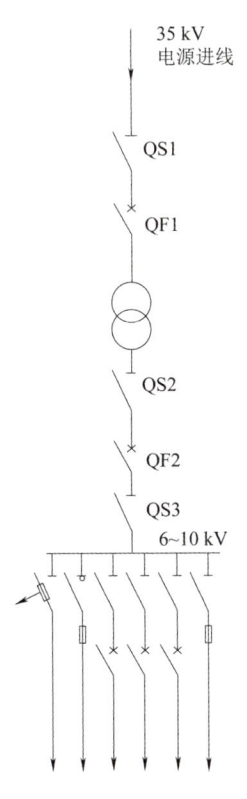

图 2 – 11　只装有一台变压器的
总降压变电所主接线图

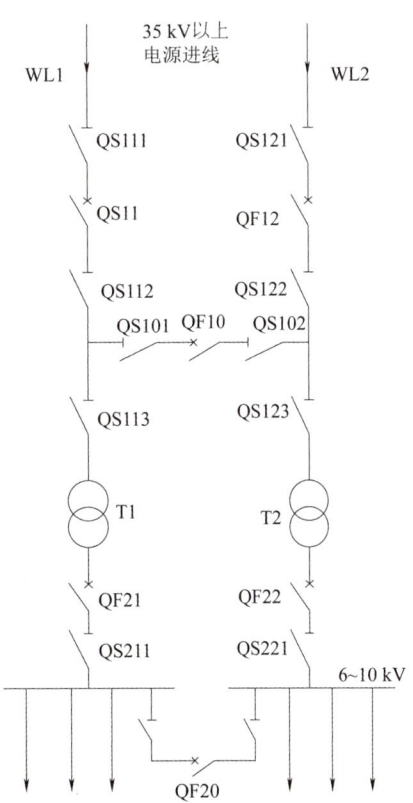

图 2 – 12　采用内桥式接线、二次侧采用
单母线分段的总降压变电所主接线图

2）一次侧采用外桥式接线、二次侧采用单母线分段的总降压变电所主接线图

这种主接线，其一次侧的高压断路器 QF10 也跨接在两路电源进线之间，但处在线路断路器 QF11 和 QF12 的外侧，靠近电源方向，因此称为"外桥式接线"，如图 2–13 所示。这种主接线的运行灵活性较好，供电可靠性较高，也适用一、二级负荷的企业，但与内桥式接线适用的场合有所不同。如果某台变压器例如 T1 停电检修或发生故障时，则断开 QF11，投入 QF10（其两侧 QS 先合），使两路电源进线又恢复并列运行。这种外桥式接线适用于电源进线较短而企业负荷变动较大适于经济运行需经常切换主变压器的总降压变电所。

3）一、二次侧均采用单母线分段的总降压变电所主接线图

这种主接线兼有上述内桥式和外桥式两种接线运行灵活的优点，但所用高压开关设备较多、投资较大，可供一、二级负荷，适于一、二次侧进出线较多的总降压变电所，如图 2–14 所示。

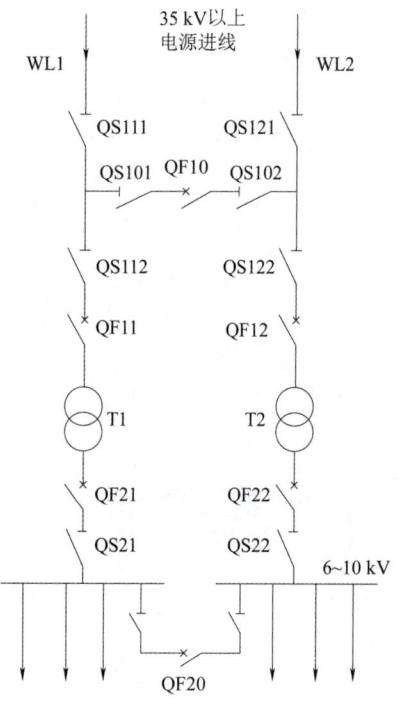

图 2–13　一次侧采用外桥式接线二次侧采用
单母线分段的总降压变电所主接线图

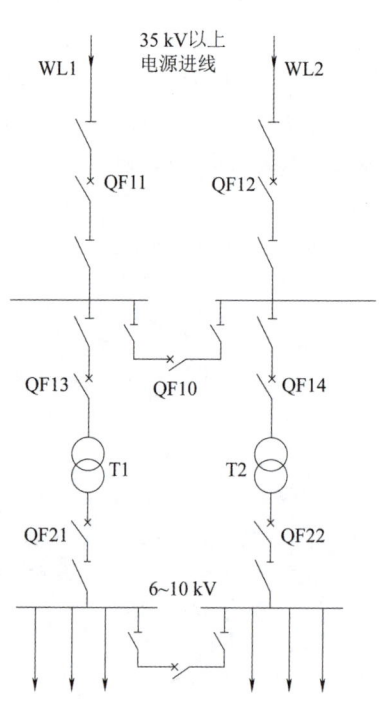

图 2–14　一、二次侧均采用单母线分段的
总降压变电所主接线图

拓展阅读

西电东送

任务 2.2　变电所类型、所址及其总体布置

相关知识

2.2.1　变配电所类型

用户变电所分总降压变电所和车间变电所。一般中小用户不设总降压变电所，车间变电所按其主变压器的安装位置可分为诸多类型，每种类型有各自的特点，有下列类型。

1. 车间附设变电所

变压器室的一面墙或几面墙与车间的墙共用，变压器室的大门朝车间外开。附设变电所又分内附式和外附式。内附式的变压器室位于车间的外墙以内，如图 2 – 15 中的 1、2；外附式的变压器室位于车间的外墙外面，如图 2 – 15 中的 3、4。

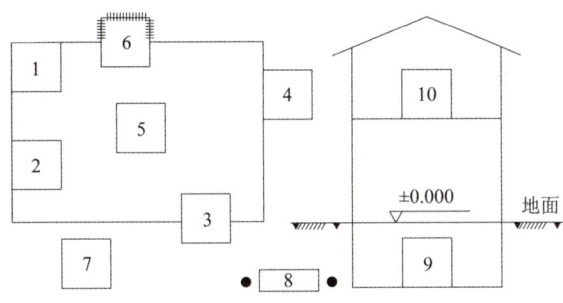

图 2 – 15　车间变电所的类型

2. 车间内变电所

变压器室或整个变电所位于车间内（室内），通常位于车间中部，变压器室的大门朝车间内开，如图 2 – 15 中的 5。

3. 露天变电所

变压器安装在室外抬高的地面上，如图 2 – 15 中的 6。如果变压器的上方设有顶板或挑檐的，则称为半露天变电所。

4. 独立变电所

整个变电所设在与车间建筑物有一定距离的单独建筑物内，如图 2 – 15 中的 7。

5. 杆上变电台

变压器安装在室外的电杆上面，如图 2 – 15 中的 8。

6. 地下变电所

整个变电所设置在地面以下的建筑物内，如图 2 – 15 中的 9。

7. 楼上变电所

整个变电所设置在楼上建筑物内，如图 2 – 15 中的 10。

8. 成套变电所

由电器制造厂按一定接线方案成套制造、现场装配的变电所。

9. 移动式变电所

整个变电所装设在一辆可移动的车上。

上述的车间附设变电所、车间内变电所、独立变电所、地下和楼上变电所，均属户内型变电所，而露天、半露天变电所和杆上变电台，则属户外型变电所。成套变电所和移动式变电所，则有户内型和户外型两种。

2.2.2 变配电所所址的选择

1. 所址选择的一般原则

（1）尽量靠近负荷中心，以减少配电系统的电能损耗、电压损耗和有色金属消耗量。

（2）进出线方便，特别是采用架空进出线时要考虑这一点。

（3）接近电源侧，对总变、配电所特别要考虑这一点。

（4）设备运输方便。

（5）尽量避开剧烈振动和高温场所。

（6）不宜设在多尘和有腐蚀性气体的场所；当无法远离时，则应设在污源的上风侧。

（7）不应设在厕所、浴室或其他经常积水场所的正下方，且不宜与上述场所相贴邻。

（8）不应设在有爆炸危险环境的正上方或正下方，且不宜设在有火灾危险环境的正上方或正下方。当与有爆炸或火灾危险环境的建筑物相毗连时，应符合现行国家标准 GB 50058—2014《爆炸危险环境电力装置设计规范》的规定。

（9）高压配电所应尽量与车间变电所或有大量高压用电设备的厂房合建。

（10）不应妨碍企业或车间的发展，应与当地建设总体规划相协调，并适当考虑今后扩建的可能。

2. 负荷中心确定

用户的负荷中心，可用负荷指示图或负荷功率矩的计算方法近似地确定。本书中只介绍负荷功率矩的计算方法。

设有负荷 P_1、P_2 和 P_3（均表示有功计算负荷），分布如图 2-16 所示。它们在直角坐标系中的坐标分别为 $P_1(x_1, y_1)$，$P_2(x_2, y_2)$，$P_3(x_3, y_3)$。现假设总负荷 $P = \sum P_i = P_1 + P_2 + P_3$ 的负荷中心位于坐标 $P(x, y)$ 处。因此仿照《力学》求重心的力矩方程可得

$$x \sum P_i = P_1 x_1 + P_2 x_2 + P_3 x_3$$

$$y \sum P_i = P_1 y_1 + P_2 y_2 + P_3 y_3$$

写成一般式为

$$x \sum P_i = \sum (P_i x_i)$$

$$y \sum P_i = \sum (P_i y_i)$$

因此可求得负荷中心的坐标为

$$x = \frac{\sum (P_i x_i)}{\sum P_i}$$

$$y = \frac{\sum (P_i y_i)}{\sum P_i}$$

负荷中心虽是选择变配电所的重要因素，但不是唯一因素，因此负荷中心的计算不必要求十分精确。实际上负荷中心也是经常变动的，精确计算也没有什么必要。

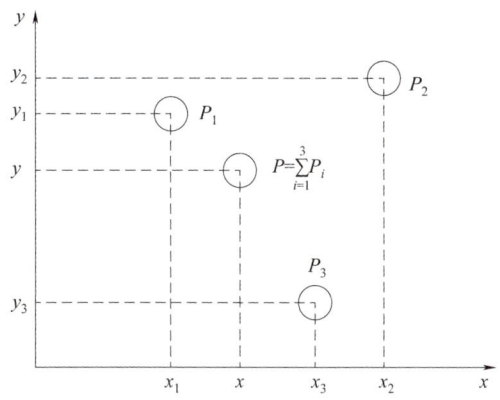

图 2 – 16　按负荷功率矩法确定负荷中心

2.2.3　变配电所的总体布置

1. 变配电所总体布置的要求

变配电所的总体布置，应满足下列要求：

（1）便于运行维护和检修。

（2）保证运行安全。

（3）便于进出线。

（4）节约土地和建筑费用。

（5）适应发展要求。

2. 变配电所总体布置的方案

变配电所总体布置的方案应因地制宜、合理设计。布置方案的最后确定，应通过几个方案的技术经济比较。

我们以某工厂高压配电所及其附设 2 号车间变电所的平面图和剖面图为例来进行说明，如图 2 – 17 所示。高压配电室内的高压开关柜为双列布置，按有关规程规定，操作通道的最小宽度为 2 m（表 2 – 1），这里取为 2.5 m，使运行维护更为安全方便。这里变压器室的尺寸，按所装设变压器容量增大一级来考虑。高低压配电室也都留有一定的余地。

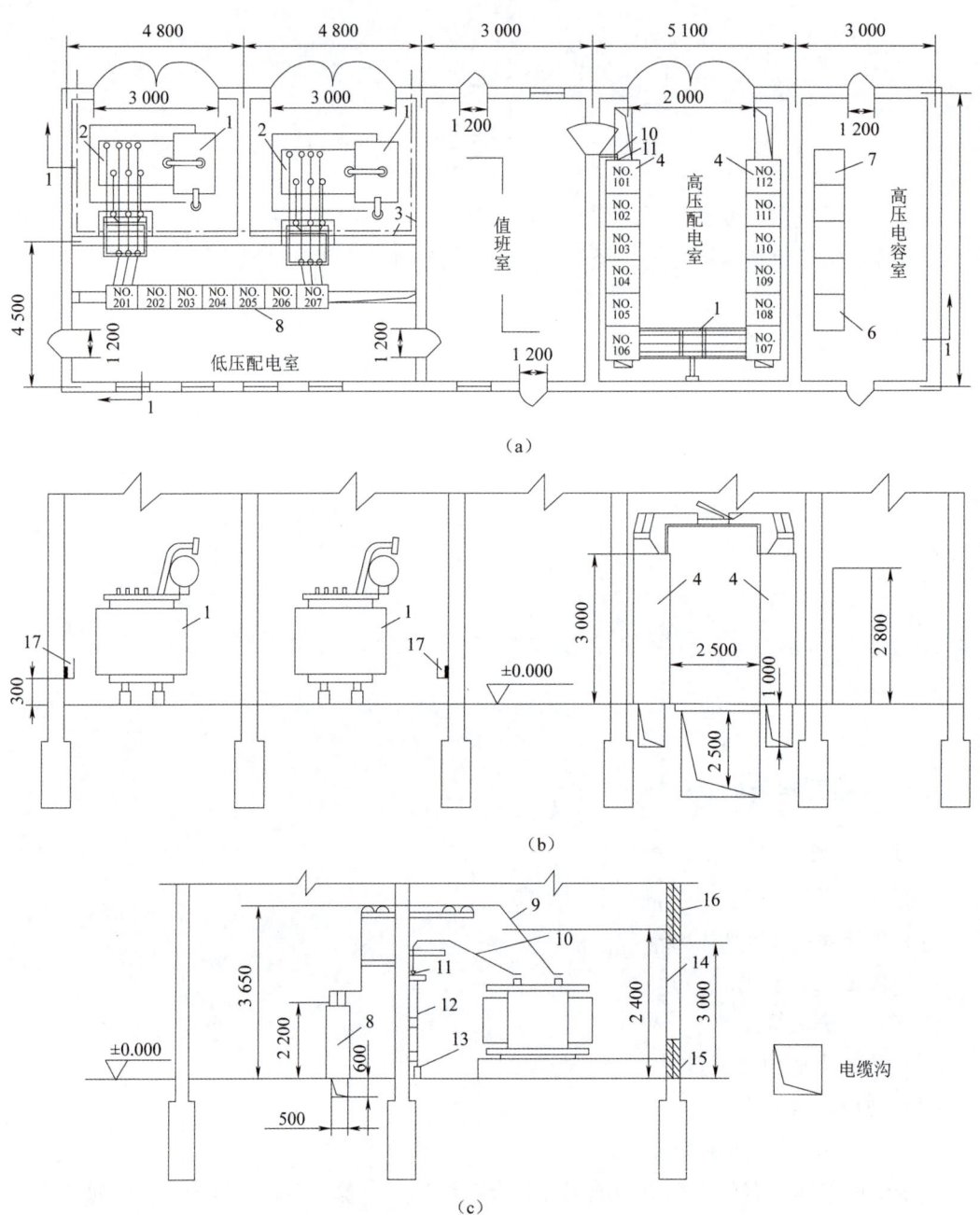

图 2-17　某工厂高压配电所及其附设 2 号车间变电所的平面图和剖面图

（a）平面图；（b）、（c）剖面图

1—S9-800/10 型变压器；2—PEN 线；3—接地线；4—GG-1A（F）型高压开关柜；5—GN6 型高压隔离开关；

6—GR-1 型高压电容器柜；7—GR-1 型高压电容器的放电互感器柜；8—PGL2 型低压配电屏；

9—低压母线及支架；10—高压母线及支架；11—电缆头；12—电缆；13—电缆保护管；

14—大门；15—进风口（百叶窗）；16—出风口（百叶窗）；17—接地线及其固定钩

表 2-1　高压配电室内各种通道的最小宽度（据 GB 50053—2013）

开关柜布置方式	柜后维护通道/mm	柜前操作通道/mm	
		固定式柜	手车式（移开式）柜
单列布置	800	1 500	单手车长度 +1 200
双列面对面布置	800	2 000	双手车长度 +900
双列背对背布置	1 000	1 500	单手车长度 +1 200

注：1. 固定式开关柜为靠墙布置时，柜后与墙净距应大于 50 mm，侧面与墙净距宜大于 200 mm。

2. 通道宽度在建筑物的墙面遇有柱类局部凸出时，凸出部位的通道宽度可减少 200 mm。

3. 当开关柜侧面需设置通道时，通道宽度不应小于 800 mm。

4. 对全绝缘密封式成套配电装置，可根据厂家安装使用说明书减少通道宽度。

由图 2-17 可以看出：①值班室紧靠高低压配电室且有门直通，因此运行维护方便。②高低压配电室和变压器室的进出线都较方便。③所有大门均按要求开设，保证运行方便安全。④高压电容器室与高压配电室相邻，既安全又配线方便。⑤各室均留有一定的余地，以适应发展的要求。

图 2-18 所示为高压配电所与附设车间变电所合建的另几种平面布置方案。这些布置方案也基本适于设有高压配电室的小型降压变电所，只是由于高压开关柜少一些，因此高压配电室的面积相应地小一些。

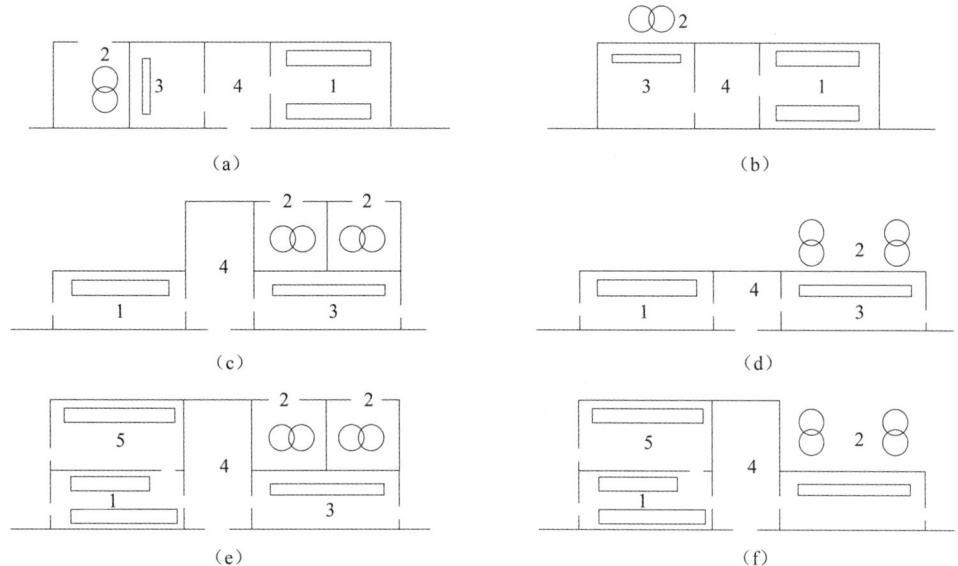

图 2-18　高压配电所与附设车间变电所合建的另几种平面布置方案

（a）室内型，有值班室，一台变压器；（b）室外型，有值班室，一台变压器；

（c）室内型，有值班室，两台变压器；（d）室外型，有值班室，两台变压器；

（e）室内型，有值班室和高压电容器，两台变压器；（f）室外型，有值班室和高压电容器，两台变压器

1—高压配电室；2—变压器室或室外变压器台；3—低压配电室；4—值班室；5—高压电容器室

对于既无高压配电室又无值班室的车间变电所，其平面布置方案更为简单，如图 2 – 19 所示。

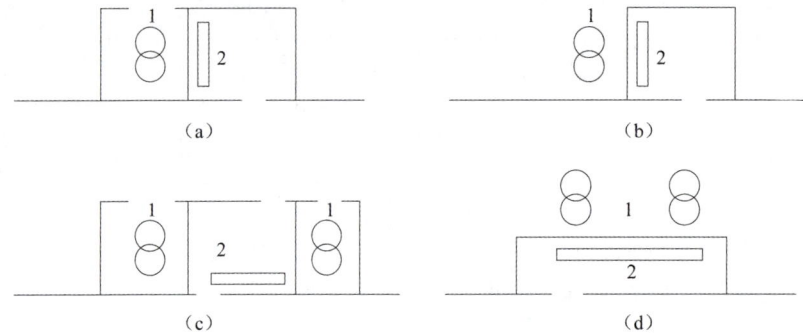

图 2 – 19　既无高压配电室又无值班室的车间变电所平面布置图案例

（a）室内型，一台变压器；（b）室外型，一台变压器；

（c）室内型，两台变压器；（d）室外型，两台变压器

1—变压器室或室外变压器台；2—低压配电室

拓展阅读

从"跟跑"到"领跑"的跨越

任务 2.3　电力负荷计算

相关知识

2.3.1　电力负荷分级及其对供电电源的要求

电力负荷，既可指用电设备或用电单位（用户），也可指用电设备或用电单位所耗用的电功率或电流。这里的电力负荷指用电单位（用户）或用电设备。

1. 电力负荷的分级

电力负荷根据其对供电可靠性的要求及中断供电在对人身安全、经济损失上所造成的影响程度，按 GB 50052—2016《供配电系统设计规范》规定，分为以下三类：

1）一级负荷

符合下列情况之一时，应视为一级负荷：

（1）中断供电将造成人身伤害者。

（2）中断供电将在经济上造成重大损失者，例如重大设备损坏、大量产品报废、用重要原料生产的产品大量报废、国民经济中重点企业的连续生产过程被打乱需要长时间才能恢

复等。

（3）中断供电将影响重要用电单位的正常工作，例如重要交通枢纽、重要通信枢纽、重要宾馆、大型体育场馆等。

在一级负荷中，当中断供电将造成人员伤亡或重大设备损坏或发生中毒、爆炸和火灾等情况的负荷，以及特别重要场所的不允许中断供电的负荷，应视为一级负荷中特别重要的负荷。

2）二级负荷

符合下列情况之一时，应视为二级负荷：

（1）中断供电将在经济上造成较大损失者，例如主要设备损坏、大量产品报废、连续生产过程被打乱需较长时间才能恢复、重点企业大量减产等。

（2）中断供电将影响较重要用电单位的正常工作，例如交通枢纽、通信枢纽等用电单位中的重要电力负荷，以及中断供电将造成大型影剧院、大型商场等较多人员集中的重要的公共场所秩序混乱者。

3）三级负荷

所有不属于一级和二级负荷者，应为三级负荷。

2. 各级电力负荷对供电电源的要求

1）一级负荷对供电电源的要求

一级负荷属重要负荷，应由"双重电源"供电；当一个电源发生故障时，另一个电源不应同时受到损坏。

一二级负荷中特别重要的负荷，除由双重电源供电外，还应增设应急电源，并严禁将其他负荷接入应急供电系统。而且设备供电电源的切换时间，应满足设备允许中断供电的要求。可作为应急电源的有：①独立于正常电源的发电机组；②供电网络中独立于正常电源的专用馈电线路；③蓄电池；④干电池。

2）二级负荷对供电电源的要求

二级负荷也属重要负荷，但其重要程度次于一级负荷。二级负荷宜由两回线路供电。在负荷较小或地区供电条件困难时，二级负荷可由一回 6 kV 及以上专用的架空线路供电。

3）三级负荷对供电电源的要求

三级负荷属不重要负荷，对供电电源无特殊要求。

2.3.2 电力负荷的类别

电力负荷按用途分，有照明负荷和动力负荷。照明负荷为单相负荷，在三相系统中很难做到三相平衡；而动力负荷一般可视为三相平衡负荷。电力负荷按行业分，有工业负荷、非工业负荷和居民生活负荷等。

电力负荷（设备）按工作制可分为以下三类：

（1）长期连续工作制。这类设备长期连续运行，负荷比较稳定，例

电力负荷分级

如通风机、空气压缩机、电动发电机组、电炉和照明灯等。机床电动机的负荷虽然变动一般较大，但大多也是长期连续工作的。

（2）短时工作制。这类设备的工作时间较短，而停歇时间相对较长，例如机床上的某些辅助电动机（如进给电动机、升降电动机等）。

（3）断续周期工作制。这类设备周期性地工作－停歇－工作，如此反复运行，而工作周期一般不超过 10 min，例如电焊机和起重机械。

2.3.3　用电设备的额定容量、负荷持续率及负荷系数

1. 用电设备的额定容量

用电设备的额定容量，是指用电设备在额定电压下、在规定的使用寿命内能连续输出或耗用的最大功率。

对电动机，其额定容量是指其轴上正常输出的最大功率。因此其耗用的功率即从电网吸取的功率，应为其额定容量除以其本身的效率。

对电灯和电炉等，其额定容量是指其在额定电压下耗用的功率，而不是指其输出的功率。

电动机、电炉和电灯等设备的额定容量，均用有功功率 P_N 表示，单位为瓦（W）或千瓦（kW）。

变压器、互感器和电焊机等设备的额定容量，一般用视在功率 S_N 表示，单位为伏安（V·A）或千伏安（kV·A）。

电容器类设备的额定容量，则用无功功率 Q_C 表示，单位为乏（var）或千乏（kvar）。

特别注意：对断续周期工作制的设备（如电焊机、起重机等）来说，其额定容量是对应于一定的负荷持续率的。

2. 负荷持续率

负荷持续率，又称暂载率或相对工作时间，符号为 ε，其定义为一个工作周期 T 内工作时间 t 与 T 的百分比，即

$$\varepsilon = \frac{t}{T} \times 100\% = \frac{t}{t + t_0} \times 100\% \qquad (2-1)$$

式中，t_0 为工作周期 T 内的停歇时间。T、t 和 t_0 的单位均为秒（s）。

同一设备，在不同负荷持续率下运行时，其输出的功率是不同的。因为设备容量与负荷持续率的二次方根成反比关系，因此设备在 ε_1 下对应的设备容量是 P_1，则在 ε_2 下对应的容量是 P_2 为

$$P_2 = P_1 \sqrt{\frac{\varepsilon_1}{\varepsilon_2}} \qquad (2-2)$$

3. 用电设备的负荷系数

用电设备的负荷系数（或称负荷率）K_L，为设备在最大负荷时输出或耗用的功率 P 与设备额定容量 P_N 的比值，即

$$K_{\mathrm{L}} = \frac{P}{P_{\mathrm{N}}} \qquad\qquad (2-3)$$

负荷系数表征了设备容量的利用程度。

2.3.4　负荷曲线与年最大负荷利用小时

1. 负荷曲线

负荷曲线是表征电力负荷随时间变动情况的一种图形。它绘制在直角坐标上，纵坐标轴表示负荷功率（一般用有功功率），横坐标轴表示负荷变动所对应的时间。

负荷曲线按负荷对象分，有工厂（企业）的、车间的或某台设备的负荷曲线。按负荷的功率性质分，有有功和无功负荷曲线。按所表示的负荷变动时间分，有年的、月的、日的和工作班的负荷曲线。按绘制方式分，有依点连成的有功负荷曲线（图 2-20）和梯形有功负荷曲线（图 2-21）。

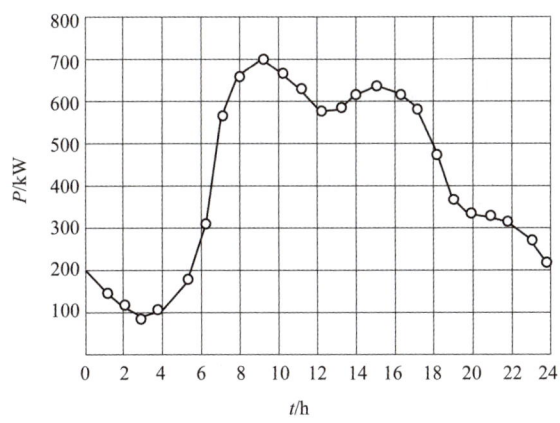

图 2-20　依点连成的有功负荷曲线

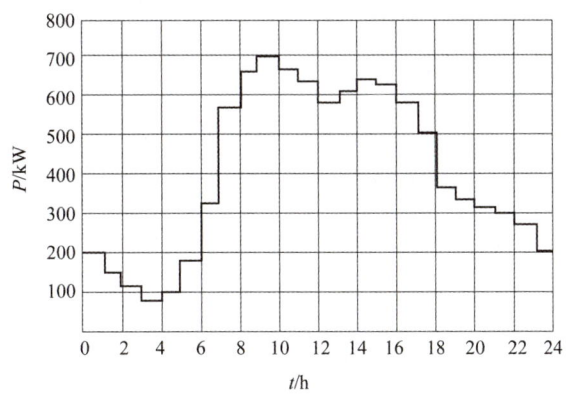

图 2-21　梯形有功负荷曲线

2. 年最大负荷和年最大负荷利用小时

年最大负荷 $P_{\max}$，是指全年中负荷最大的工作班内消耗电能最多的半小时平均负荷 P_{30}。

年最大负荷利用小时 T_{max} 是假设电力负荷按年最大负荷 P_{max} 亦即（P_{30}）持续运行时，在此 T_{max} 时间内电力负荷所耗用的电能，恰与该电力负荷全年实际耗用的电能相等，如图 2 – 22 所示。

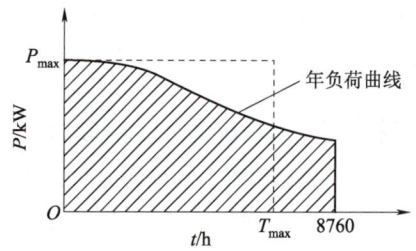

图 2 – 22　年最大负荷和年最大负荷利用小时

因此年最大负荷利用小时是一个假想时间，按下式计算

$$T_{max} = \frac{W_a}{P_{max}} \qquad (2-4)$$

式中，W_a 为电力负荷全年实际耗用的电能。

年最大负荷利用小时是反映电力负荷特征的一个重要参数，与企业的生产班制有明显的关系。例如，一班制企业 $T_{max} = 1\ 800 \sim 3\ 000$ h；二班制企业 $T_{max} = 3\ 500 \sim 4\ 800$ h；三班制企业 $T_{max} = 5\ 000 \sim 7\ 000$ h。

2.3.5　采用需要系数法进行负荷计算

计算负荷是指通过统计计算求出的、用来按发热条件选择供配电统中各元件的负荷值。按照计算负荷选择的电气设备和导线电缆，如以计算负荷持续运行其发热温度不致超出允许值，因而不会影响其使用寿命。

负荷曲线

由于导体通过电流达到稳定温升的时间需（$3 \sim 4$）τ，τ 为发热时间常数。而截面积在 16 mm^2 以上的导体的 τ 均在 10 min 以上，也就是载流导体大约经 30 min 后可达到稳定的温升值。因此通常取半小时平均最大负荷 P_{30}（亦即年最大负荷 P_{max}）作为"计算负荷"。

所以计算负荷就是 P_{30} 也就是最大负荷 P_{max}，计算负荷是供配电设计计算的基本依据。如果计算负荷确定过大，将使设备和导线、电缆选择偏大，造成投资和有色金属的浪费。如果计算负荷确定过小，又将使设备和导线、电缆选择偏小，造成设备和导线、电缆运行时过热，增加电能损耗和电压损耗，甚至使设备和导线、电缆烧毁，造成事故。因此正确确定计算负荷具有重要的意义。

我国目前普遍采用的确定用电设备组计算负荷的方法有需要系数法和二项式法。本书只介绍需要系数法。

1. 需要系数的概念

用电设备组的计算负荷是指用电设备组从供电系统中取用的半小时最大负荷 P_{30}，如图 2 – 23 所示。用电设备组的设备容量 P_e，是指用电设备组所有设备（不包括备用设备）

的额定容量 P_N 之和，即 $P_e = \sum P_N$。而设备的额定容量，是设备在额定条件下的最大输出功率。

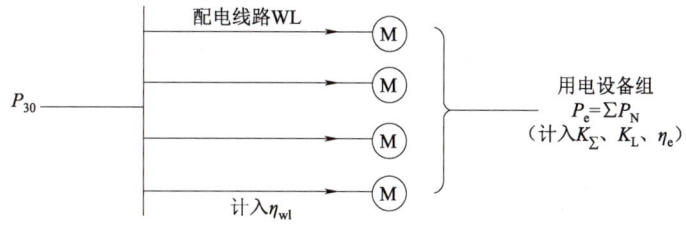

图 2-23　用电设备组的计算负荷

但实际上，用电设备组的设备不一定都同时运行，运行的设备也一定都是满负荷，同时设备和线路在运行中都有功率损耗，因此用电设备组进线上的有功计算负荷应为

$$P_{30} = \frac{K_{\sum} K_L}{\eta_e \eta_{WL}} P_e \qquad (2-5)$$

式中，$K_{\sum}$ 为设备组的同时系数；K_L 为设备组的负荷系数；η_e 为设备组的平均效率；η_{WL} 为配电线路的平均效率。令式（2-5）中的 $\dfrac{K_{\sum} K_L}{\eta_e \eta_{WL}} = K_d$，$K_d$ 即"需要系数"，此可得需要系数的定义式为

$$K_d = \frac{P_{30}}{P_e} \qquad (2-6)$$

即用电设备组的需要系数 K_d，是用电设备组在最大负荷时需要的有功功率与其设备容量的比值。

实际上，用电设备组的需要系数 K_d 不仅与其工作性质、设备台数、设备效率及线路损耗等因素有关，而且与其操作人员的技能水平和生产组织等多种因素有关，因此需要系数值宜尽可能实测分析确定，使之尽量接近实际。

附表1列出工业用电设备组的需要系数值，供参考。附表1~附表14请扫以下二维码获取。

附表 1 ~ 附表 14

负荷计算

2. 需要系数法的基本计算公式及其应用

需要系数法的基本计算公式为

$$P_{30} = K_d P_e \qquad (2-7)$$

这里必须指出，对断续周期工作制的用电设备组，其设备容量 P_e 应为各设备在不同负荷持续率下的铭牌容量换算到一个统一的负荷持续率下的容量之和。

断续周期工作制的用电设备常用的有电焊机和起重机电动机，它们的容量换算要求如下：

（1）电焊机组的容量换算——要求统一换算到 $\varepsilon = 100\%$ ，用 ε_{100} 表示（计算中用小数，也就是1），因此可得换算后的设备容量为

$$P_e = P_N \sqrt{\frac{\varepsilon_N}{\varepsilon_{100}}} = S_N \cos \varphi \sqrt{\frac{\varepsilon_N}{\varepsilon_{100}}}$$

即
$$P_e = P_N \sqrt{\varepsilon_N} = S_N \cos \varphi \sqrt{\varepsilon_N} \qquad (2-8)$$

式中，P_N、S_N 分别为电焊机的有功和视在铭牌容量；ε_N 为与 P_N、S_N 对应的负荷持续率；$\cos \varphi$ 为铭牌规定的功率因数。

（2）起重机电动机组的容量换算——要求统一换算到 $\varepsilon = 25\%$ （也就是 1/4），因此可得换算后的设备容量为

$$P_e = P_N \sqrt{\frac{\varepsilon_N}{\varepsilon_{25}}} = 2P_N \sqrt{\varepsilon_N} \qquad (2-9)$$

在按式（2-7）求出有功计算负荷 P_{30} 之后，可按下列各式分别求其余的计算负荷：

无功计算负荷
$$Q_{30} = P_{30} \tan \varphi \qquad (2-10)$$

视在计算负荷
$$S_{30} = \frac{P_{30}}{\cos \varphi} \qquad (2-11)$$

计算电流
$$I_{30} = \frac{S_{30}}{\sqrt{3} U_N} \qquad (2-12)$$

式中，$\cos \varphi$ 为用电设备组的平均功率因数；$\tan \varphi$ 为对应于 $\cos \varphi$ 的正切值。

注意：附表1中的需要系数值是按车间范围设备台数较多的情况下确定的，需要系数值一般都比较低，所以比较适用于确定车间的计算负荷。如果计算分支干线上用电设备组（台数较少，只有 1~2 台）时宜适当取大，取 $K_d = 1$，即 $P_{30} = P_e$。只有一台电动机时，其

$$P_{30} = \frac{P_N}{\eta}, \quad I_{30} = \frac{P_N}{\sqrt{3} U_N \cos \varphi \cdot \eta}。$$

最后需要指出：需要系数值与用电设备的类别和工作状态有很大关系，因此按需要系数法计算时，首先要正确判别用电设备的类别和工作状态，否则将造成错误。例如机修车间的金属切削机床电动机，应属小批生产的冷加工机床电动机，因为金属切削就是冷加工，而机修车间不可能是大批生产。又如压塑机、拉丝机和锻锤等，应属热加工机床。

3. 多组用电设备计算负荷的确定

确定拥有多组用电设备的干线上或车间变电所低压母线上的计算负荷时，应考虑各组用电设备的最大负荷不同时出现的因素。因此在确定多组用电设备的计算负荷时，应结合具体情况对其有功负荷和无功负荷分别计入一个综合系数（又称同时系数或参差系数）$K_{\Sigma P}$ 和 $K_{\Sigma q}$。

对车间干线可取 $K_{\Sigma P} = 0.85 \sim 0.95$，$K_{\Sigma q} = 0.90 \sim 0.97$。

对低压母线，由用电设备组计算负荷直接相加来计算时可取 $K_{\Sigma P} = 0.80 \sim 0.90$，$K_{\Sigma q} = 0.85 \sim 0.95$。如果由车间干线计算负荷直接相加来计算时可取 $K_{\Sigma P} = 0.90 \sim 0.95$，$K_{\Sigma q} = 0.93 \sim 0.97$。

总的有功计算负荷为
$$P_{30} = K_{\sum P} \times \sum P_{30.i} \qquad (2-13)$$

总的无功计算负荷为
$$Q_{30} = K_{\sum q} \times \sum Q_{30.i} \qquad (2-14)$$

以上两式中 $\sum P_{30.i}$ 和 $\sum Q_{30.i}$ 分别为各组设备的有功和无功计算负荷之和。

总的视在计算负荷为
$$S_{30} = \sqrt{P_{30}^2 + Q_{30}^2} \qquad (2-15)$$

总的计算电流为
$$I_{30} = \frac{S_{30}}{\sqrt{3} \times U_N} \qquad (2-16)$$

注意：在计算多组设备总的计算负荷时，为了简化和统一，各组的设备台数不论多少，各组的计算负荷均按附表 1 所列的计算系数来计算，而不必考虑因设备台数少而适当增大 K_d 和 $\cos\varphi$ 值的问题。

2.3.6　供配电系统的功率损耗

在确定各用电设备组的计算负荷后，如果要确定整个用户如一个企业或一个车间的计算负荷，就需要逐级计入有关线路和变压器的功率损耗，如图 2-24 所示。

例如要确定低压配电线 WL2 首端的有功计算负荷 $P_{30.4}$ 就应将其末端有功计算负荷 $P_{30.5}$ 加上该线路的有功损耗 ΔP_{WL2}。如果要确定高压配电线 WL1 首端的有功计算负荷 $P_{30.2}$，就应将车间变电所低压侧的有功计算负荷 $P_{30.3}$ 加上变压器 T 的有功损耗 ΔP_T，再加上高压配电线 WL1 的有功损耗 ΔP_{WL1}。为此，下面先分别讲述线路和变压器功率损耗的计算。

1. 线路的功率损耗计算

线路的功率损耗包括有功和无功两部分。

1）线路的有功功率损耗计算

有功功率损耗是电流通过线路电阻所产生的，按下式计算：
$$\Delta P_{WL1} = 3I_{30}^2 R_{WL} \qquad (2-17)$$

式中，I_{30}^2 为线路的计算电流；R_{WL} 为线路每相的电阻。电阻 $R_{WL} = R_0 l$，其中 l 为线路长度；R_0 为线路单位长度的电阻值，可查有关手册或产品样本。附表 4、附表 5 列出部分裸导线、电力电缆和室内明敷及穿管敷设的绝缘导线 R_0 值，供参考。

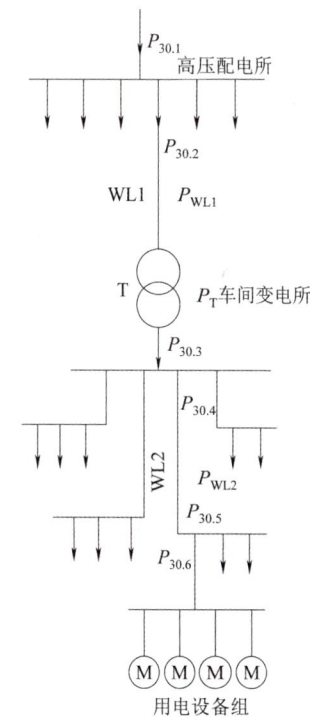

图 2-24　某工厂供配电系统中各部分的计算负荷和功率损耗（只显示出有功部分）

2）线路的无功功率损耗计算

无功功率损耗是电流通过线路电抗所产生的，按下式计算：

$$\Delta Q_{WL1} = 3I_{30}^2 X_{WL} \tag{2-18}$$

式中，I_{30}^2 为线路的计算电流；X_{WL} 为线路每相的电抗。

电抗 $X_{WL} = X_0 l$，X_0 为线路单位长度的电抗值，也可查有关手册或产品样本。附表 4 ~ 附表 5 分别列出部分裸导线、电力电缆和绝缘导线的 X_0 值。但是查架空线路的 X_0 值，不仅要根据导线截面积，而且要根据导线之间的几何均距。所谓几何均距，是指三相线路各相导线之间距离的几何平均值。如图 2-25（a）所示 A、B、C 三相线路，其线间几何均距为

$$a_{av} = \sqrt[3]{a_1 a_2 a_3} \tag{2-19}$$

如果导线为等边三角形排列［见图 2-25（b）］，则 $a_{av} = a$；如果导线为水平等距排列［见图 2-25（c）］，则 $a_{av} = \sqrt[3]{2}a = 1.26a$。

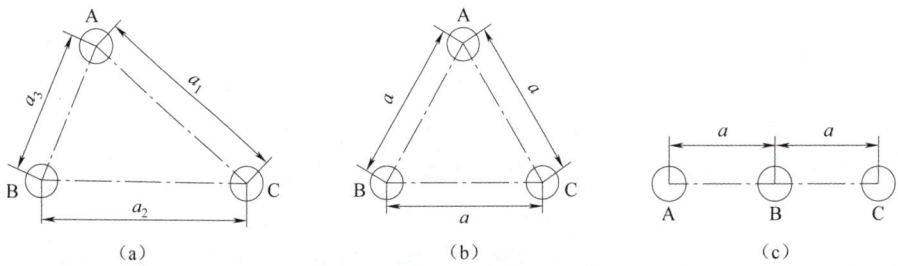

图 2-25　三相架空线路的线间距离

（a）一般情况；（b）等边三角形排列；（c）水平等距排列

2. 变压器的功率损耗计算

在供电设计中，可采用下列简化公式来计算现在应用的各种低损耗电力变压器的功率损耗：

有功功率损耗 $\qquad\qquad \Delta P_T \approx 0.01 S_{30} \qquad\qquad (2-20)$

无功功率损耗 $\qquad\qquad \Delta Q_T \approx 0.05 S_{30} \qquad\qquad (2-21)$

式中，S_{30} 为变压器的计算负荷。

2.3.7　用户无功补偿计算

按《供电营业规则》规定：用户在当地供电企业规定的电网高峰负荷时的功率因数，100 kV·A 及以上高压供电的用户，不得低于 0.90；其他电力用户，不得低于 0.85。因此用户必须在充分发挥设备潜力，改善设备运行性能，提高自然功率因数的情况下，如尚达不到规定的功率因数要求时，必须考虑进行无功功率的人工补偿。

图 2-26 所示为功率因数的提高与无功功率和视在功率变化的关系。假设功率因数由 $\cos\varphi$ 提高到 $\cos\varphi'$，这时在用户需用的有功功率 P_{30} 不变的条件下，无功功率将由 Q_{30} 减小到 Q_{30}'，视在功率将由 S_{30} 减小到 S_{30}'。相应地负荷电流 I_{30} 也不得以减小，这将使系统的电能损耗和电压损耗均相应地降低，从而达到既节约电能又提高电压质量的效果，同时可使系统

选用较小容量的供电设备和导线、电缆。由此可见，提高功率因数对电力系统是大有好处的。

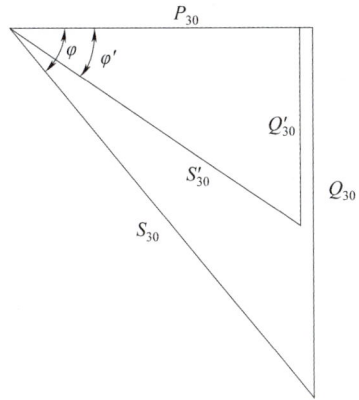

图 2 - 26　功率因数的提高与无功功率和视在功率的变化

由图 2 - 26 可以看出，要使功率因数由 $\cos \varphi$ 提高到 $\cos \varphi'$，必须装设的无功补偿装置容量为

$$Q_C = Q_{30} - Q'_{30} = P_{30}（\tan \varphi - \tan \varphi'）\qquad (2 - 22)$$

或

$$Q_C = \Delta q_C P_{30} \qquad (2 - 23)$$

式中，$\Delta q_C = \tan \varphi - \tan \varphi'$，称为无功补偿率或比补偿容量，表示使 1 kW 的有功功率由 $\cos \varphi$ 提高到 $\cos \varphi'$ 所需的无功补偿容量（kvar）值。

在确定了总的补偿容量后，即可根据所选并联电容器的单个容量 q_C 来确定电容器个数：

$$n = \frac{Q_C}{q_C}$$

由上式计算所得的电容器个数 n，对于单相电容器，应取为 3 的倍数，以便三相均衡分配。

工厂（或车间）装设了无功补偿装置以后，总的计算负荷 P_{30} 不变，而总的无功计算负荷应扣除无功补偿容量，即总的无功计算负荷为

$$Q'_{30} = Q_{30} - Q_C \qquad (2 - 24)$$

补偿后总的视在计算负荷

$$S_{30} = \sqrt{P_{30}^2 + （Q_{30} - Q_C）^2} \qquad (2 - 25)$$

由于低压侧总的视在计算负荷减小，从而可使变电所主变压器的容量选得小一些，这不仅可降低变电所的初投资，而且可减少用户的电费开支。因为我国供电部门对工业用户一般实行"两部电费制"：一部分叫"基本电费"，按所装主变压器的容量来计费，主变压器容量的减小，使基本电费相应减少；另一部分叫"电能电费"，按每月实际耗电量来计费，且根据月平均功率因数的高低调整电费。凡月平均功率因数高于规定值的，可按一定比率减少电费。由此可见，提高功率因数不仅对整个电力系统大有好处，对用户本身也是有一定经济实惠的。

任务实施

负荷计算、无功补偿计算：

（1）教师下发项目任务书，描述任务学习目标。

（2）教师通过 PPT、视频等讲解本任务中的计算过程。

（3）学生根据任务书的要求，收集有关负荷计算、无功补偿计算方法，根据获得的信息进行分析讨论。

（4）负荷计算、无功补偿计算过程。

负荷计算、无功补偿计算过程

拓展阅读

精益求精，一丝不苟——全国劳动模范、
云南电网昆明供电局李辉

任务 2.4　短路计算

相关知识

2.4.1　短路的原因、后果及其形式

1. 短路的原因

短路是指不同电位的导体之间的电气短接，这是电力系统中最常见的一种故障，也是最严重的一种故障。

电力系统出现短路故障，究其原因，主要有以下三个方面：

（1）电气绝缘损坏。

（2）鸟兽害。

（3）误操作。

2. 短路的后果

电路短路后，其阻抗值比正常负荷时电路的阻抗值小得多，因此短路电流往往比正常负荷电流大许多倍。在大容量电力系统中，短路电流可高达几万安培或几十万安培。如此大的短路电流对电力系统可产生极大的危害：

（1）短路电流的电动效应和热效应——短路电流将产生很大电动力和很高的温度，可能造成电路及其中设备的损坏，甚至引发火灾事故。

（2）电压骤降——短路将造成系统电压骤降，越靠近短路点电压越低，这将严重影响电气设备的正常运行。

（3）造成停电事故——短路时，电力系统的保护装置动作，使开关跳闸或熔断器熔断，从而造成停电事故。越靠近电源短路，引起停电的范围越大，从而给国民经济造成的损失也越大。

（4）影响系统稳定——严重的短路可使并列运行的发电机组失去同步，造成电力系统解列，破坏电力系统的稳定运行。

（5）产生电磁干扰——单相接地短路电流，可对附近的通信线路、信号系统及电子设备等产生电磁干扰，使之无法正常运行，甚至引起误动作。

由此可见，短路的后果是非常严重的，因此供配电系统在设计、安装和运行中，都应尽力设法消除可能引起短路故障的一切因素。

3. 短路的形式

在三相系统中，可有下列短路形式：

（1）三相短路。

如图 2 – 27（a）所示，三相短路用 $k^{(3)}$ 表示，三相短路电流则写作 $i_k^{(3)}$。

短路形成、后果

（2）两相短路。

如图 2 – 27（b）所示，两相短路用 $k^{(2)}$ 表示，两相短路电流则写作 $i_k^{(2)}$。

（3）单相短路。

如图 2 – 27（c）、（d）所示，单相短路用 $k^{(1)}$ 表示，单相短路电流则写作 $i_k^{(1)}$。

（4）两相接地短路。

如图 2 – 27（e）、（f）所示，为中性点不接地的电力系统中两不同相的单相接地所形成的两相短路；也指两相短路又接地的情况。两相接地短路用 $k^{(1,1)}$ 表示，其短路电流则写作 $i_k^{(1,1)}$。两相接地短路实质上与两相短路相同。

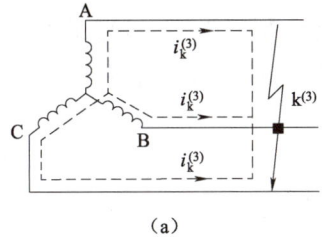
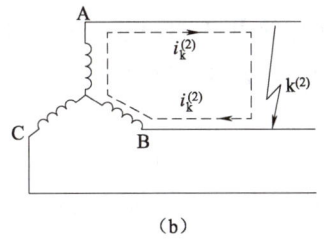

（a）   （b）

图 2 – 27 短路形式

（a）三相短路；（b）两相短路；

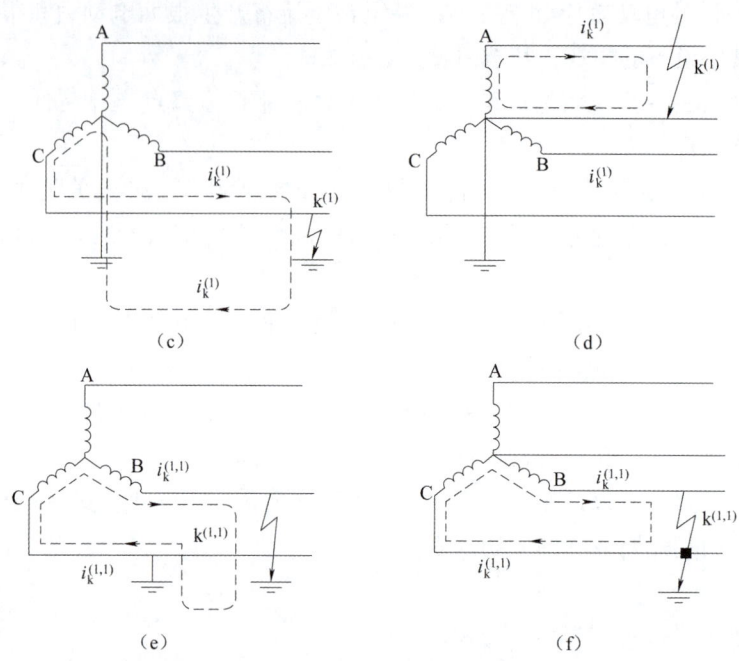

图 2-27　短路形式（续）

（c）单相接地短路；（d）单相短路；（e）两相接地短路；（f）两相短路接地

上述短路形式中三相短路属于"对称性短路"。其他形式的短路，均属"非对称性短路"。电力系统中，发生单相短路的可能性最大，而发生三相短路的可能性最小。但一般是三相短路电流最大，造成的危害也最严重。为了使电力系统中的电气设备在最严重的短路状态下也能可靠的工作，因此作为选择校验电气设备用的短路计算中，以三相短路计算为主。

2.4.2　无限大容量电力系统三相短路的物理过程

所谓无限大容量电力系统，就是其容量相对于用户内部供配电系统容量大得多的电力系统，以致用户的负荷不论如何变动甚至发生短路时，电力系统变电所馈电母线的电压能基本维持不变。在实际的用户供电设计中，当电力系统等值阻抗不超过短路回路总阻抗的 5% ~ 10%，或者电力系统容量超过用户供配电系统容量的 50 倍时，可将电力系统视为"无限大容量电力系统"。

对一般用户（含工矿企业）供配电系统来说，由于其容量远比电力系统的总容量小，其阻抗又远比电力系统大，因此，可将电力系统看作无限大容量的电源。

1. 暂态过程分析

图 2-28（a）所示的三相电路为由无限大容量系统供电的三相对称电路，由于三相对称，因而可取一相来研究，这个电路图可用图 2-28（b）所示等效单相电路图来分析。

三相短路物理过程

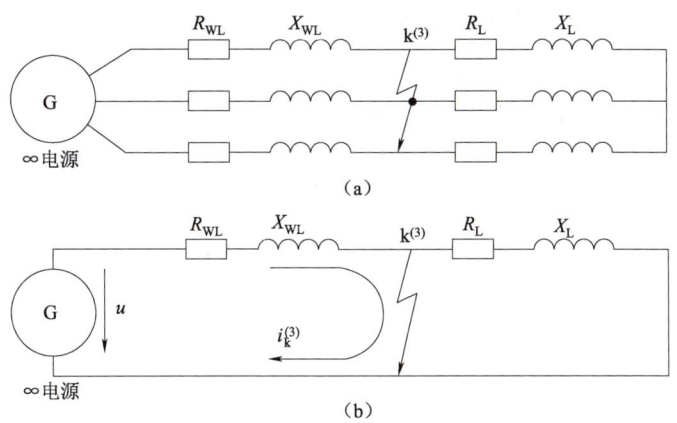

图 2 – 28　无限大容量系统发生三相短路

（a）三相电路图；（b）等效单相电路图

R_{WL}、X_{WL}—线路电阻和电抗；R_L、X_L—负荷电阻和电抗

正常运行时，电路中的电流取决于电源电压和电路中所有元件包括负荷在内的总阻抗。

当发生三相短路时，这个电路被分成两个独立回路，如图 2 – 28（b）所示，右边回路中没有电源，由于有电阻存在，电流将从短路发生瞬间以热能的形式一直衰减直到零。

左边的回路即短路回路仍与电源连接，由于负荷阻抗和部分线路阻抗被短路，所以根据欧姆定律，电路中的电流要突然增大。但是，由于短路电路中存在着电感，电流又不能突变，因而引起一个过渡过程，即短路暂态过程，最后短路电流达到一个新的稳定状态。图 2 – 29 所示为无限大容量系统中发生三相短路前后的电压和电流变动曲线。

2. 有关短路物理量

1）短路电流周期、非周期分量及全电流

假设电源电压 $u = U_m \sin(\omega t + \alpha)$，$\alpha$ 为初相角，发生短路后其短路回路电流的瞬时值根据基尔霍夫电压定律满足微分方程：

$$L \frac{\mathrm{d}i}{\mathrm{d}t} + R_{WL} i = U_m \sin(\omega t + \alpha) \tag{2-26}$$

这是个一阶常数线性非齐次微分方程，它的解由其特解（周期分量 i_p 又称交流分量）和齐次方程的通解（非周期分量 i_{np} 又称直流分量）构成。其中，周期分量

$$i_p = I_m \sin(\omega t + \alpha - \varphi) \tag{2-27}$$

式中，φ——短路后的阻抗角。

非周期分量

$$i_{np} = C \mathrm{e}^{-\frac{t}{\tau}} \tag{2-28}$$

短路全电流为周期分量加非周期分量

$$i = i_p + i_{np} = I_m \sin(\omega t + \alpha - \varphi) + C \mathrm{e}^{-\frac{t}{\tau}} \tag{2-29}$$

在供配电系统里，我们最关心的是最大的短路电流，以此最大电流校验的设备在其他短路电流的情况下自然是满足要求的。因此，最严重的情况是：空载条件下，短路角 $\alpha = 0°$、

$\varphi = 90°$（输电线路的等值电阻比其感抗值小得多），把这个条件代入式（2-29）

$$i = -I_m \cos \omega t + I_m e^{-\frac{t}{\tau}} \qquad (2-30)$$

如短路发生在 $t = 0$ 时刻，则

$$i = -I_m + I_m \qquad (2-31)$$

周期分量和非周期分量的起始值相等、方向相反。

我们用 I'' 表示为短路次暂态电流有效值，它是短路后第一个周期的短路电流周期分量的有效值。峰值则为 $\sqrt{2}I''$，也就是 I_m，无限大容量系统由于电压维持不变，所以其短路电流周期分量有效值在短路的全过程中也维持不变（习惯用 I_K 表示），也等于短路稳态电流有效值 I_∞，即 $I_m = \sqrt{2}I'' = \sqrt{2}I_\infty = \sqrt{2}I_K$ 也就是

$$I'' = I_\infty = I_K \qquad (2-32)$$

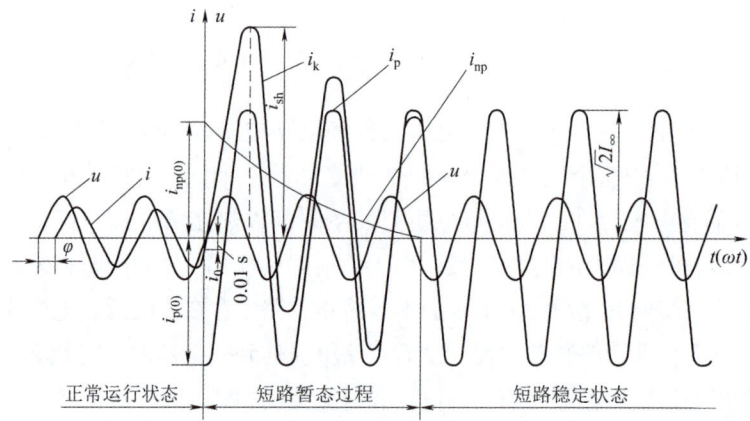

图 2-29　无限大容量系统中发生三相短路前后的电压和电流变动曲线

2）短路冲击电流

从图 2-29 可见，短路冲击电流，即短路电流的最大瞬时值（短路电流峰值），出现在短路发生后约半个周期时。对于额定频率为 50 Hz 的系统，此时刻为 $t = 0.01$ s。我们用 i_{sh} 表示，短路冲击电流按下式计算：

$$i_{sh} = i_{p(0.01)} + i_{np(0.01)} \approx \sqrt{2}I''\left(1 + e^{-\frac{0.01}{\tau}}\right) = K_{sh}\sqrt{2}I'' \qquad (2-33)$$

式中，K_{sh}——短路电流冲击系数，$K_{sh} = 1 + e^{-\frac{0.01}{\tau}}$。

短路电流的最大有效值是短路后第一个周期的短路全电流有效值，用 I_{sh} 表示，亦称短路冲击电流有效值，用下式计算：

$$I_{sh} = \sqrt{I_{p(0.01)}^2 + I_{np(0.01)}^2} \approx \sqrt{1 + 2\left(K_{sh} - 1\right)^2}\,I'' \qquad (2-34)$$

在高压电路发生三相短路时，一般取 $K_{sh} = 1.8$，因此

$$i_{sh} = 2.55I'' \qquad (2-35)$$

$$I_{sh} = 1.51I'' \qquad (2-36)$$

在低压电路和 1 000 kV·A 及以下变压器二次侧发生三相短路时，一般取 $K_{sh} = 1.3$，因此

$$i_{sh} = 1.84I''\qquad(2-37)$$

$$I_{sh} = 1.09I''\qquad(2-38)$$

2.4.3　三相短路计算

1. 概述

供配电系统中较常见的故障之一就是短路，而且短路的后果十分严重，直接影响供配电系统及电气设备的安全运行。短路故障中通常三相短路电流最为严重，所以为了正确选择电气设备，使设备具有足够的动稳定性和热稳定性，以保证在通过可能的最大的短路电流时也不致损坏，因此必须进行三相短路电流计算。

短路计算中有关物理量一般采用以下单位：电压——千伏（kV），电流——千安（kA），短路和断路容量（功率）——兆伏安（MV·A），设备容量——千瓦（kW）或千伏安（kV·A），阻抗——欧（Ω）。但必须说明，本书计算公式中各物理量的单位除特别标明的以外，一般均采用国际单位制（SI 制）的基本单位：伏（V）、安（A）、瓦（W）、伏安（V·A）、欧（Ω）等。

计算短路电流的方法，常用的有欧姆法和标幺制法，本书只介绍标幺制法。

2. 采用标幺制法进行三相短路计算

进行短路电流计算，首先要绘出计算电路图。如图 2-30 所示，在计算电路图上，将短路计算所需考虑的各元件的主要参数都表示出来，并将各元件依次编号，然后确定短路计算点。

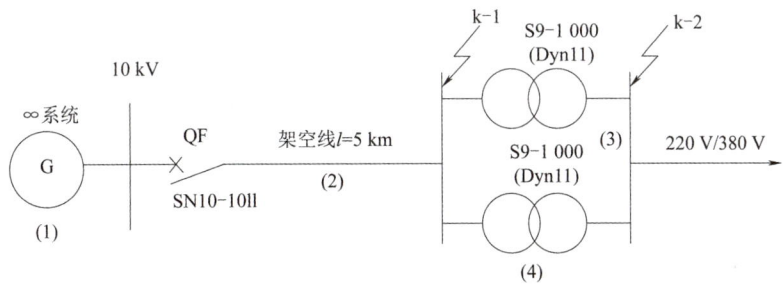

图 2-30　短路计算电路图

接着按所选择的短路计算点绘出等效电路图，如图 2-31 所示，并计算电路中各主要元件的电抗标幺值。在等效电路图上，只需将所计算的短路电流所流经的一些主要元件表示出来，并标明其序号和电抗标幺值，一般是分子标序号，分母标电抗标幺值，然后将等效电路化简。

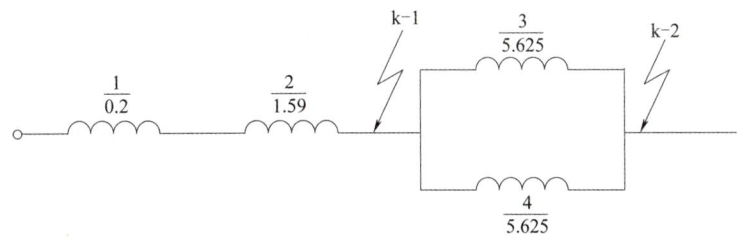

图 2-31　短路等效电路图（标幺制法）

标幺制法因其短路计算中的有关物理量是采用标幺值而得名，又名相对单位制法。

某一物理量的标幺值 A_d^* 为该物理量的实际值 A 与所选定的基准值 A_d 的比值，即

$$A_d^* = \frac{A}{A_d} \tag{2-39}$$

按标幺制法进行短路计算时，须先选定基准容量 S_d 和基准电压 U_d。

基准容量，工程设计中通常取 $S_d = 100 \text{ MV} \cdot \text{A}$。

基准电压，通常取元件所在处的短路计算电压，即取 $U_d = U_c$。由于线路首端短路时其短路最为严重，因此按线路首端电压考虑，即 U_c 取值比线路额定电压高 5%。另外在高压电路的短路计算中，通常 $R_\Sigma \ll X_\Sigma$，在低压电路的短路计算中，也只有 $R_\Sigma > \dfrac{X_\Sigma}{3}$ 时才需要计入电阻，因此通常不计 R_Σ。实际值的计算公式这里在下面的标幺值计算式中直接给出，不再单独说明。

选定了基准容量 S_d 和基准电压 U_d 以后，其他物理量按公式导出

基准电流
$$I_d = \frac{S_d}{\sqrt{3}\, U_d} = \frac{S_d}{\sqrt{3}\, U_c} \tag{2-40}$$

基准电抗
$$X_d = \frac{U_d}{\sqrt{3}\, I_d} = \frac{U_c^2}{S_d} \tag{2-41}$$

短路计算

供配电系统中各主要元件的电抗标幺值的计算（取 $S_d = 100 \text{ MV} \cdot \text{A}$，$U_d = U_c$）：

（1）电力系统的电抗标幺值

$$X_S^* = \frac{X_S}{X_d} = \frac{\dfrac{U_c^2}{S_{oc}}}{\dfrac{U_c^2}{S_d}} = \frac{S_d}{S_{oc}} \tag{2-42}$$

式中，S_{oc} 为电力系统出口断路器的断流容量。

（2）电力变压器的电抗标幺值

$$X_T^* = \frac{X_T}{X_d} = \frac{\dfrac{U_k\%}{100} \cdot \dfrac{U_c^2}{S_N}}{\dfrac{U_c^2}{S_d}} = \frac{U_k\% S_d}{100 S_N} \tag{2-43}$$

式中，$U_k\%$ 为变压器的阻抗电压百分比，可查附表 3。

（3）电力线路的电抗标幺值

$$X_{WL}^* = \frac{X_{WL}}{X_d} = \frac{X_0 l}{\dfrac{U_c^2}{S_d}} = X_0 l \cdot \frac{S_d}{U_c^2} \tag{2-44}$$

式中，X_0 为单位长度的电抗，可查附表 4、5，如果线路数据不详，无法查找时，可按表 2-2 取其电抗平均值。

表2-2　电力线路每相的单位长度电抗平均值

线路结构	单位长度电抗平均值/（$\Omega \cdot km^{-1}$）		
	220/380 V	6 ~ 10 kV	35 kV 及以上
架空线路	0.32	0.35	0.4
电缆线路	0.066	0.08	0.12

　　求出短路电路中各主要元件的电抗标幺值后，即可利用其等效电路图进行电路化简，计算其总电抗标幺值 X_Σ^*。由于各元件电抗都采用标幺值，与短路计算点电压无关，因此无须进行电压换算，这也是标幺制法较之欧姆法优越之处。

　　三相短路电流周期分量有效值的标幺值按下式计算

$$I_k^{(3)*} = \frac{I_k^{(3)}}{I_d} = \frac{\dfrac{U_c}{\sqrt{3}X_\Sigma}}{\dfrac{S_d}{\sqrt{3}U_c}} = \frac{U_c^2}{S_d X_\Sigma} = \frac{1}{X_\Sigma^*} \qquad (2-45)$$

　　标幺值乘以基值就可以得到有效值，由此可求得三相短路电流周期分量有效值

$$I_k^{(3)} = I_k^{(3)*} I_d = \frac{I_d}{X_\Sigma^*} \qquad (2-46)$$

　　求得 $I_k^{(3)}$ 后，即可求得 $I''^{(3)}$、$I_\square^{(3)}$、$i_{sh}^{(3)}$ 和 $I_{sh}^{(3)}$ 以及

$$S_k^{(3)} = \sqrt{3} I_k^{(3)} U_c \qquad (2-47)$$

任务实施

短路计算：

（1）教师下发项目任务书，描述任务学习目标。

（2）教师通过 PPT、视频等讲解本任务中的计算过程。

（3）学生根据任务书的要求，收集有关短路计算方法，根据获得的信息进行分析讨论。

（4）短路计算过程。

短路计算过程

拓展阅读

团队协作、攻坚克难

任务2.5 高低压电器的选择与校验

2.5.1 短路电流的电动效应与动稳定度校验

1. 短路电流的电动效应

由《电工基础》得知，处于空气中的两平行直导体分别通以电流 i_1、i_2（单位为 A），而导体轴线间距离为 a，导体的两支持点距离（档距）为 l，则导体间所产生的电磁互作用力（电动力）F（单位为 N）为

$$F = \mu_0 i_1 i_2 \frac{l}{2\pi a} \tag{2-48}$$

式中，μ_0 为真空磁导率，$\mu_0 = 4\pi \times \dfrac{10^{-7}\text{N}}{A^2}$。

如果三相线路中发生两相短路，则两相短路冲击电流 $i_{sh}^{(2)}$ 通过两相导线产生的电动力为最大，其电动力为

$$F^{(2)} = 2 i_{sh}^{(2)2} \cdot \frac{l}{a} \times \frac{10^{-7}\text{N}}{A^2} \tag{2-49}$$

如果三相线路中发生三相短路，则三相短路冲击电流 $i_{sh}^{(3)}$ 在中间相所产生的电动力为最大，其电动力为

$$F^{(3)} = \sqrt{3}\, i_{sh}^{(3)2} \cdot \frac{l}{a} \times \frac{10^{-7}\text{N}}{A^2} \tag{2-50}$$

把

$$\frac{F^{(3)}}{F^{(2)}} = \frac{2}{\sqrt{3}} = 1.15 \tag{2-51}$$

由上式可知，三相线路发生三相短路时中间相导体所受的电动力比两相短路时导体所受的电动力大。因此校验电器和导体的短路动稳定度时，一般应采用三相短路冲击电流 $i_{sh}^{(3)}$ 或 $I_{sh}^{(3)}$。

短路电流电动效应

2. 短路动稳定度的校验

电器和导体的动稳定度校验，依校验的对象不同而采用不同的具体条件。

（1）一般电器的动稳定度校验条件为

$$i_{max} \geqslant i_{sh}^{(3)} \tag{2-52}$$

或者

$$I_{max} \geqslant I_{sh}^{(3)} \tag{2-53}$$

式中，i_{max} 和 I_{max} 分别为电器的极限通过电流（动稳定电流）峰值和有效值，可由有关手册查得。

（2）绝缘子的动稳定度校验条件为

$$F_{al} \geqslant F_c^{(3)} \tag{2-54}$$

式中，F_{al} 为绝缘子的最大允许载荷，可由有关手册或产品样本查得；如果手册或产品样本给出的是绝缘子的抗弯破坏载荷值，则应将抗弯破坏载荷值乘以 0.6 作为其 F_{al}。式中 $F_c^{(3)}$ 为三相短路时作用于绝缘子上的计算力，按通过 $i_{sh}^{(3)}$ 来计算；如果母线在绝缘子上平放 [图 2 – 32 （a）]，则 $F_c^{(3)}$ 按式 $F_c^{(3)} = F^{(3)}$ 计算；如果母线在绝缘子上竖放 [图 2 – 32 （b）]，则 $F_c^{(3)} = 1.4 F^{(3)}$。

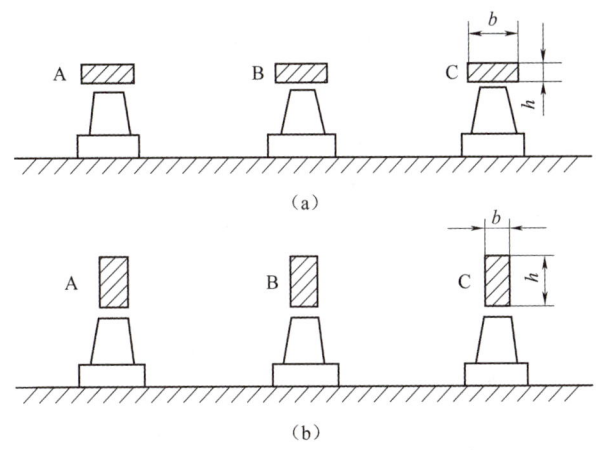

图 2 – 32　母线在绝缘子上的放置方式

（a）平放；（b）竖放

（3）母线的动稳定度校验条件为

$$\sigma_{al} \geqslant \sigma_c \qquad (2-55)$$

式中，σ_{al} 为母线的最大允许应力，按母线材质而定，硬铝母线 $\sigma_{al} = 70$ MPa，硬铜母线 $\sigma_{al} = 140$ MPa；σ_c 为母线通过 $i_{sh}^{(3)}$ 时所受到的最大计算应力。

母线的最大计算应力 σ_c 按下式计算：

$$\sigma_c = \frac{M}{W} \qquad (2-56)$$

式中，M 为母线通过 $i_{sh}^{(3)}$ 时所受到的弯曲力矩，当母线的档距数为 1~2 时，$M = \dfrac{F_c^{(3)} l}{8}$；当其

档距数 >2 时，$M = \dfrac{F_c^{(3)} l}{10}$，$l$ 为母线档距；W 为母线的截面系数，当母线水平放置时 $W = \dfrac{b^2 h}{6}$，

这里的 b 为母线截面的水平宽度，h 为母线截面的垂直厚度，如图 2 – 32 所示。

电缆的机械强度很好，无须校验其短路动稳定度。

3. 对短路点附近交流电动机反馈冲击电流影响的考虑

当短路计算点附近所接交流电动机的额定电流之和超过供配电系统短路电流的 1% 或容量超过 100 kW 时，应计入电动机反馈冲击电流的影响。使短路计算点的短路冲击电流增大，如图 2 – 33 所示。

交流电动机在进线端发生三相短路时，它的反馈最大短路电流瞬时值（即反馈冲击电流）按下式计算：

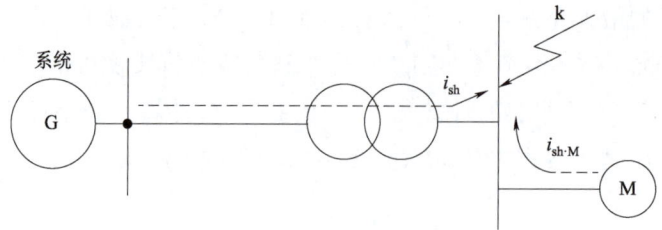

图 2 – 33 大容量电动机对短路点反馈冲击电流

$$i_{\text{sh} \cdot \text{M}} = \sqrt{2} \frac{E''^*_{\text{M}}}{X''^*_{\text{M}}} K_{\text{sh} \cdot \text{M}} I_{\text{N} \cdot \text{M}} = C K_{\text{sh} \cdot \text{M}} I_{\text{N} \cdot \text{M}} \tag{2 – 57}$$

式中，E''^*_{M} 为电动机次暂态电动势标幺值；X''^*_{M} 为电动机次暂态电抗标幺值；C 为电动机反馈冲击倍数，以上参数均见表 2 – 3；$K_{\text{sh} \cdot \text{M}}$ 为电动机短路电流冲击系数，对 3 ~ 10 kV 电动机可取 1.4 ~ 1.7，对 380 V 电动机可取 1；$I_{\text{N} \cdot \text{M}}$ 为电动机额定电流。

表 2 – 3 电动机的 E''^*_{M}、X''^*_{M}、C 值

电动机类型	E''^*_{M}	X''^*_{M}	C	电动机类型	E''^*_{M}	X''^*_{M}	C
感应电动机	0.9	0.2	6.5	同步补偿机	1.2	0.16	10.6
同步电动机	1.1	0.2	7.8	综合性负荷	0.8	0.35	3.2

由于交流电动机在外电路短路后很快受到制动，所以它产生的反馈电流衰减很快。因此只在考虑短路冲击电流的影响时才需计入电动机的反馈电流。

2.5.2 短路电流的热效应与热稳定度校验

1. 短路电流的热效应

当线路发生短路时，短路电流将使导体温度迅速升高。但短路后线路的保护装置会很快动作，切除短路故障，因此短路电流通过导体的时间很短，通常不会超过 2 ~ 3 s。所以在短路过程中，可不考虑导体向周围介质的散热，也就是可近似地认为在短路时间内导体与周围介质是绝热的，短路电流在导体内产生的热量，完全用来使导体温度升高。

图 2 – 34 所示为短路前后导体的温升变化曲线。导体在短路前正常负荷时的温度为 θ_{L}。假设在 t_1 时发生短路，导体温度按指数函数规律迅速升高；而到达 t_2 时，线路保护装置动作，切除短路故障，这时导体温度已升至最高温度 θ_{k}。短路故障切除后，导体不再产生热量，只向周围介质按指数函数规律散热，直至导体温度等于周围介质温度 θ_0 为止。由

短路电流热效应

于短路电流是个变动的电流，要计算其短路期间在导体内产生的热量 Q_{k} 及导体达到的最高温度 θ_{k} 是相当困难的。为此引出一个"短路发热假想时间 t_{ima}"，假设在此时间内以恒定的短路稳态电流 $I_∞$ 通过导体产生的热量，恰好与实际短路电流 i_{k} 或 $I_{\text{k}(t)}$ 在实际短路时间 t_{k} 内通过导体所产生的热量相等，如图 2 – 35 所示。t_{ima} 亦称"短路热效时间"。

在无限大容量系统中发生短路，由于 $I'' = I_∞$，因此短路发热假想时间可用下式近似计算：

$$t_{\text{ima}} = t_{\text{k}} + 0.05 \text{ s} \tag{2 – 58}$$

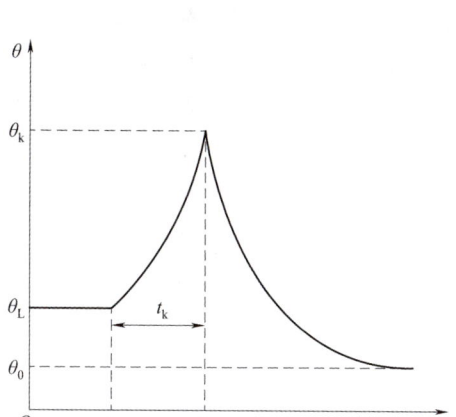

图 2-34 短路前后导体的温升变化曲线

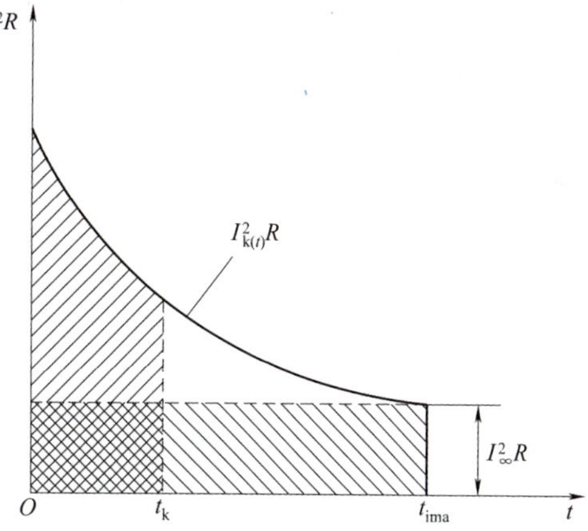

图 2-35 短路产生的热量与短路发热假想时间

时间单位均为 s。当 $t_k > 1$ s 时，可认为

$$T_{\text{ima}} = t_k \tag{2-59}$$

短路时间 t_k 为短路保护装置最长的动作时间 t_{op} 与断路器的断路时间 t_{oc} 之和，即

$$t_k = t_{\text{op}} + t_{\text{oc}} \tag{2-60}$$

对一般高压断路（如油断路器），可取 $t_{\text{oc}} = 0.2$ s；对高速断路器（如真空断路器），可取 $t_{\text{oc}} = 0.1 \sim 0.15$ s。

因此，实际短路电流 $I_{k(t)}$ 通过导体在短路时间 t_k 内产生的热量为

$$Q_k = \int_0^{t_k} I_{k(t)}^2 R \mathrm{d}t = I_\infty^2 R t_{\text{ima}} \tag{2-61}$$

2. 短路热稳定度校验

电器和导体的热稳定度校验，也依校验的对象不同而采用不同的条件。

（1）一般电器的热稳定度校验条件为

$$I_t^2 t \geqslant I_\infty^2 t_{\text{ima}} \tag{2-62}$$

式中，I_t 为电器的热稳定试验电流有效值；t 为电器的热稳定试验时间。

（2）母线、电缆和绝缘导线的热稳定度校验。

通常采用满足热稳定条件的最小截面积 $A_{\min}$ 来校验，其校验条件为

$$A \geqslant A_{\min} = \frac{I_\infty^{(3)}}{C} \sqrt{t_{\text{ima}}} \tag{2-63}$$

式中，C 为导体的短路热稳定系数；可查附表 6。

2.5.3 高低压电器的选择与校验

1. 概述

高、低压电器的选择，必须满足其在一次电路正常条件下和短路故障情况下工作的要求。

高、低压电器按正常条件下工作要求选择，就是要考虑电器的环境条件和电气要求。环境条件是指电器的使用场所（户内或户外）、环境温度、海拔以及有无防尘、防腐、防火、

防爆等要求。电气要求是指电器在电压、电流、频率等方面的要求；对一些开断电流的电器，如熔断器、断路器和负荷开关等，还有断流能力的要求。

高、低压电器按短路故障条件下工作要求选择，就是要校验其短路时能否满足动稳定度和热稳定度的要求。表2-4所示为高、低压电器的选择校验项目和条件。

表2-4　高、低压电器的选择校验项目和条件

电器名称	电压/V	电流/A	断流能力/kA	短路电流校验	
				动稳定度	热稳定度
熔断器	√	√	√	—	—
高压隔离开关	√	√	—	√	√
高压负荷开关	√	√	√	√	√
高压断路器	√	√	√	√	√
低压刀开关	√	√	—	○	○
低压负荷开关	√	√	√	—	—
低压断路器	√	√	√	○	○
电流互感器	√	√	—	√	√
电压互感器	√	—	—	—	—
并联电容器	√	—	—	—	—
电缆、绝缘导线	√	√	—	—	√
母线	—	√	—	√	√
支柱绝缘子	√	—	—	√	—
套管绝缘子	√	√	—	√	√
应满足的条件	电器的额定电压应不低于所在电路的额定电压或最高电压（如果电器额定电压按最高工作电压表示时）	电器的额定电流应不小于所在电路的计算电流	电器的最大开断电流应不小于它可能开断的最大电流	按 $i_{sh}^{(3)}$ 或 $I_{sh}^{(3)}$ 效验，分别满足式（2-52）~式（2-55）的要求，需计入 $i_{sh \cdot M}$	按 $I_∞^{(3)}$ 及 t_{ima} 校验，满足式（2-62）或式（2-63）的要求

注：1. 表中"√"表示必须校验；"—"表示不必校验；"○"表示一般可不校验。

2. 熔断器的选择与校验

1）熔断器熔体电流的选择

（1）保护电力线路的熔断器熔体电流的选择。

保护电力线路的熔断器熔体电流，应满足下列条件：

①熔体额定电流 $I_{N \cdot FE}$ 应不小于线路的计算电流 I_{30}，以使熔体在线路正常最大负荷下运行时不致熔断，即正常负荷不会熔断，即

$$I_{N \cdot FE} \geqslant I_{30} \qquad (2-64)$$

②熔体额定电流 $I_{N \cdot FE}$ 还应躲过线路的尖峰电流 I_{pk}，以使熔体在线路出现尖峰电流时也不致熔断，即

$$I_{N \cdot FE} \geqslant KI_{pk} \qquad (2-65)$$

考虑到尖峰电流为短时大电流，而熔体加热熔断需经一定时间，因此式中的计算系数 K 一般取小于 1 的值。

单台电动机的线路，K 应为：

$t_{st} < 3 \ s$（轻载启动），取 $K = 0.25 \sim 0.35$；

$t_{st} = 3 \sim 8 \ s$（重载启动），$K = 0.35 \sim 0.5$；

$t_{st} > 8 \ s$ 及频繁启动、反接制动，$K = 0.5 \sim 0.6$。

对于多台电动机的线路视容量最大的一台电动机的启动情况、线路尖峰电流与计算电流的比值及熔断器的特性而定，取为 $K = 0.5 \sim 1$，如果线路的 $\dfrac{I_{30}}{I_{PK}} \approx 1$，则可取 $K = 1$。

③熔断器保护还应与被保护的线路相配合，使之不致发生因线路过负荷或短路而导致绝缘导线或电缆过热甚至起燃而熔断器熔体不熔断的事故，因此还应满足以下条件：

$$I_{N \cdot FE} \leqslant K_{OL} I_{al} \qquad (2-66)$$

式中，I_{al} 为绝缘导线和电缆的允许载流量（参看附表 7 和附表 8）；K_{OL} 为绝缘导线和电缆的允许短时过负荷系数，其值为：

a. 如果熔断器只作短路保护时，对电缆和穿管绝缘导线，可取 $K_{OL} = 2.5$；对明敷绝缘导线，可取 $K_{OL} = 1.5$。

b. 如果熔断器既作短路保护，又作过负荷保护时，取 $K_{OL} = 1$。

如果按式（2-64）和式（2-65）两个条件选择的熔体电流不满足式（2-66）的配合要求，则应改选熔断器的型号或适当增大导线的截面积。

（2）保护电力变压器的熔断器熔体电流的选择。

保护电力变压器的熔断器熔体电流，应满足下式要求：

$$I_{N \cdot FE} = （1.5 \sim 2.0） I_{1N \cdot T} \qquad (2-67)$$

式中，$I_{1N \cdot T}$ 为变压器的额定一次电流。

（3）保护电压互感器的熔断器熔体电流的选择。

由于电压互感器二次侧的负荷很小，因此保护高压电压互感器的 RN2 型熔断器的熔体额定电流一般为 0.5 A。

2）熔断器规格的选择与校验

熔断器规格的选择与校验应满足下列条件：

（1）熔断器的额定电压 $U_{N \cdot FU}$ 应不小于所在线路的额定电压 U_N，即

$$U_{N \cdot FU} \geqslant U_N \qquad (2-68)$$

（2）熔断器的额定电流 $I_{N \cdot FU}$ 应不小于它所安装的熔体额定电流 $I_{N \cdot FE}$，即

$$I_{N \cdot FU} \geqslant I_{N \cdot FE} \tag{2-69}$$

（3）熔断器断流能力的校验。

①限流熔断器（如 RN1、RT0 等型）由于它能在短路电流达到冲击值之前灭弧，因此应满足下列条件：

$$I_{oc} \geqslant I''^{(3)} \tag{2-70}$$

式中，I_{oc} 为熔断器的最大分断电流；$I''^{(3)}$ 为熔断器安装地点的三相次暂态短路电流有效值。

②非限流熔断器（如 RW4、RM10 等型）由于它不能在短路电流达到冲击值之前灭弧，因此应满足下列条件：

$$I_{oc} \geqslant I_{sh}^{(3)} \tag{2-71}$$

式中，$I_{sh}^{(3)}$ 为熔断器安装地点的三相短路冲击电流有效值。

③对具有断流能力上下限的熔断器（如 RW4 等跌开式熔断器），其断流能力上限应满足式（2-71）的条件，而其断流能力下限应满足下列条件：

$$I_{oc \cdot min} \leqslant I_{k}^{(2)} \tag{2-72}$$

式中，$I_{oc \cdot min}$ 为熔断器的最小分断电流（下限）；$I_{k}^{(2)}$ 为熔断器所保护线路末端的两相短路电流。

3）熔断器保护灵敏度的检验

为了保证熔断器在其保护区内发生最轻微的短路故障时能可靠地熔断，熔断器保护的灵敏度必须满足下列条件：

$$S_P = \frac{I_{k \cdot min}}{I_{N \cdot FE}} \geqslant K \tag{2-73}$$

式中，$I_{N \cdot FE}$ 为熔断器熔体的额定电流；$I_{k \cdot min}$ 为熔断器所保护线路的末端在电力系统最小运行方式下的最小短路电流；K 为满足保护灵敏度的最小比值，如表 2-5 所示。

表 2-5 检验熔断器保护灵敏度的最小比值 K

熔体额定电流/A		4~10	16~32	40~63	80~200	250~500
熔断时间/s	5	4.5	5	5	6	7
	0.4	8	9	10	11	—

3. 低压断路器的选择与校验

1）低压断路器过电流脱扣器的选择

过电流脱扣器的额定电流 $I_{N \cdot OR}$ 应不小于线路的计算电流 I_{30}，即

$$I_{N \cdot OR} \geqslant I_{30} \tag{2-74}$$

2）低压断路器过电流脱扣器的整定

（1）瞬时过电流脱扣器动作电流的整定。

瞬时过电流脱扣器的动作电流 $I_{op(0)}$ 应躲过线路的尖峰电流 I_{pk}，即

$$I_{op(0)} \geqslant K_{rel} I_{pk} \tag{2-75}$$

式中，K_{rel} 为可靠系数。对动作时间在 0.02 s 以上的万能式断路器，可取 1.35；对动作时间在 0.02 s 及以下的塑壳式断路器，则宜取 2~2.5。

（2）短延时过电流脱扣器动作电流和动作时间的整定。

短延时过电流脱扣器的动作电流 $I_{op(s)}$ 应躲过线路的尖峰电流 I_{pk}，即

$$I_{op(s)} \geqslant K_{rel} I_{pk} \tag{2-76}$$

式中，K_{rel} 为可靠系数，一般取 1.2。短延时过电流脱扣器的动作时间有 0.2 s、0.4 s 和 0.6 s 等级，按具体情况来选择。

（3）长延时过电流脱扣器动作电流和动作时间的整定。

长延时过电流脱扣器主要用来作过负荷保护，因此其动作电流 $I_{op(1)}$ 应按躲过线路的最大负荷电流即计算电流 I_{30} 来整定，即

$$I_{op(1)} \geqslant K_{rel} I_{30} \tag{2-77}$$

式中，K_{rel} 为可靠系数，一般取 1.1。长延时过电流脱扣器的动作时间，应躲过允许过负荷持续时间。其动作特性通常为反时限，即过负荷越大，动作时间越短，一般动作时间可达 $1 \sim 2$ h。

（4）过电流脱扣器与被保护线路的配合要求。

为了不致发生因过负荷或短路引起导线或电缆过热起燃而断路器的过电流脱扣器不动作的事故，低压断路器过电流脱扣器的动作电流 I_{op} 还必须满足下列条件：

$$I_{op} \leqslant K_{oL} I_{al} \tag{2-78}$$

式中，I_{al} 为绝缘导线和电缆的允许载流量（参看附表 7 和附表 8）；K_{oL} 为绝缘导线和电缆的允许短时过负荷系数，对瞬时和短延时过电流脱扣器，可取 $K_{oL} = 4.5$，对长延时过电流脱扣器，可取 $K_{oL} = 1$，对保护有爆炸气体区域内线路的过电流脱扣器，应取 $K_{oL} = 0.8$。

如果不满足以上配合要求，则应改选脱扣器的动作电流，或者适当加大绝缘导线和电缆的芯线截面积。

3）低压断路器热脱扣器的选择与整定

（1）热脱扣器的选择。

热脱扣器的额定电流 $I_{N \cdot HR}$ 应不小于线路的计算电流 I_{30}，即

$$I_{N \cdot HR} \geqslant I_{30} \tag{2-79}$$

（2）热脱扣器的整定。

热脱扣器的动作电流 $I_{op \cdot HR}$ 应不小于线路的计算电流 I_{30}，以实现其对过负荷的保护，即

$$I_{op \cdot HR} \geqslant K_{rel} I_{30} \tag{2-80}$$

式中，K_{rel} 为可靠系数，可取 1.1，但一般应通过实际运行试验来进行检验和调整。

4）低压断路器规格的选择与校验

低压断路器规格的选择与校验应满足下列条件：

（1）低压断路器的额定电压 $U_{N \cdot QF}$ 应不低于所在线路的额定电压 U_N，即

$$U_{N \cdot QF} \geqslant U_N \tag{2-81}$$

（2）低压断路器的额定电流 $I_{N \cdot QF}$ 应不小于它所安装的脱扣器额定电流 $I_{N \cdot OR}$ 或 $I_{N \cdot HR}$，即

$$I_{N \cdot QF} \geqslant I_{N \cdot OR} \tag{2-82}$$

或

$$I_{N \cdot QF} \geqslant I_{N \cdot HR} \tag{2-83}$$

（3）低压断路器断流能力的校验。

①对动作时间在 0.02 s 以上的万能式断路器，其极限分断电流 I_{oc} 应不小于通过它的最大三相短路电流周期分量有效值 $I_{k}^{(3)}$，即

$$I_{oc} \geqslant I_{k}^{(3)} \qquad (2-84)$$

②对动作时间在 0.02 s 及以下的塑壳式断路器，其极限分断电流 I_{oc} 应不小于通过它的最大三相短路冲击电流 $I_{sh}^{(3)}$，即

$$I_{oc} \geqslant I_{sh}^{(3)} \qquad (2-85)$$

或

$$i_{oc} \geqslant i_{sh}^{(3)} \qquad (2-86)$$

5）低压断路器过电流保护灵敏度的检验

为了保证低压断路器的瞬时或短延时过电流脱扣器在系统最小运行方式下在其保护区内发生最轻微的短路故障时能可靠地动作，低压断路器保护灵敏度必须满足条件

$$S_p = \frac{I_{k \cdot min}}{I_{op}} \geqslant K \qquad (2-87)$$

式中，I_{op} 为低压断路器瞬时或短延时过电流脱扣器的动作电流；$I_{k \cdot min}$ 为低压断路器保护的线路末端在系统最小运行方式下的单相短路电流；K 为最小比值，可取 1.3。

4. 高压隔离开关、负荷开关和断路器的选择与校验

1）按电压和电流选择

高压隔离开关、负荷开关和断路器的额定电压，不得低于装设地点电路的额定电压或最高电压；它们的额定电流，则不得小于通过它们的计算电流。

2）断流能力的校验

高压隔离开关不允许带负荷操作，只作隔离电源用，因此不校验断流能力。高压负荷开关能带负荷操作，但不能切断短路电流，因此其断流能力应按切断最大可能的过负荷电流来校验，满足的条件为

$$I_{oc} \geqslant I_{oL \cdot max} \qquad (2-88)$$

式中，I_{oc} 为负荷开关的最大分断电流；$I_{oL \cdot max}$ 为负荷开关所在电路的最大可能的过负荷电流，可取为 $(1.5 \sim 3) I_{30}$。

高压断路器可分断短路电流，其断流能力应满足的条件为

$$I_{oc} \geqslant I_{k}^{(3)} \qquad (2-89)$$

或

$$S_{oc} \geqslant S_{k}^{(3)} \qquad (2-90)$$

式中，I_{oc}、S_{oc} 分别为断路器的最大开断电流和断流容量；$I_{k}^{(3)}$、$S_{k}^{(3)}$ 分别为断路器安装地点的三相短路电流周期分量有效值和三相短路容量。

3）短路稳定度的校验

高压隔离开关、负荷开关和断路器均需进行短路动、热稳定度的校验。

校验动稳定度的公式如式（2-52）或式（2-53）所示。校验热稳定度的公式如

式（2-62）所示。

2.5.4　变电所变压器的选择

1. 变压器台数的选择

变电所主变压器台数的选择应遵循下列原则：

（1）应满足用电负荷对供电可靠性的要求。对供有大量一、二级负荷的变电所，应采用两台主变压器，以便其中一台变压器发生故障或检修时，另一台变压器能对一、二级负荷继续供电。对只有二级负荷而无一级负荷的变电所，也可以只采用一台变压器，但必须在低压侧敷设与其他变电所相连的联络线作为备用电源。

（2）对季节性负荷或昼夜负荷变动较大而宜于采用经济运行方式的变电所，也可考虑采用两台变压器，以便高峰负荷期间两台运行，而低谷负荷期间切除一台，以减少电能损耗。

（3）除上述情况外，一般三级负荷变电所可采用一台变压器。但是负荷集中而容量相当大的变电所，虽为三级负荷，也可采用两台或多台变压器。

（4）在确定变电所主变压器台数时，应适当考虑负荷的发展，留有一定的余地。

2. 变电所主变压器容量的选择

1）只装有一台主变压器的变电所

主变压器的额定容量 $S_{N\cdot T}$ 应满足全部用电设备总的计算负荷 S_{30} 的需要，即

变压器选择

$$S_{N\cdot T} \geqslant S_{30} \qquad (2-91)$$

2）装有两台主变压器的变电所

每台变压器的额定容量 $S_{N\cdot T}$ 应同时满足以下两个条件：

（1）任一台变压器单独运行时，应能满足不小于总计算负荷（0.6~0.7）S_{30} 的需要，即

$$S_{N\cdot T} \geqslant (0.6 \sim 0.7)S_{30} \qquad (2-92)$$

（2）任一台变压器单独运行时，应能满足全部一、二级负荷 $S_{30(I+II)}$ 的需要，即

$$S_{N\cdot T} \geqslant S_{30(I+II)} \qquad (2-93)$$

3）单台主变压器（低压侧为 0.4 kV）的容量上限

低压为 0.4 kV 的配电变压器单台容量，一般不宜大于 1 250 kV·A。这一方面是受目前通用的低压断路器的断流能力及其短路稳定度要求的限制，另一方面也是考虑到可使变压器更接近负荷中心，以减少低压配电系统的电能损耗和电压损耗，降低有色金属消耗量。但是，如果负荷比较集中、容量较大而且运行合理时，也可以选用单台容量为 1 600~2 000 kV·A 的配电变压器，这样能减少主变压器台数及高压开关电器和电缆等。

对装设在二层以上的电力变压器，应考虑其垂直和水平运输对通道及楼板载荷的影响。如果采用干式变压器时，其容量不宜大于 630 kV·A。

对装设在居民住宅小区变电所内的油浸式变压器单台容量，不宜大于 630 kV·A。这是因为油浸式变压器容量大于 630 kV·A 时，按规定应装设瓦斯保护。

最后，变压器容量的选择应该适当考虑今后 5～10 年电力负荷的增长，留有一定的余地。干式变压器的过负荷能力较小，更宜留有较大的裕量。

任务实施

动、热稳定度校验；高低压电器选择校验计算：

（1）教师下发项目任务书，描述任务学习目标。

（2）教师通过 PPT、视频等讲解本任务中的计算过程。

（3）学生根据任务书的要求，收集有关动热稳定度、高低压电器校验计算方法，根据获得的信息进行分析讨论。

（4）计算过程。

计算过程

拓展阅读

电气巨人

任务 2.6　导线电缆的选择

相关知识

2.6.1　导线和电缆形式的选择

10 kV 及以下的架空线路，一般采用铝绞线。35 kV 及以上的架空线路及 35 kV 以下线路在档距较大、电杆较高时，则宜采用钢芯铝绞线。沿海地区及有腐蚀性介质的场所，宜采用铜绞线或绝缘导线。

对于敷设在城市繁华街区、高层建筑群区及旅游区和绿化区的 10 kV 及以下的架空线路，以及架空线路与建筑物间的距离不能满足安全要求的地段及建筑施工现场，宜采用绝缘导线。

电缆线路，在一般环境和场所，可采用铝芯电缆。在重要场所及有剧烈振动、强烈腐蚀和有爆炸危险场所，宜采用铜芯电缆。在低压 TN 系统中，应采用三相四芯或五芯电缆。埋地敷设的电缆，应采用有外护层的铠装电缆。在可能发生位移的土壤中埋地敷设的电缆，应采用钢丝铠装电缆。敷设在电缆沟、桥架和水泥排管中的电缆，一般采用裸铠装电缆或塑料护套电缆，宜优先选用交联电缆。凡两端有较大高度差的电缆线路，不能采用油浸纸绝缘电缆。

住宅内的绝缘线路，只允许采用铜芯绝缘线，一般采用铜芯塑料线。

2.6.2　导线和电缆截面积选择的条件

为了保证供配电线路安全、可靠、优质、经济地运行，其导线和电缆的截面积的选择必须满足下列条件：

（1）发热条件。导线和电缆在通过正常最大负荷电流（即线路计算电流）时产生的发热温度，不应超过其正常运行时的最高允许温度（参看附表6）。

（2）电压损耗条件。导线和电缆在通过正常最大负荷电流（即线路计算电流）时产生的电压损耗，不应超过正常运行时允许的电压损耗。对于中小企业和用户的高压线路，因为一般比较短，可不进行电压损耗校验。

（3）经济电流密度。35 kV 及以上线路及 35 kV 以下但电流很大的线路，其导线和电缆截面积宜按经济电流密度选择，以使线路的年费用支出最小。按经济电流密度选择的截面积，称为经济截面积。用户的 10 kV 及以下的线路，通常不按经济电流密度选择。

（4）机械强度。导线（包括裸导线和绝缘导线）的截面积不得小于其最小允许截面积。架空裸导线的最小允许截面积见附表11，绝缘导线的最小允许截面积见附表12。对于电缆，由于它有内外护套，机械强度一般满足要求，不需校验，但需校验其短路热稳定度。

对于绝缘导线和电缆，还应满足工作电压的要求，不得低于线路额定电压。

根据设计经验，一般 10 kV 及以下的高压线路和低压动力线路，通常先按发热条件选择导线（含母线）和电缆截面积，再校验电压损耗和机械强度（电缆不校验机械强度）。低压照明线路，由于照明对电压水平要求较高，因此通常先按允许电压损耗进行选择，再校验发热条件和机械强度。对 35 kV 及以上的高压线路及 35 kV 以下长距离大电流线路，可先按经济密度确定经济截面积，再校验其他条件。按以上程序分别选择和检验，比较容易满足要求，较少返工。

导线电缆选择条件

2.6.3　按发热条件选择导线和电缆的截面积

电流通过导线（含电缆，下同）时使导线发热，可能引发事故，因此，导线的正常发热温度一般不得超过额定负荷时的最高允许温度。

1. 三相系统中相线截面积的选择

按发热条件选择三相系统中的相线截面积时，应使其允许载流量 I_{al}（可参考附表7、8、13、14）不小于通过相线的计算电流 I_{30}，即

$$I_{al} \geqslant I_{30} \qquad (2-94)$$

所谓导线的允许载流量，就是在规定的环境温度条件下，导线能够连续承受而不致使其稳定温度超过允许值的最大持续电流。

发热条件选择导线截面

如果导线敷设地点的环境温度与导线允许载流量所采用的环境温度不同时，则导线的允许载流量应乘以温度校正系数：

$$K_\theta = \sqrt{\frac{\theta_{al} - \theta_0'}{\theta_{al} - \theta_0}} \qquad (2-95)$$

式中，θ_{al} 为导线额定负荷时最高允许温度；θ_0 为导线允许载流量所采用的温度；θ_0' 为敷设地点实际温度。

2. 三相系统中性线、保护线和保护中性线截面积的选择

1）中性线（N线）截面积的选择

三相四线制中的 N 线要通过不平衡电流或零序电流，因此 N 线的允许载流量不应小于三相系统中的最大不平衡电流，同时应考虑谐波电流的影响。

（1）一般三相四线制的中性线截面积 A_0 应不小于相线截面积 A_φ 的 50%，即

$$A_0 \geqslant 0.5 A_\varphi \qquad (2-96)$$

（2）由三相四线制线路分支的两相三线线路和单相线路，由于其中性线电流与相线电流相等，因此其中性线截面积 A_0 应与相线截面积 A_φ 相同，即

$$A_0 = A_\varphi \qquad (2-97)$$

（3）三次谐波电流相当突出的三相四线制线路，由于各相的三次谐波电流都要通过中性线，使得中性线电流可能接近甚至超过相电流，因此中性线截面积 A_0 宜不小于相线截面积 A_φ，即

$$A_0 \geqslant A_\varphi \qquad (2-98)$$

2）保护线（PE线）截面积的选择

PE 线要考虑三相线路发生单相短路故障时的单相短路热稳定度。根据短路热稳定度的要求，如 PE 线与相线同材质时，GB 50054—2019《低压配电设计规范》规定：

（1）当 $A_0 \leqslant 16$ mm^2 时

$$A_{pE} \geqslant A_\varphi \qquad (2-99)$$

（2）当 16 mm$^2 \leqslant A_\varphi \leqslant 35$ mm^2 时

$$A_{pE} \geqslant 16 \text{ mm}^2 \qquad (2-100)$$

（3）当 $A_\varphi > 35$ mm^2 时

$$A_{pE} \geqslant 0.5 A_\varphi \qquad (2-101)$$

GB 50054—2019 同时规定：当 PE 线采用单芯绝缘导线时，按机械强度要求，有机械保护时，铜导体不应小于 2.5 mm^2，铝导体不应小于 16 mm^2；无机械保护时，铜导体不应小于 4 mm^2，铝导体不应小于 16 mm^2。

3）保护中性线（PEN线）截面积的选择

PEN 线兼有 N 线和 PE 线的功能，因此其截面积选择应同时满足上述 N 线和 PE 线选择的条件，取其中的最大值。

2.6.4　按经济电流密度选择导线和电缆

导线（含电缆，下同）的截面积越大，电能损耗越小，但线路投资、维修费用和有色

金属消耗量要增加。因此从经济方面考虑，导线应选择一个比较经济合理的截面积，既能降低电能损耗，又不致过分增加线路投资、维修管理费用和有色金属消耗量。

图 2-36 所示线路年费用 C 与导线截面积 A 的关系曲线，曲线 1 表示线路的年折旧费和线路的年维修管理费之和与导线截面积的关系曲线。曲线 2 表示线路的年电能损耗费与导线截面积的关系曲线。曲线 3 为曲线 1 与曲线 2 的叠加，表示线路的年运行费用与导线截面积的关系曲线。

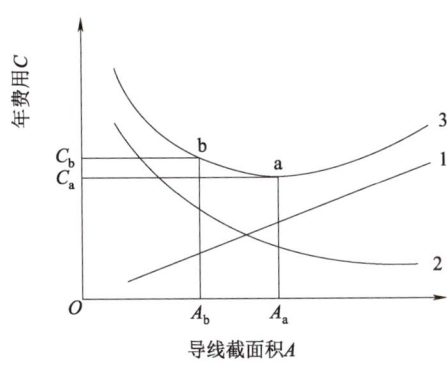

图 2-36　线路年费用 C 与导线截面积 A 的关系曲线

由曲线 3 可以看出，与年运行费最小值 C_a（a 点）相对应的导线截面积 A_a 不一定是很经济合理的导线截面积，因为 a 点附近曲线比较平坦，如果将导线再选小一些，例如选为 A_b（b 点），年运行费 C_b 比 C_a 增加不多，但 A_b 却比 A_a 减小很多，从而使有色金属消耗量显著减少。因此从全面的经济效益考虑，导线截面积选为 A_b 看来比选为 A_a 更为经济合理。这种从全面的经济效益考虑，既使线路的年运行费用接近于最小又适当考虑有色金属节约的导线截面积，称为经济截面积，用符号 A_{ec} 表示。我国现行的经济电流密度规定如表 2-6 所示。

表 2-6　导线和电缆的经济电流密度（单位：A/mm²）

线路类别	导线材质	年最大负荷利用小时		
		3 000 h 以下	3 000~5 000 h	5 000 h 以上
架空线路	铜	3.00	2.25	1.75
	铝	1.65	1.15	0.90
电缆线路	铜	2.50	2.25	2.00
	铝	1.92	1.73	1.54

按经济电流密度 j_{ec} 计算经济界面积 A_{ec} 的公式为

$$A_{ec} = \frac{I_{30}}{j_{ec}} \qquad (2-102)$$

按上式计算出 A_{ec} 后，应选最接近的标准截面积（可取最小的经济截面积），然后校验其他条件。

2.6.5 按电压损耗选择导线和电缆

由于线路存在阻抗，所以线路通过负荷电流时就要产生电压损耗。一般规定，高压配电线路的电压损耗，一般不得超过线路额定电压的5%；从变电所低压母线到用电设备受电端的低压配电线路的电压损耗，一般不得超过用电设备额定电压的5%；对视觉要求较高的照明线路，电压损耗则不得超过线路额定电压的2%～3%。如果线路的电压损耗超过了允许值，则应适当加大导线截面积。

1. 集中负荷的三相线路电压损耗的计算

如果用线段功率 $P + jQ$（感性负荷）来计算，则电压损耗计算公式为

电压损耗选择
导线截面积

$$\Delta U = \frac{\sum (Pr + Qx)}{U_N} \qquad (2-103)$$

式中，P 为线段有功功率；Q 为线段无功功率；r、x 为线段每相电阻和电抗。

对于"均一无感"的三相线路，即全线的导线型号规格一致、且可不计感抗或负荷功率因数等于1的线路，其电压损耗为

$$\Delta U\% = \frac{100 \sum M}{\gamma A U_N^2} = \frac{\sum M}{CA} \qquad (2-104)$$

式中，M 为所有功率矩之和；A 为导线截面积；C 为计算系数。计算系数 C 值可查表，如表 2-7 所示。

表 2-7　计算系数 C 值

线路额定电压/V	线路类别	C 的计算式	计算系数 $C/$（kW·m·mm^{-2}）	
			铜线	铝线
220/380	三相四线	$\gamma U_N^2/100$	76.5	46.2
	两相三线	$\gamma U_N^2/225$	34.0	20.5
220	单相及直流	$\gamma U_N^2/200$	12.8	7.74
110			3.21	1.94

注：表中 C 值是导线工作温度为50℃，功率矩 M 的单位为 kW·m，导线截面积 A 的单位为 mm^2 时的数值。

2. 均匀分布负荷的三相线路电压损耗的计算

带有均匀分布负荷的线路，在计算其电压损耗时，可将分布负荷集中于分布线段的中点，按集中负荷来计算。

注意：两相同的集中负荷，也可看作均匀分布负荷，将此两负荷集中于它们之间的中点，按一个集中负荷来计算其电压损耗。

任务实施

导线的选择计算：

（1）教师下发项目任务书，描述任务学习目标。

（2）教师通过 PPT、视频等讲解本任务中的计算过程。

（3）学生根据任务书的要求，收集有关导线的选择计算方法，根据获得的信息进行分析讨论。

（4）各种条件导线选择计算过程：

各种条件导线选择计算过程

拓展阅读

科学巨匠——詹姆斯·克拉克·麦克斯韦

测一测

模块二测一测

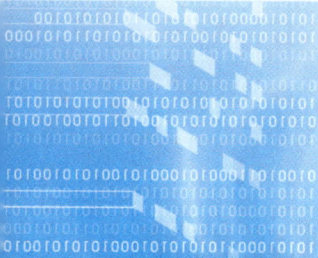

模块三

中压配电装置

模块介绍

本模块主要是让同学们掌握高压开关柜常见的类型、学会正确识读高压开关柜的型号，了解 KYN28 – 12 开关柜的主电路、掌握 KYN28 – 12 开关柜的内部结构，正确理解高压开关柜的"五防"内容，认识联锁装置的类型与要求，知道防止误分、误合断路器的措施。正确区分机械联锁装置与电气联锁装置的不同，学会变电站倒闸操作。

知识目标

1. 掌握高压开关柜常见的类型。
2. 学会正确识读高压开关柜的型号。
3. 学会分析 KYN28 – 12 开关柜的主电路。
4. 掌握 KYN28 – 12 开关柜的内部结构。
5. 正确理解高压开关柜的"五防"内容。
6. 掌握联锁装置的类型与要求。
7. 熟悉防止误分、误合断路器的措施。
8. 认识机械联锁装置与电气联锁装置的不同。
9. 掌握变电站倒闸操作的流程。

能力目标

1. 能够熟练说出高压开关柜的类型有哪些。
2. 会分析高压开关柜的型号。
3. 能分析高压开关柜的结构。
4. 能完成变电站停送电倒闸操作任务。

素质目标

1. 培养学生自主探究学习能力。
2. 培养学生团队合作意识。
3. 培养学生敬业、专注、创新的工匠精神。

任务 3.1　高压开关柜的认识

3.1.1　高压开关柜的类型

高压开关柜是 3～35 kV 交流金属封闭开关设备的俗称，它是 3～35 kV 电网中量大面广的配电设备。高压开关柜按柜体结构可分为半封闭式高压开关柜和金属封闭式高压开关柜。金属封闭式高压开关柜的种类较多，结构差异较大，可按以下方式来分类：

高压开关柜的认识

1. 按柜内整体结构分

（1）铠装式高压开关柜：金属隔板，如 KYN28A 型。

（2）间隔式高压开关柜：具有非金属隔板，如 JYN 型。

（3）箱式高压开关柜：隔室数量少甚至不分隔室，如 XGN 型。

高压开关柜的类型

2. 按柜体的形成方式分

（1）焊接式：柜体是焊接而成的，劳动强度大，易变形。

（2）组装式：是将金属板根据柜体尺寸，剪裁成各种板块并带组装螺孔，再用螺栓和拉铆螺母紧固而成的。

3. 按柜内主要电气元件固定的特点分

（1）固定式（G）：柜内所有电气元件都是固定安装的，该方式结构简单、价格较低。

（2）移开式（Y）：又叫手车式，柜内主要电气元件安装在可移开的小车上，小车中的电器与柜内电路通过插入式触头连接。

4. 按母线形式分

（1）单母线柜。

（2）双母线柜。

（3）双母线带旁路母线柜。

（4）单母线分段带旁路母线柜。

3～35 kV 供配电系统的主接线大都采用单母线，因此高压开关柜大都是单母线柜，但有的 3～35 kV 供配电系统的主接线采用双母线或单母线带旁路母线，以提高供电的可靠性，这就要求开关柜中有两组主母线，因此母线室的空间较大。

5. 按安装场所分

可分为户内式和户外式。户外式开关柜的技术特点是封闭式、防水渗漏、防尘。

6. 按柜内绝缘介质分

（1）空气绝缘柜。空气作为开关柜导电回路的相间、相对地绝缘介质，当相间、相对地净距达不到要求时，可使用热缩绝缘套、绝缘罩或绝缘挡板，母线系统可为间隔式或贯通式。以空气绝缘的金属封闭开关设备由于受到大气绝缘性能的限制，占地面积和空间都较大。另外，柜内各种电器暴露在大气中，绝缘性能受环境的影响较大。

（2）SF$_6$气体绝缘柜。采用绝缘性能优良的SF$_6$气体代替空气作为绝缘的全封闭式金属封闭开关设备。其中12~40.5 kV的SF$_6$气体绝缘金属封闭开关设备采用柜形箱式结构，称为箱式气体绝缘金属封闭开关设备，简称为充气式开关柜。充气式开关柜的真空断路器或SF$_6$气体断路器、隔离开关（或三位置开关）、母线等电气元件安装在气密的非导磁金属容器中，内充SF$_6$气体，作为相间、相地、三位置开关断口间绝缘介质，SF$_6$气体压力一般为0.02~0.05 MPa。SF$_6$气体绝缘高压开关柜的最大特点是不受外界环境条件的影响，可用在环境恶劣的场所。另外，由于使用性能优良的SF$_6$绝缘，大大缩小了柜体的外形尺寸。

7. 按柜内主元件的种类分

（1）断路器柜。主开关元件为断路器的成套金属封闭开关设备，也叫通用柜。

（2）F－C回路柜。主开关元件采用高压限流熔断器（Fuse）－高压接触器（Contactor）组合电器。

（3）环网柜。主开关元件采用负荷开关或负荷开关－熔断器组合电器，它们常用于环网供电系统，故通常称为环网柜。

3.1.2 高压开关柜的型号

我国新系列高压开关柜全型号由以下格式表示，其含义如下：

$$\boxed{\ }\boxed{\ }\boxed{\ }\boxed{\ } - \boxed{\ } - \boxed{\ }\boxed{\ }\boxed{\ }$$
$$1\ 2\ 3\ 4 \quad 5 \quad 6\ 7\ 8$$

第1位：高压开关柜类别，K—铠装式，J—间隔式，X—箱式，H—环网柜；

第2位：形式特征，G—固定式，Y—移开式，Z—中置式；

第3位：安装场所，N—户内式，W—户外式；

第4位：设计序号（由1位、2位或3位数字或字母构成）；

第5位：额定电压（单位 kV），有的在这一位后的括号中说明主开关的类型，如用Z表示真空断路器，F表示负荷开关；

第6位：主回路（一次线路）方案编号；

第7位：断路器操动机构，D—电磁式，T—弹簧式；

第8位：环境代号，TH—湿热带，TA—干热带，G—高海拔，Q—全工况。

3.1.3 高压开关柜的主要技术参数

高压开关柜的主要技术参数有以下几项：

（1）额定电压。

（2）额定绝缘水平：用1 min工频耐受电压（有效值）和雷电冲击耐受电压（峰值）表示。

（3）额定频率。

（4）额定电流：指柜内母线的最大工作电流。

（5）额定短时耐受电流：指柜内母线及主回路的热稳定度，应同时指出额定短路持续时间，通常为4 s。

（6）额定峰值耐受电流：指柜内母线及主回路的动稳定度。

（7）防护等级。

3.1.4　高压开关柜的组成部件

高压开关柜类型较多，不同类型的开关柜其结构不同，尤其是固定式开关柜和移开式（手车式）开关柜的结构差异较大，而不同型号的固定柜之间和不同型号的手车柜之间的基本结构却是大同小异。下面先介绍 KYN28A－12 型户内铠装移开式高压开关柜的基本结构，然后对高压开关柜的各组成部件进行介绍。

KYN28A－12 型户内铠装移开式高压开关柜分为柜体和可移开部件（简称小车或手车）两部分。手车为中置式，根据小车所配置的主回路电器的不同，小车可分为断路器小车、电压互感器小车、隔离小车和计量小车，小车由运载车装入柜体。主要的电气元件有断路器（装在小车上）、电流互感器、主母线、接地开关和隔离静触头座等。

柜体由型钢、薄钢板弯制焊接或由薄钢板构件组装而成，柜内由接地的薄钢板分隔成 4个独立的隔室：母线室、手车室、电缆室、继电仪表室。柜体的后下侧称为电缆室，安装有电缆和电流互感器。其上为主母线室。隔室之间由隔板隔开，以保障检修时的安全。柜体前面是继电器室和小车室。依靠推进机构使装有断路器等的小车在导轨上前后运动。向内推入能使断路器上下两个隔离动触头插入隔离静触头座完成电路连接；反之，当断路器开断电路后，将小车向外拉出，隔离动、静触头分开，形成明显的隔离间隙，相当于隔离开关的作用。利用专用的运载车，可将装有断路器的小车方便地推入或拉出柜体。当断路器出现严重故障或损坏时，同样可使用专用的运载车将断路器小车拉出柜体进行检修。也可换上备用的断路器小车，推入柜体内继续工作。

高压开关柜的组成部件包括：

1. 运输单元

不需拆开而适于运输的高压开关柜的一部分。固定式开关柜的整体只能作为一个运输单元，而手车柜的柜体和手车则可以作为两个运输单元。

2. 功能单元

高压开关柜的一部分，它包括共同完成一种功能的所有主回路及其他回路的元件。功能单元可以根据预定的功能来区分，如进线单元、馈出单元等。

3. 外壳

高压开关柜的一部分，在规定的防护等级下，保护内部设备不受外界的影响，防止人体和外物接近带电部分和触及运动部分。

4. 隔室

高压开关柜的一部分，除互相连接、控制或通风所必要的开孔外，其余均封闭。隔室可以用内装的主要元件命名，如断路器隔室、母线隔室等。隔室之间互相连接所必需的开孔，应采用套管或类似的方式加以封闭。母线隔室可以通过功能单元连通而无须采用套管或类似的其他措施。

5. 充气隔室

充气式高压开关柜的隔室形式，通过可控压力系统、封闭压力系统或密封压力系统来保持气体压力。几个充气隔室可以互相连接到一个公共的气体系统（气密性装配）。

6. 元件

高压开关柜的主回路和接地回路中完成规定功能的主要组成部分，如断路器、负荷开关、接触器、隔离开关、接地开关、熔断器、互感器、套管、母线等。

7. 隔板

隔板是高压开关柜的一部分，它将一个隔室与另一个隔室隔开。

8. 活门

活门是高压开关柜的一部分，具有两个可转换的位置。在打开位置，它允许可移开部件的动触头插入静触头；在关闭位置，它成为隔板或外壳的一部分，遮住静触头。

9. 套管

它是具有一个或多个导体通过外壳或隔板并使导体与外壳或隔板绝缘的一种结构，包括其固定的附件。

10. 可移开部件

能够从高压开关柜中完全移开并能替换的部件，主回路带电时（但不带负荷）也不例外。

11. 可抽出部件

它也是一种可移开部件，它可以移动到使分离的触头之间形成隔离断口或分隔，此时，仍与外壳保持机械联系。

12. 分隔

导体的一种布置方式，即将接地的金属板插在导体与导体之间，使得破坏性放电只能发生在导体对地之间。分隔可以建立在导体与导体之间，也可以建立在开关的同极触头之间。

13. 工作位置（接通位置）

它是可移开部件（手车）与柜体处于完全接触的位置，此时主电路和控制电路接通。

14. 接地位置

接地位置是可移开部件的一种位置。在此位置，可操动接地开关，使主回路短路并接地。

15. 试验位置

试验位置是可抽出部件的一种位置。在此位置，主回路形成一个隔离断口或分隔，控制回路是接通的。

16. 断开位置

断开位置是可抽出部件的一种位置。在此位置，主回路形成一个隔离断口或分隔，并与外壳保持机械联系（辅助回路可以不断开）。

17. 移开位置

移开位置是可移开部件的一种位置。可移开部件在外壳外面并与外壳脱离了机械联系和电气联系。

18. 主回路

主回路是高压开关柜中，用来传输电能的所有导电部分。连接到电压互感器的连接线不作为主回路考虑。

19. 辅助回路

辅助回路是高压开关柜中除主回路外的所有控制、测量、信号和调节回路的导电部分，也就是二次回路。

3.1.5　高压开关柜的基本技术要求

1. 一般要求

（1）高压开关柜的设计，应使得正常运行、监视和维护工作能安全方便地进行。维护工作包括：元件的检修、试验，故障的寻找和处理。

（2）对于额定参数和结构相同而需要替代的元件应能互换。

（3）对于具有可移开部件的高压开关柜，如果可移开部件的额定参数和结构相同则应能互换。如果可移开部件具有几种额定参数，且在高压开关柜中是可以互换的，那么可移开部件与固定部分的任何组合，都应具有该设备固定部分的额定绝缘水平。

2. 外壳

外壳必须是金属的（通风窗、排气口除外），不得用网状编织物或类似的材料制造，外壳必须满足 GB 11022—2020《高压开关设备和控制设备标准的共用技术要求》规定的一种防护等级。地板可作为外壳的一部分，但如果有电缆沟连通或电缆进入，则必须封闭，且应满足 GB 11022—2020 所规定的一种防护等级。但房子的墙壁不能作为外壳的一部分。充气隔室应能耐受在使用中遇到的正常的和瞬态的压力。

3. 隔板和活门

隔板和活门应达到 GB 11022—2020 所规定的一种防护等级。隔板和活门可以是金属的，也可以是非金属的。若用绝缘材料制造，应满足下列要求：

（1）主回路带电部分与绝缘隔板、活门的可触及表面之间，应能承受 GB 11022—2020 规定的对地试验电压。

（2）绝缘材料除应具有一定的机械强度外，还应能承受规定的工频试验电压。

（3）主回路带电部分与绝缘隔板、活门的内表面之间，至少应能承受 1.5 倍的额定电压。

（4）如果有泄漏电流能经过绝缘表面的连续途径，或经过仅被小的气隙或油隙所隔断的途径达到绝缘隔板和活门的可触及表面，则在规定的试验条件下，此泄漏电流不应大于 0.5 mA。

外壳和隔板上若有供可移开部件触头进入的开口，其开口应有可靠的活门遮盖，以确保人身安全。若具有多组触头，如果需要检修其中一组不带电的静触头时，其余组静触头应锁定在关闭位置或插入安全隔板。通过金属隔板的导体，可以用套管或类似的方法绝缘，而开口可以由套管或绝缘的活门来提供。

4. 隔离开关（一次隔离触头）和接地开关

隔离开关和一次隔离触头是提供高压导体之间隔离断口的装置。它们的操作位置应能判定，如果能达到下列条件之一，则认为是满足的：

（1）隔离断口是可见的。

（2）可抽出部件相对于固定部分的位置是清晰可见的，并且对于接通和断开位置应具有标志。

（3）隔离开关（一次隔离触头）或接地开关的位置由可靠的指示器显示。

任何可移开部件与固定部分的接触，在正常使用条件下，特别是在短路时，不会由于电动力的作用而被意外地打开。

5. 主回路

各功能单元主回路的导体（包括主母线和分支母线）和串联的元件（不包括由熔断器连到电压互感器或变压器的短连接线），应考虑该回路各元件参数的配合和该功能单元应能通过所规定的额定电流和动、热稳定电流。

在考虑母线的允许温度或温升时，应根据触头、连接和与绝缘材料接触的金属部分的温度或温升的情况而定。

6. 联锁

高压开关柜应具有"五防"功能：防止带负荷分、合隔离开关（一次隔离触头）；防止误分、误合断路器、负荷开关、接触器（允许提示性）；防止接地开关处在闭合位置时关合断路器、负荷开关等开关；防止在带电时误合接地开关；防止误入带电隔室。

1）移开式高压开关柜的联锁要求

（1）当断路器、负荷开关或接触器处在分闸位置时，手车才可以抽出或插入。

（2）只有当手车处在工作位置、试验位置、断开位置、接地位置、移开位置时，断路器、负荷开关接触器才可以进行分、合闸操作。

（3）只有当接地开关处在分闸位置时，手车才可进入工作位置。

（4）只有手车抽出到试验位置及以后时，接地开关才允许合闸。

2）固定式高压开关柜的联锁要求

（1）只有当断路器、负荷开关、接触器处在分闸位置时，隔离开关才可以进行分、合闸操作。

（2）如果隔离开关本身带有接地开关，则要有联锁保证它们动作的程序性，同时还要考虑它们在运动过程中能否满足绝缘水平的要求。

（3）只有当断路器、负荷开关、接触器两侧的隔离开关均处于合闸、分闸或接地状态（如果有的话）的情况下，断路器、负荷开关、接触器才可以进行操作。

3）对联锁的其他要求

（1）只有当隔室的元件不带电并且接地（如果有的话）的情况下，隔室的门、盖板才能开启，若安装联锁不方便允许使用挂锁。

（2）若接地开关的短路关合能力小于该回路的额定动稳定电流，可采取与有关的隔离开关之间加装联锁的措施。

（3）对于那些因误操作可能引起损坏，或用于建立保证检修工作安全的隔离断口的主回路元件，应装设锁定装置。

（4）在设计时，应优先考虑机械联锁。

7. 接地

1）接地部位

（1）每个外壳都应与接地导体相连接，除主回路和辅助回路外，凡指定要接地的所有金属部件，也应直接或通过金属构件与接地导体相连接。

（2）可触及的各主回路元件的金属外壳和构架应接地，但不包括可触及的可移开部件和可抽出部件，因为它们已从主回路中断开（不包括装有电容器的可移开部件）。

（3）为了保证功能单元内骨架、门、盖板、隔板或其他结构间的电气连通，可采用连接或焊接的方法，隔室的门应采用软导线（截面积不小于 4 mm²）通过接地端子与骨架连通。

（4）可抽出部件应接地的金属部件，在试验位置、断开位置以及当辅助回路未完全断开的任一中间位置时，应保持接地连接。

（5）断路器、负荷开关、接触器如果由于隔离开关的分断，使得该元件和主回路完全断开，并有接地的隔板使得该隔室具有与外壳相同的防护等级，则该隔室内元件的维护，可不必再进行接地连接。但如果该隔室内还有主回路与该隔室内的元件相连，则主回路必须接地。

2）对接地导体的要求

接地导体应能满足该回路动、热稳定电流的要求。如果是铜质的，其电流密度在规定的接地故障发生时不应超过 200 A/mm²，其截面积不得小于 30 mm²。该接地导体应设有供与接地系统相连的接线端子。如果接地导体不是铜质的，也应满足相同的热稳定和动稳定要求。当通过的电流引起热和机械应力时，应保证接地系统的连续性。接地导体（裸导体）截面积的选择应根据短时持续电流的热效应来计算，下式是从持续时间为 0.2～5 s 的电流热稳定性要求得出的。

$$S = \frac{I}{a}\sqrt{\frac{t}{\Delta\theta}} \tag{3-1}$$

式中，S——导体截面积（mm²）；

    I——电流有效值（A）；

    t——电流通过时间（s）；

  $\Delta\theta$——温升，以开尔文（K）表示，对裸导体取 180 K，如果时间超过 2 s 但小于 5 s，则 $\Delta\theta$ 可增加到 215 K；

    a——系数，铜取 13，铝取 8.5，铁取 4.5，铅取 2.5。

3.1.6 高压开关柜的手车

高压开关柜按主元件的安装方式分类有两种结构形式：固定式和移开式（手车式），移开式开关柜把主元件安装在一个可移开的小车（手车）上，维修和更换主电气元件时，可以把备用的通用手车投入运行，因此具有停电时间短、供电可靠性高的优点。

根据手车所配置的主电气元件的不同，手车可分为断路器手车、电压互感器手车、隔离手车、计量手车、接地手车、避雷器手车、变压器手车、电容器手车等类型。

按照手车在开关柜中所处的位置不同，它分为落地式和中置式两类。中置式手车处在开关柜高度方向的中间位置而得名，除了落地手车式开关柜的特点外，中置式开关柜还具有以下优点：

（1）手车体积小，质量小，因此尺寸容易控制，精度高小，手车互换性好。

（2）手车推进和拉出由丝杠传动，且在专用导轨上移动，操作轻巧，传动精密。

（3）手车拉出后由专用运载车承载，且运载车高度可根据地面和导轨的高度调节，因此手车进出不受地面高低和平整度的影响。

（4）由于手车处在柜体中间位置，柜体下部空间可作为电缆室，因而柜体安装以及电缆连接的空间宽裕，操作方便。

（5）由于电缆室在柜前和柜后是贯通的，因此中置式开关柜可以靠墙安装。

1. 落地式手车

1）手车室

图 3-1 所示为 KYN12-12 型铠装移开式高压开关柜的结构总体布置示意图。其手车是落地式结构，手车室占据较大的空间。

手车室上部分空间是排气通道，顶盖上设有压力释放活门，若出现内部故障，压力释放活门自动打开，及时释放气体，防止事故扩大。

手车室底板上安装有接地母线，手车底部安装有弹簧式接地触头，当手车推入柜体后，手车底部的弹簧式接地触头压紧在接地母线上，保证接地的连续性。

手车室底部安装有手车导轨、导向角板、手车推进到位的勾板以及指示手车位置的开关节（行程开关）。同样，在手车上装有相应的导向部件。手车室底板上还安装有手车定位槽板，槽板上设有工作位置和试验位置定位孔，用于将手车可靠地锁定在工作位置或试验位置，防止手车滑动。手车借助蜗轮推进机构，沿导轨推入或拉出手车室。

2）手车

图 3-2 所示为 KYN12-10 型铠装移开式高压开关柜的落地式手车。它们均是断路器手车，其中图 3-2（a）所示手车上安装额定电流为 1 250 A 的 SN10-10 型少油断路器；图 3-2（b）所示手车上安装额定电流为 2 000 A 或 3 000 A 的 SN10-10 型少油断路器；图 3-2（c）所示手车上安装额定电流为 1 250 A 的 ZN-10 型真空断路器。

3）手车锁定装置

图 3-3 所示为落地式手车锁定装置结构原理图，当手车从柜的正面推入柜内时，首先到达试验位置，锁定轴销自动插入试验位置定位孔，使之锁定。此时，手车室底部的试验位置开关（行程开关）动作。然后，接通二次插头，即可对断路器、继电保护等进行动作试验。

2. 中置式手车

图 3-4 所示为 KYN28A-12 型铠装移开式高压开关柜的结构示意图。其手车是中置式结构。手车室内安装有轨道和导向装置，供手车推进和拉出。在一次静触头的前端装有活门机构，以保障操作和维修人员的安全。手车在柜体内有工作位置、试验位置和断开位置，当手车需要移除柜体检查和维护时，利用专用运载车就可方便地取出。

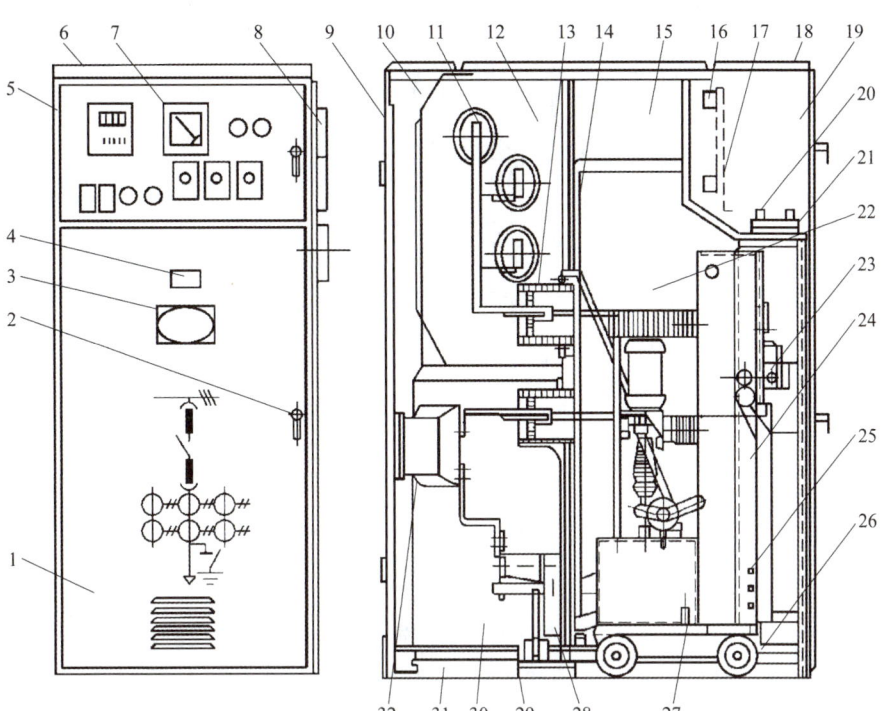

图 3 - 1　KYN12 - 12 型铠装移开式高压开关柜的结构总体布置示意图

1—手车室门；2—门锁；3—观察窗；4—铭牌；5—安装式铰链；6—装饰条；7—继电器仪表室门；

8—母线支撑套管；9—电缆室；10—电缆室排气通道；11—主母线；12—母线室；13—一次隔离触头盒；

14—金属活门；15—手车室排气通道；16—减震器；17—继电器安装板；18—小母线室；19—继电器仪表室；

20—端子排；21—二次插头；22—手车室；23—手车推进机构；24—断路器手车；25—识别装置；26—手车导轨；

27—手车接地触头；28—接地开关；29—接地开关联锁；30—电缆室；31—电缆室底盖板；32—电流互感器

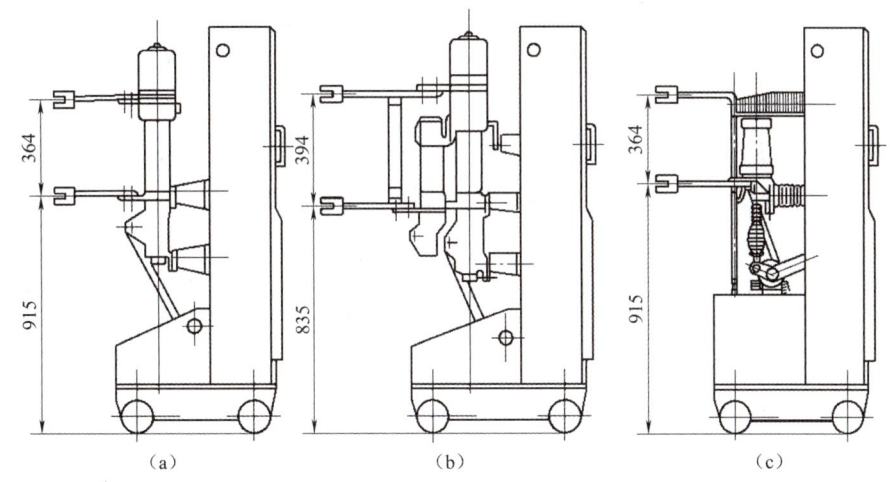

图 3 - 2　KYN12 - 10 型铠装移开式高压开关柜的落地式手车

　　手车中装设有接地装置，能与柜体接地导体可靠地连接。手车室底盘上装有丝杠螺母推进机构、联锁机构等。丝杠螺母推进机构可轻便地使手车在断开位置、实验位置和工作位置

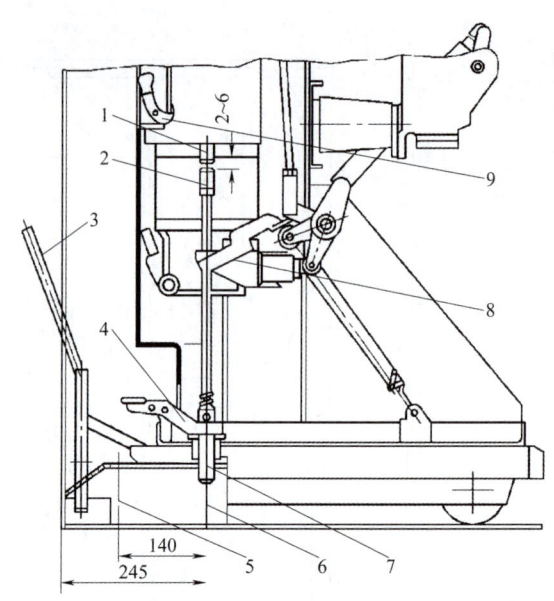

图 3 – 3　落地式手车锁定装置结构原理图

1—电磁操动机构脱扣铁芯；2—脱扣顶杆；3—推进操作棒；4—脚踏板；5—手车试验位置；

6—手车工作位置；7—锁定轴销；8—防误拉合断路器的联锁装置；9—紧急分闸装置

之间移动。借助丝杠螺母的自锁，可使手车可靠地锁定在工作位置。防止因电动力的作用引起手车窜动而引发事故。联锁机构保证手车及其他部件的操作必须按规定的操作程序操作才能得以进行。

3. 一次隔离触头

一次隔离触头用于手车与柜体的主电路连接，它由动触头和静触头两部分构成。图 3 – 5 所示为 JYN 系列落地式手车柜的一次隔离触头结构。一次隔离触头动触头安装在手车上，由若干组触片与导电杆组成一体；静触头装于隔板上，由绝缘触头盒罩和装于其上的静刀片组成。触头罩内设有带锁扣的活门，当手车推入试验位置时，活门的锁扣解除。手车推入工作位置时，动触头顶开活门，并与静触头触合。当手车拉出手车室外时，触头罩内的活门被锁扣锁住，使带电部分被绝缘活门可靠地隔离起来，保证检修的安全。

4. 手车的操作与联锁

为了保证开关柜内手车及相光部件按正确程序操作，开关柜应设置可靠的联锁，具体要求如下：

1）活门联锁

当手车处于试验位置和移开位置时，活门应自行关闭，把上、下静触头盒遮挡住，以防止工作人员触及带电部分。

2）断路器手车机械联锁

（1）断路器处于分闸状态下，手车才可以推进或拉出。

（2）断路器处于合闸状态下，手车不可移开工作位置或试验位置。

（3）只有当手车处于工作位置、试验位置、移开位置三者之一时，断路器才可以进行

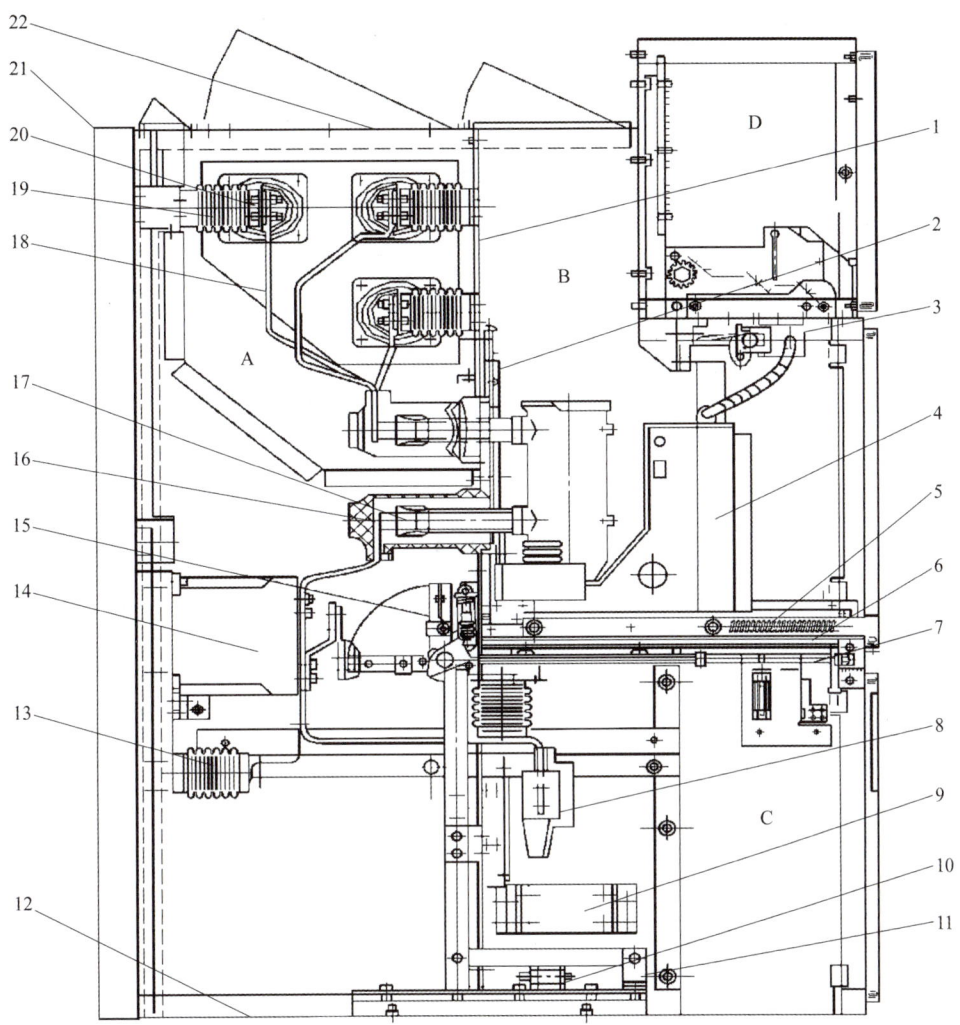

图 3 – 4　KYN28A – 12 型铠装移开式高压开关柜的结构示意图

A—母线室；B—断路器室；C—电缆室；D—继电器仪表室；

1—可拆卸隔板；2—活门；3—二次线插头；4—断路器手车；5—手车操动丝杠；6—可拆卸水平隔板；

7—接地开关操动机构；8—阻燃护套；9—加热板；10—电缆固定装置；11—接地母线；12—底板；

13—传感器；14—电流互感器；15—接地开关；16—触头盒；17—一次隔离触头；

18—分支母线；19—支持绝缘子；20—主母线；21—外壳；22—压力释放活门

分合操作。

（4）当断路器处于工作位置与试验位置之间时，断路器不能进行分合操作。

3）断路器手车与接地开关之间的联锁

（1）手车处于工作位置时，接地开关不能进行合闸操作。

（2）手车处于试验位置时，接地开关可以进行分、合闸操作。

（3）接地开关处于分闸状态时，手车可以从试验位置推进到工作位置。

（4）接地开关处于合闸状态时，手车不能从试验位置推进到工作位置。

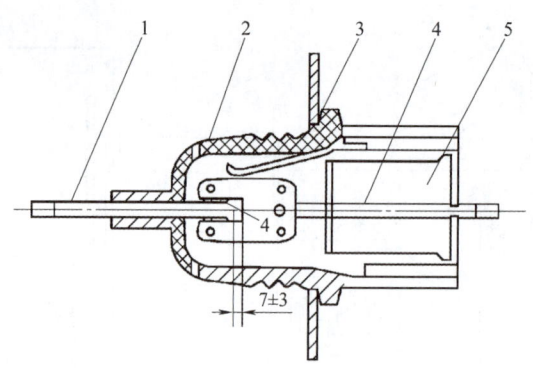

图 3 – 5　JYN 系列落地式手车柜的一次隔离触头结构

1—静触片；2—触头罩；3—活门；4—动触头；5—锁扣

4）断路器手车与控制回路插头的联锁

手车处于工作位置或试验位置时，插头不能被拔出。如图 3 – 6 所示断路器手车的联锁装置示意图。

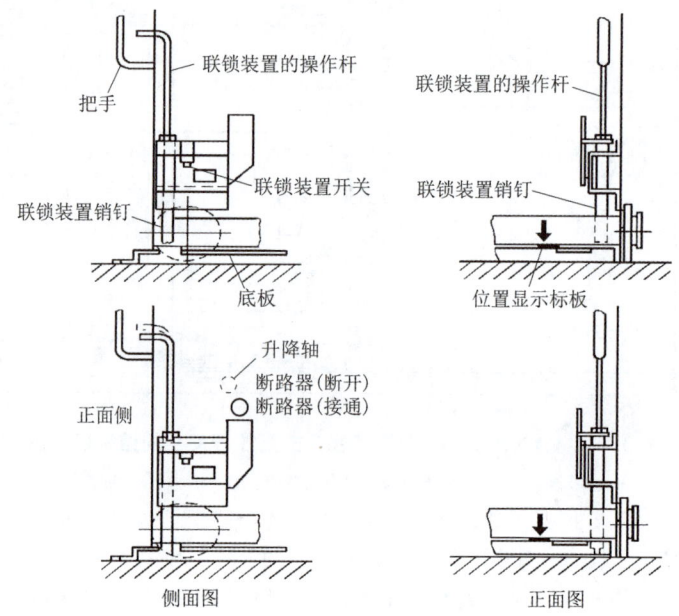

图 3 – 6　断路器手车的联锁装置示意图

任务实施

高压开关柜的认识

1. 工作策略

在学习高压开关柜的型号、分类、结构等知识后，结合电气主接线图了解 KYN28 – 12 开关柜的主电路，掌握 KYN28 – 12 开关柜的内部结构，以及其他不同类型的高压开关柜。

2. 工作实施

1）按照本组制订的计划（最佳方案）实施——高压开关柜的认识

（1）领取材料。

（2）检查材料。

（3）对照图纸描述高压开关柜的结构。

2）高压开关柜的认识一般步骤

（1）直观认识各种不同用途的高压开关柜。

（2）通过虚拟仿真软件认识高压开关柜。

（3）结合主电路图认识高压开关柜。

拓展阅读

以拼音首字母代表电气设备的型号含义

任务3.2 高压开关柜的"五防"设计

3.2.1 "五防"的基本内容

"五防"是电力系统中防止五种电气误操作的简称。据统计，电力系统的误操作事故有80%以上属于五种误操作，即误分、误合断路器，带负荷操作隔离开关，带电挂接地线或合接地开关，带接地线开关合闸，误入带电间隔。因此，各种开关设备间必须有一定的操作顺序，否则就会造成严重后果甚至出现事故。为此，高压开关柜应具有"五防"功能，即：

高压开关柜的
"五防"设计

（1）防止带负荷分、合隔离开关和隔离插头；

（2）防止误分、误合断路器，负荷开关和接触器；

（3）防止接地开关处在合闸位置时关合断路器、负荷开关等；

（4）防止带电时误合接地开关；

（5）防止误入带电隔室。

对于移开式高压开关柜还应做到：

（1）只有当断路器、负荷开关或接触器处在分闸位置时，一次隔离触头方可抽出或插入，否则便会出现隔离触头开断或关合负荷电流或短路电流，在触头间产生电弧，使触头及附近的其他零部件严重烧损及造成短路事故。

（2）只有当装有断路器的小车处在工作位置、试验位置、断开位置、接地位置和移开位置时，断路器、负荷开关和接触器才能进行分合闸操作。

（3）只有当接地开关处在分闸位置时，装有断路器的小车方可推入工作位置。否则断路器一旦进行合闸操作，而接地开关尚在合闸位置，断路器就会出现一次没有必要的关合短路操作。

（4）只有当装有断路器的小车向外拉出到试验位置或随后的其他位置，即隔离触头间形成足够大的绝缘间隙后，接地开关才允许合闸。

3.2.2 联锁装置的类型与要求

1. 联锁装置的类型

"五防"功能可通过联锁装置来实现。联锁装置是一种以防止电气误操作而在高压开关柜中装设的一种装置。联锁装置能保证按规定程序操作时，开关柜可以操作；否则，开关柜不得操作。所谓"程序操作"是指按电力设备安全的要求人为规定的操作顺序。

联锁装置可分为机械联锁装置和电气联锁装置两类。机械联锁装置全部采用传动杠杆、连杆、挡扳、滑块等机械零部件构成。电气联锁装置是指电磁锁、联锁电路等。除机械联锁装置和电气联锁装置外，还可采用机械程序锁、高压带电显示装置等方法防止电气误操作。机械程序锁是一种由机械零件组成，与开关设备配用，能满足程序操作要求的锁具，一般由锁体和钥匙两部分组成。机械程序锁安装在隔离开关和接地开关的操作手柄上以及开关柜门上。

联锁装置可分为强制性和非强制性两种。强制性联锁装置使得各种操作只能按规定的程序进行操作，否则无法进行。非强制性联锁装置是一种提示性措施，如命令牌（红绿翻牌）、高压带电显示装置。其实，命令牌也有强制性和非强制性两种。使用三功能钥匙和命令牌，则构成强制性方式；而采用命令牌和普通控制开关则构成非强制性方式。

在上述"五防"中，只有误分误合断路器、接触器、负荷开关可采用非强制性联锁装置，其他均必须采用强制性联锁。

2. 对联锁装置的要求

高压开关柜的联锁装置应符合 GB 3906—2020《3～35 kV 交流金属开关设备》和原能源部标准 SD 318《高压开关柜联锁装置技术条件》规定的要求。具体内容如下：

（1）除防止"误分、误合断路器"可采用提示性的措施外，其他四防应采用强制性联锁。

（2）联锁装置应保证规定的程序操作，并确保操作开关柜时的人身安全。

（3）联锁装置应尽可能采用机械联锁，应简单、可靠、操作维护方便。

（4）联锁装置采用的各种元件均应符合 GB 3906—2020 的要求。

（5）开关柜中装设的接地桩头应有明显的标志，其接地面积应符合开关柜的要求。

（6）高压带电显示装置应符合 SD 334《高压带电显示装置技术条件》的要求，其支柱绝缘子式的传感器和显示器应同高压开关柜一起进行绝缘耐压试验。安装在高压开关柜上的显示装置在 65% 的额定相电压时应正常发光，它所采用的强制联锁应动作可靠。

（7）联锁装置采用的机械程序锁应开启灵活、可靠，钥匙插拔自如，无卡涩现象。试图进行非程序操作时，开关柜不得操作。

（8）联锁装置应符合开关柜程序操作的要求，装置的锁定位置应与开关柜被联锁的操动机构的实际位置一致；当未完成规定的程序操作，不能继续进行操作；进行非程序操作时，操作应自动地无法进行。

（9）采用电气联锁方案时，联锁元件的电源应与继电保护回路分开。联锁回路和接点应满足联锁要求，布线应合理，联锁元件的外壳应可靠接地。

（10）各种联锁装置均应有专用的解锁工具，在紧急情况下可以解除联锁，但非专用工具不得解锁。

（11）与操动机构直接连接的联锁装置的机械试验应与开关柜的机械操作试验同时进行；如与开关柜机构无机械上直接连接，可在开关柜机被操作试验后期或以后进行，并按规定的次数进行程序操作和非程序操作。程序操作应顺利，操动机构和联锁元件不得卡阻和失灵。非程序操作时施加正常操作力，装置应能可靠联锁，试验后，装置不得变形、损坏。

3.2.3　机械联锁装置设计

1. 固定式开关柜的机械联锁

1）防止带负荷分、合隔离开关

防止带负荷分、合隔离开关的措施是隔离开关与断路器（或接触器、负荷开关）之间实现联锁，其联锁关系是：只有当断路器处于分闸状态才能操作隔离开关；断路器处于合闸状态时，隔离开关不能进行分、合操作。

如图 3-7 所示，限位板通过拉杆与断路器主轴联动控制联锁杆，进而控制弹簧锁插销。要操作隔离开关必须拔出弹簧锁插销，因为它卡住了隔离开关的操作手柄。断路器处于合闸状态时，由于限位板阻挡，弹簧锁插销不能拔出，因此不能操作隔离开关。只有当断路器分闸后，才允许对隔离开关进行分、合操作。

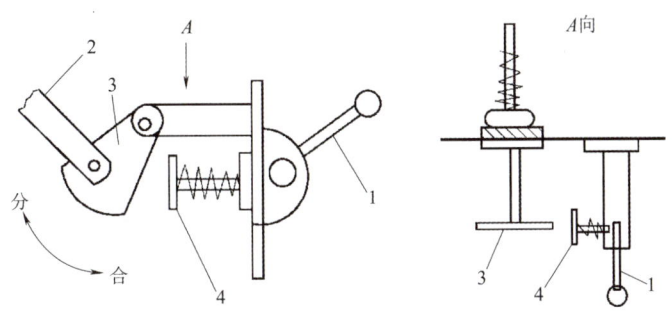

图 3-7　隔离开关与断路器之间的机械联锁
1—隔离开关操作手柄；2—拉杆；3—限位板；4—弹簧锁插销

2）防止误入带电间隔

防止误入带电间隔有多种措施，例如安装高压带电显示装置提示，开关柜柜门与开关之间联锁（不断开开关，门是打不开的）等。当开关柜有前、后门时，前门与后门之间必须安装联锁装置。安装后满足以下条件：后门关闭后才能关前门；开了前门才能开后门。若开关柜只有前门而没有后门，则必须安装隔离开关与前门之间的联锁装置，且满足下列操作程序：

（1）母线侧隔离开关处于合闸时，前门不能开启；

（2）前门未关闭好时，母线侧隔离开关合不上；

（3）若需要时（例如带电测温）可以人工解除联锁开启前门；

（4）只有合上母线侧隔离开关，才能合上出线侧隔离开关

（5）只有分断出线侧隔离开关后，才能分断母线侧隔离开关。

3）防止带电挂接地线和防止带接地线合闸

对于不装接地开关的固定式开关柜：采用在柜内右下门处加焊简易接地桩端，作为停电检修时挂接地线用，可装带电显示装置，提示带电部位。因为前门安装了锁门机构，只有当母线侧隔离开关分闸后才可以挂接地线，故可以防止带接地线合闸。当采用电缆进线时，下隔离开关作为进线隔离开关，母线侧隔离开关作为出线侧隔离开关，可以换用下进线连板实现联锁功能，但必须加装带电显示装置。

4）防止误分、误合断路器

一般采用命令牌（红绿翻牌）措施。

2. 移开式开关柜的机械联锁装置

1）防止带负荷分、合一次隔离触头

落地式手车柜：当手车处于运行位置，断路器主轴上的拐臂将掣动锁杆压出，脚踏板无法踏下，定位插杆无法提起，同时挡板挡住了蜗轮推进机构摇把操作孔，使手车无法移动。当手车处于试验位置，且断路器已合闸，若要将手车推至工作位置，必须压下紧急分闸手把使断路器分闸。只有在断路器分闸后，才能踏下脚踏板提起插杆，操作蜗杆机构，使小车向前推进。

2）防止带电合接地开关

如图 3−8 所示，该联锁装置主要由接地开关操作轴 1 上的挡块 2 来实现。当接地开关合闸时，挡块 2 处于水平位置，正好挡住处于试验位置的手车底盘，使手车不能进至工作位置。当接地开关分开后，挡块 2 转至垂直位置，此时，手车可行进到工作位置，并可以关合断路器送电。从试验位置行进到装置工作位置的过程中，挡块 2 被手车底卡住，接地开关操作轴不能转动。使接地开关不能合闸，从而防止了带电合接地开关的误操作事故。

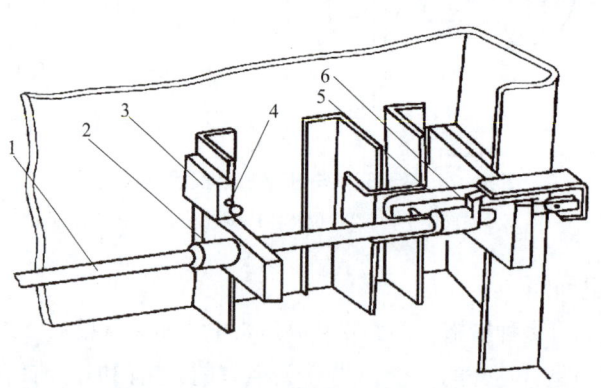

图 3−8　接地开关与手车联锁

1—接地开关操作轴；2—挡块；3—限位块；4—限位调节螺栓；5—合闸定位板；6—限位挡板

3）防止误入带电间隔（接地开关与柜门联锁）

图 3－9 所示为防止误入带电间隔而在接地开关与开关柜后门之间进行机械联锁的装置。该联锁装置主要由接地开关操作轴 1 后端上的凸轮拐臂 5、轴承座 3 上的滑块 4 和后门上的钩板 6 组成。当后门关闭，接地开关处于分闸位置时，后门上的钩板 6 被凸轮拐臂挂住，后门无法开启。当接地开关合闸后，凸轮拐臂已旋转 90°，让开了钩板，此时后门才可自由开启。当后门开启后，原来被钩板 6 压入的滑块 4 自动弹出，闩住了凸轮拐臂 5，使操作轴不能转动，处于合闸位置的接地开关便不能分开。只有将后门关紧后，使滑块被压入，让开凸轮拐臂，这时接地开关才能被操动分闸，从而防止工作人员误入带电间隔。

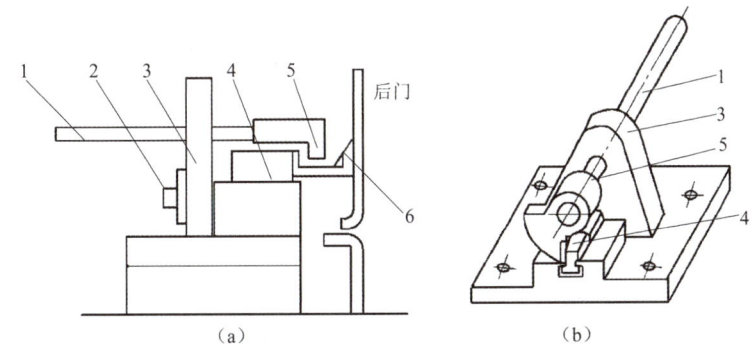

图 3－9　接地开关与后门联锁

（a）接地开关已分闸，后门关闭；（b）接地开关合闸，后门已开启

1—接地开关操作轴；2—压簧导向螺钉；3—轴承座；4—滑块；5—凸轮拐臂；6—钩板

图 3－10 所示为中置式开关柜中接地开关与电缆室门之间的机械联锁装置。它满足的联锁关系是：接地开关合闸后，电缆室门才可以打开；电缆室门关闭后，接地开关才能分闸。当开关柜退出运行时，只有在接地开关合闸后，联锁件脱离了对门的限制，门才可以打开。一旦门打开，由于弹簧 4 的作用，挡板 3 遮住了接地开关的操作孔，因此无法操作接地开关使其分闸；只有在门关闭到位后，顶杆 1 克服弹簧 4 的拉力，顶开挡板 3，使其离开接地开关操作孔的位置，此时才可以操作接地开关并使其分闸。

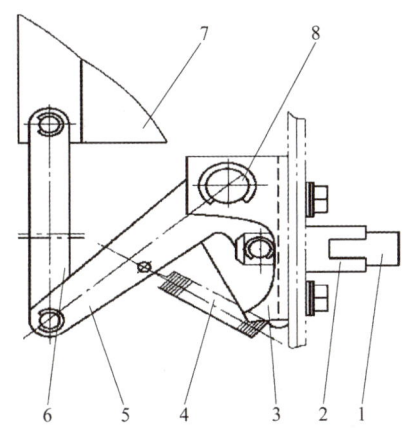

图 3－10　接地开关与电缆室门之间的机械联锁装置

1—顶杆；2—凹槽；3—挡板；4—弹簧；5，6—拉杆；7—电缆室门；8—接地开关操作孔

4）二次插头与手车之间的联锁装置

如图 3 – 11 所示，该装置主要由转轴 3、压板 2、挡块 4 组成。当手车处于试验位置时，可移开压板 2（此时与它同轴的挡块正好能通过手车侧壁上的开孔而转动），插入二次插头。当手车处于工作位置时，因挡块被手车侧壁卡住，转轴不能转动，使压板无法掀开，阻止了在工作位置时拔出二次插头。

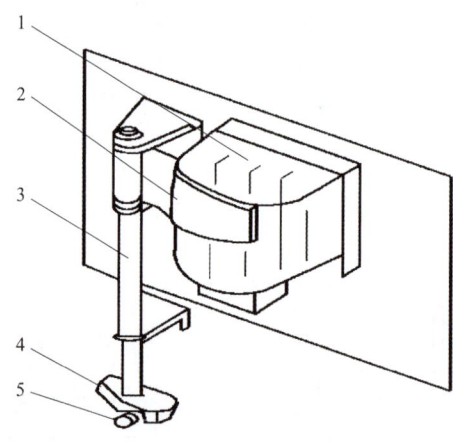

图 3 – 11　二次插头与手车之间的联锁

1—二次插头；2—压板；3—转轴；4—挡块；5—调节螺钉

3. 2. 4　电气联锁装置

1. 所用变压器柜的电气联锁回路

如图 3 – 12 所示，SA 在运行位置时，SA1 – 2 接通低压侧总开关的欠电压脱扣器，此时低压断路器可合闸供电。SA 在检修位置时，其接点断开低压侧总开关的欠电压脱扣器线圈回路，低压侧总开关失压而跳闸，断开低压侧所有负载；同时，SA3 – 4 经低压断路器的常闭辅助触点接通信号指示灯（绿灯），表示隔离开关可以操作。这时，可取下程序锁钥匙，可对隔离开关进行分闸操作。

2. 隔离手车柜的电气联锁回路

由于隔离手车不能带负荷从线路中退出工作，因此隔离手车与相应断路器之间设置有电气联锁装置。其原理电路图如图 3 – 13 所示。当要使隔离手车退出工作位置时，可通过隔离手车柜的手车操作棒解除机械联锁，使隔离手车的电气联锁常开接点 G 闭合，断路器跳闸线圈 YR 接通，断路器跳闸。这时开关柜仪表面板上的白色指示灯 HLW 亮，表示可操作隔离手车。当隔离手车在工作或试验位置时，转动隔离手车柜的操作棒，使手车锁定，电气联锁常闭接点 G 闭合，然后才能操作相应的断路器。这时，仪表板上的白灯熄灭。

3. 高压带电显示装置

高压带电显示装置又叫电压抽取装置，它由高压传感器和显示器两个单元组成。它不但可以提示高压回路带电状况，而且还可以与电磁锁配合，实现强制联锁开关手柄和开关柜柜门，防止带电关合接地开关和误入带电间隔。

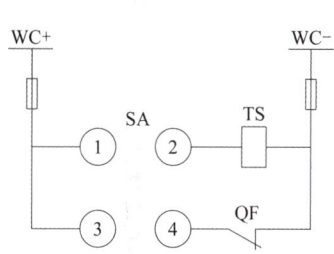

图 3 – 12 所用变压器柜电气联锁

WC—控制小母线；SA—控制开关；

TS—低压断路器失压脱扣器；QF—低压断路器辅助触点

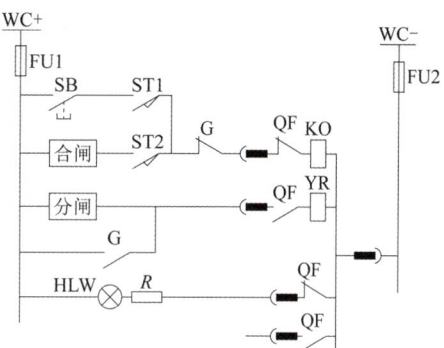

图 3 – 13 隔离手车柜电气联锁原理电路图

WC—控制小母线；SB—按钮；ST1、ST2—位置开关；

HLW—白色指示灯；KO—合闸接触器；YR—跳闸线圈；

G—隔离开关辅助触点；QF—断路器辅助触点

大电容瓷传感器如图 3 – 14 所示，SZ1 型显示器原理接线图如图 3 – 15 所示，户内高压带电显示装置如图 3 – 16 所示。

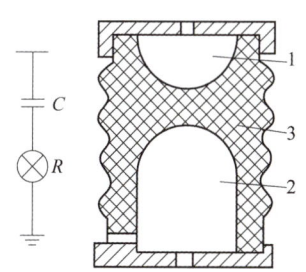

图 3 – 14 大电容瓷传感器

1—上电极；2—下电极；3—瓷

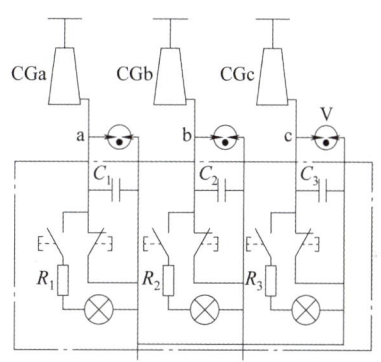

图 3 – 15 SZ1 型显示器原理接线图

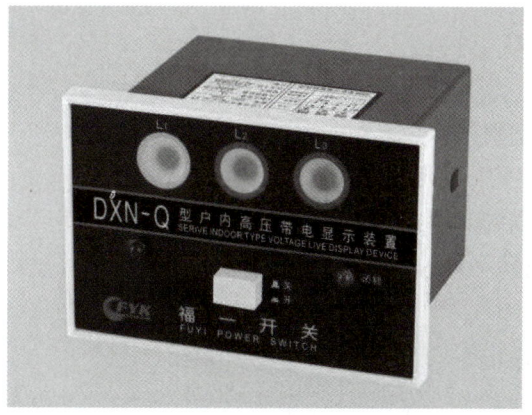

图 3 – 16 户内高压带电显示装置

3.2.5 防止误分、误合断路器的措施

防止误分误合断路器、接触器或负荷开关等，一般是采用命令牌，其操作程序如下：

1. 停电操作程序

（1）根据操作命令，从模拟板上取下操作命令牌（红牌）。

（2）到对应位置对换命令牌后，操作控制开关，使断路器分闸。

（3）从控制开关手柄上取下钥匙，插入手车室内锁孔，打开手车室。

（4）将手车退至试验位置。

（5）关上手车室门，取出钥匙，插入控制开关手柄内，并将对换下的命令牌交值班室。

2. 送电操作程序

（1）根据操作命令取下命令牌（绿牌）。

（2）到对应的控制开关位置对换命令牌，取下三功能控制开关锁孔中的钥匙。

（3）打开手车室门，将手车推至工作位置。

（4）关上手车室门；取下钥匙，插入控制开关锁孔；操作控制开关手柄，使断路器合闸，此时开始送电。

（5）将对换后的命令牌交回值班室。

任务实施

高压开关柜的"五防"设计

1. 工作策略

在学习高压开关柜的"五防"内容、联锁装置的类型与要求、防止误分误合断路器的措施、机械联锁装置与电气联锁装置等知识后，结合变电站停送电规程及要求，掌握高压配电装置倒闸操作的流程，学会对高压配电装置进行停送电操作。

2. 工作实施

1）按照本组制订的计划（最佳方案）实施——高压开关柜停电操作

（1）领取工具及材料。

（2）检查工具及材料。

（3）模拟操作。

（4）按操作票完成倒闸操作。

2）高压开关柜停电操作一般步骤

（1）接受值班长或调度的操作指令。

（2）填写倒闸操作票。

（3）审核操作票。

（4）发布和接收操作指令。

（5）模拟操作。

（6）实际操作。

（7）汇报完成。

拓展阅读

沉痛的教训之接地刀闸操作事故

测一测

模块三测一测

模块四

低压配电装置

模块介绍

本模块主要是让同学们掌握低压成套设备的分类、低压开关柜的型号和主要技术参数。掌握抽出式开关柜的内部结构，正确理解、分析低压开关柜的主回路。掌握低压开关柜中的一次电气元件、类型及一次电气元件的选择方法。熟悉低压开关柜中辅助电路的电气元件，掌握单相电能表、三相电能表的安装工艺流程。

知识目标

1. 掌握低压成套设备的分类。
2. 学会正确识读低压开关柜型号和主要技术参数。
3. 学会分析抽出式开关柜的主电路。
4. 掌握抽出式开关柜的内部结构。
5. 正确理解、分析低压开关柜的主回路。
6. 掌握低压开关柜中的一次电气元件及类型。
7. 掌握低压开关柜一次电气元件的选择方法。
8. 掌握低压开关柜的辅助电路。
9. 熟悉低压开关柜中辅助电路的电气元件。
10. 掌握单相电能表的安装工艺流程。
11. 掌握三相电能表的安装工艺流程。

能力目标

1. 能够熟练说出低压成套设备的类型。
2. 会识别低压开关柜的型号。
3. 能描述抽出式开关柜的结构。
4. 能完成低压开关柜中一次电气元件的配置。
5. 能完成单相电能表的安装。

素质目标

1. 培养学生自主探究学习能力。

2. 培养学生团队合作意识。

3. 培养学生敬业、专注、创新的工匠精神。

任务 4.1　认识低压成套设备

4.1.1　低压成套开关设备的分类

低压成套开关设备是一种量大面广的成套电气产品，广泛用于发电厂、变电站、工矿企业以及各类电力用户的低压配电系统中，作为动力、照明、配电和电动机控制中心、无功补偿等的电能转换、分配、控制、保护和监测之用。

认识低压成套设备

1. 按 GB 7251—2017《低压成套开关设备和控制设备》分类

按 GB 7251—2017《低压成套开关设备和控制设备》标准要求生产的低压成套开关设备系列有以下种类：

（1）按结构分为：屏、柜、箱。

配电屏：开启式、固定面板式。

开关柜：固定安装式、抽出式、箱组式。

配电箱：动力箱、照明箱、补偿箱。

认识 7GGD 低压开关柜

（2）按功能分：配电、电动机控制、无功补偿、照明、计量。

（3）按 GB 7251.1 要求生产的各种直流开关柜。

（4）按 GB 7251.2 要求生产的各种母线槽、照明箱、插座箱。

（5）按 GB 7251.3 要求生产的各种计量箱、照明箱、插座箱。

（6）按 GB 7251.4 要求生产的建筑工地用成套设备（ACS）。

2. 按供电系统的要求和使用的场所分类

1）一级配电设备

一级配电设备统称为动力配电中心（PC），俗称为低压开关柜，也叫低压配电屏。它们集中安装在变电所，把电能分配给不同地点的下级配电设备。这一级设备紧靠降压变压器，故电气参数要求较高，输出电路容量也较大。

2）二级配电设备

二级配电设备是动力配电柜和电动机控制中心（MCC）的统称。这类设备安装在用电比较集中、负荷比较大的场所，如生产车间、建筑物等场所，对这些场所进行统一配电，即把上一级配电设备某一电路的电能分配给就近的负荷。动力配电柜使用在负荷比较分散，回路较少的场合。电动机控制中心（MCC）用于负荷集中，回路较多的场合。这级设备应对负荷提供控制、测量和保护。

3）末级配电设备

末级配电设备是照明配电箱和动力配电箱的统称，它们远离供电中心，是分散的小容量配电设备，对小容量用电设备进行控制、保护和监测。

3. 按结构特征和用途分类

1）固定面板式开关柜

固定面板式开关柜常称开关板或配电屏，它是一种有面板的开启式开关柜，正面有防护作用，背面和侧面仍能触及带电部分，防护等级低，只能用于对供电连续和可靠性要求较低的工矿企业变电所。

2）封闭式开关柜

封闭式开关柜是指除安装面外，其他所有侧面都被封闭起来的一种低压开关柜，这种开关柜的开关、保护和监测控制等电气元件均安装在一个用钢材或绝缘材料制成的封闭外壳内，可靠墙或离墙安装。柜内每条回路之间可以不加隔离措施，也可以采用接地的金属板或绝缘板进行隔离。

3）抽出式开关柜

这类开关柜采用钢板制成封闭外壳，进出线回路的电气元件都安装在可抽出的抽屉中，构成能完成某一类供电任务的功能单元。功能单元与母线或电缆之间，用接地的金属板或塑料制成的隔板隔开，形成母线、功能单元和电缆3个区域。每个功能单元之间也有隔离措施。抽出式开关柜有较高的可靠性、安全性和互换性，它们适用于对供电可靠性要求较高的低压供配电系统中作为集中控制的配电中心。

4）动力、照明配电控制箱

动力、照明配电控制箱多为封闭式垂直安装，因使用场合不同，故外壳防护等级也不同。它们主要作为用电现场的配电装置。

4.1.2　低压开关柜的型号

我国新系列低压开关柜全型号由6位拼音字母或数字表示，其含义如下：

$$\underset{1\ 2\ 3\ 4}{\square\square\square\square}-\underset{5}{\square}-\underset{6}{\square}$$

第1位：分类代号，即产品名称，P—开启式低压开关柜；G—封闭式低压开关柜。

第2位：形式特征，G—固定式；C—抽出式；H—固定和抽出式混合安装。

第3位：用途代号，L（或D）—动力用；K—控制用；这一位也可作为统一设计标志，例如"S"表示森源电气系统。

第4位：设计序号。

第5位：主电路方案编号。

第6位：辅助电路方案编号。

我国生产的低压开关柜主要型号如下：

（1）抽出式：BFC、GCK、GCL、GDL、GCS（森源公司技术）、GCK、DOMINO、MNS（ABB公司技术）、MHS、MGD、MNSF、MNSG、SV18。

（2）固定面板式：PGL、GGL、GGD、JK。

（3）混合安装式（抽出式单元和固定分隔式单元混合组装）：GHL、CHK、GCK、GCD、GCL。

4.1.3 低压开关柜的主要技术参数

低压开关柜的主要技术参数有以下几项：

（1）额定电压：包括主电路和辅助电路的额定电压。主电路的额定电压又分为额定工作电压和额定绝缘电压。额定工作电压表示开关设备所在电网的最高电压；额定绝缘电压是指在规定条件下，用来度量电器及其部件的不同电位部分的绝缘强度、电气间隙和爬电距离的标准电压值。

（2）额定频率：一般为 50 Hz。对于出口产品，有些国家的电源频率为 60 Hz。

（3）额定电流：分为两种，一种是水平母线额定电流，这是指低压开关柜中受电母线的工作电流，最小的几百安，最大的可达 5~7 kA；另一种为垂直母线额定电流，它是指低压开关柜中作为分支母线（即馈电母线）的工作电流，这个电流小于水平母线电流。抽屉单元额定电流一般较小，较大的有 400 A、630 A 等。

（4）额定短路开断电流：是指低压开关柜中开关电器的分断短路电流的能力，取决于低压开关柜所配的开关电器。

（5）母线额定峰值耐受电流和额定短时耐受电流：表示母线的动、热稳定性能。

（6）防护等级：是指外壳防止外界固体异物进入壳内触及带电部分或运动部件，以及防止水进入壳内的防护能力。一般应达 IP30，要求高的有 IP43、IP54 等。

4.1.4 低压成套开关设备的结构

低压成套开关设备种类繁多、结构差异较大，其中以抽出式低压开关柜的结构最为复杂。图 4-1 所示为 GCK1 型低压抽出式开关柜的结构示意图。

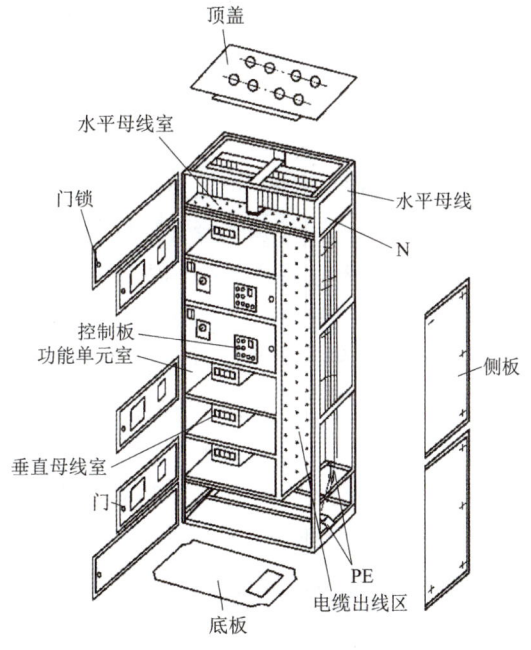

图 4-1 GCK1 型低压抽出式开关柜的结构示意图

低压成套开关设备各组成部分阐述如下：

（1）运输单元：低压成套开关设备的一部分，不需拆开而适合运输。

（2）柜架单元：低压成套开关设备中连续的两个垂直分界面之间的一种结构单元。

（3）功能单元：低压成套开关设备中能完成某一功能的所有主回路和辅助回路组件。

图 4 - 2 所示为 GCK1 型低压抽出式开关柜的一种功能单元（抽屉单元）实物图。以 GCK1 型低压抽出式开关柜为例，整体分为 3 个大区：母线区、水平母线、垂直母线。

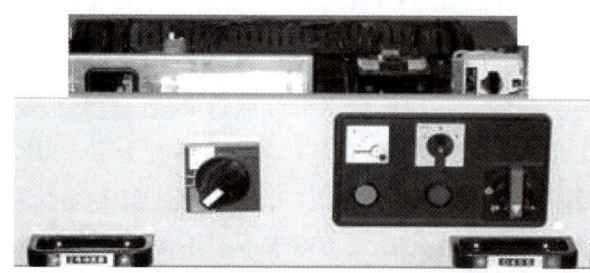

图 4 - 2　GCK1 型低压抽出式开关柜的一种功能单元（抽屉单元）实物图

（4）框架单元：同柜架单元内的连续的两个水平分界面之间的一种结构单元。

（5）进线单元：把电能馈送到成套开关设备中的一种功能单元。

（6）出线单元：把电能输送给一个或多个出线电路的功能单元。

（7）功能组：为完成某些运行功能而在电气上相互连接的几个功能单元的组合。

（8）带有挡板的框架单元或柜架单元：为防止拆装元件时意外地触及邻近设备而设计和配备的一种带挡板的柜架或框架单元。

（9）主回路：传送电能的所有导电回路。

（10）辅助回路：除主回路外的所有控制、测量、信号和调节回路内的导电回路。

（11）水平母线：贯穿于抽出式成套开关设备、水平安置的主母线。

（12）垂直母线：垂直安置于一个柜体中，将水平母线的电能分配给各功能单元的导体。

（13）分支线：在一个柜体中，将每个功能单元分别接于水平母线或垂直母线的导体。

（14）母线系统：由母线与有关的连接件和绝缘支承件所组成。

（15）固定式部件：设计成固定安装，在一个公共支架上完成电气设备装配和配线的一种部件。

（16）可移开部件：能够从低压成套开关设备中完全移出或加以替换的部件，主回路带电时也不例外。低压抽出式开关柜的抽屉单元就是可移开部件，它能够从低压成套开关设备中完全移出或加以替换。

（17）可抽出部件：低压成套开关设备中一种可移动的部件，它可以移动到使分离的触头之间构成一隔离断口或分隔，但与外壳仍保持机械联系。

（18）连接位置：又叫工作位置或接通位置，它是可移开部件或可抽出部件处于完全连接的位置。

（19）试验位置：可抽出部件的一种位置，使主回路形成隔离断口或分隔，而辅助电路是接通的，如图 4 - 3 所示。

（20）断开位置：又叫分离位置，可抽出部件的一种位置，使主回路形成隔离断口或分隔，并使可抽出部件仍与外壳保持机械联系，而辅助回路可以不断开，如图 4 - 3 所示。

（21）抽出位置：可移开部件的一种位置，可移开部件与低压成套开关设备的外壳脱离机械联系和电气联系。

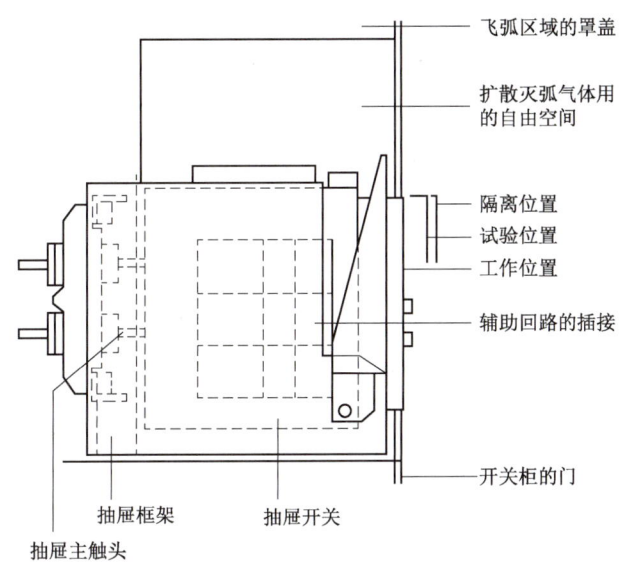

图 4 - 3　可抽出部件结构示意图

（22）隔室：低压成套开关设备的组成部分，除应实现电气连接、控制、通风或必须在隔板上开孔外，所有隔室应呈封闭状态或互相隔开。隔室可由内装的主要组件命名，如电缆隔室、母线隔室等。连接隔室之间的孔应以套管或等效方式隔开。母线可以贯穿若干功能单元，根据用户要求可不用套管隔开，采取其他措施隔离。

（23）母线隔室：用接地的金属板或绝缘板封闭，用于装设水平母线或垂直母线的空间。

（24）单元隔室：用接地的金属板或绝缘板封闭，用于装设功能单元的空间。

（25）电缆隔室：用接地的金属板或绝缘板封闭，用于敷设电缆的空间。

（26）出线端子隔室：用接地的金属板或绝缘板封闭，用于连接电缆的空间。

（27）安装板：用于支撑各种元件并且适合于在成套开关设备中安装的一种板。

（28）安装框架：用于支撑各种元件并且适合于在成套开关设备中安装的一种框架。

（29）外壳：低压成套开关设备的一部分，在规定的防护等级下，它能保护内部设备不受外界的影响，防止人体和外物接近带电部分或触及运动部分。

（30）骨架：用于支撑成套开关设备中的各种元件及外壳的一种结构部件。

（31）覆板：外壳上的一种部件。

（32）门：一种带铰链或可滑动的覆板。

（33）可拆式覆板：用来遮盖外壳上的开口的一种覆板，当进行某些操作或维修时可将其移开。

（34）挡板：用以对来自入口处的各个方向的直接接触和来自开关设备的电弧进行局部防护的一种部件。

（35）屏障：用以防止无意识的直接接触，但不能防止有意接触的一种部件。

（36）活动挡板：一种能够移动的部件。它在下述两种位置之间移动，一种位置是允许可移开部件上的触头同静触头连接；另一种位置是当移开部件移出时，将静触头遮蔽起来。

（37）隔板：用于将一个隔室与另一个隔室隔开的部件。

（38）电缆引入部件：一种带有开口的部件，此开口用以将电缆引至成套开关设备上。该部件可同时兼作电缆封装接头。

任务实施

认识低压成套设备

1. 工作策略

在学习了低压成套设备的分类、低压开关柜的型号、结构等知识后，结合低压配电装置准确识别低压开关柜的型号，掌握 GCK1 型低压抽出式开关柜的内部结构以及其他不同类型的低压开关柜。

2. 工作实施

1）按照本组制订的计划（最佳方案）实施——认识低压成套设备

（1）领取材料。

（2）检查材料。

（3）对照图纸描述低压开关柜的结构。

2）低压成套设备的认识一般步骤

（1）直观认识各种不同用途的低压成套设备。

（2）通过虚拟仿真软件认识低压成套设备。

（3）结合低压配电装置认识低压开关柜。

拓展阅读

瞩目的成就之电站"保健医"，可提高生产效率 20%

任务 4.2　低压成套配电设备中开关电器的选择

4.2.1　低压开关柜的主回路

不管是一个大型的发电厂或变电站还是一台开关柜，其电气部分都包括一次电路和二次电路两部分。所谓一次电路是指用来传输和分配电能的电路，它通过连接导体连接所需的各种一次设备而构成。一次电路又叫主电路、主回路、一次线路、主接线等。二次电路是指对一次设备进行控制、保护、测量和指示的电路。

低压开关柜的主回路

成套开关设备中通常把电气部分分为主回路和辅助回路。根据有关标准的定义，主回路是指传送电能的所有导电回路，由一次电气元件连接而成。辅助回路是指除主回路外的所有控制、测量信号和调节回路内的导电回路。

低压成套开关设备种类较多、用途各异，因此主回路类型很多，而且差别也较大。同一型号的成套开关设备的主回路方案少则几十种，多则上百种。以下对低压开关柜的主回路方案进行归类说明。

每种型号的低压开关柜，都由受电柜（进线柜）、计量柜、联络柜、双电源互投柜、馈电柜和电动机控制中心（MCC）、无功补偿柜等组成。例如国内统一设计的 GCK 型开关柜（电动机控制柜 MCC）的主电路方案共 40 种，其中电源进线方案 2 种，母联方式 1 种，电动机可逆控制方案 4 种，不可逆控制方案 13 种，Ｙ－△变换 5 种，变速控制 3 种，还有照明电路 3 种，馈电方案 8 种以及无功补偿 1 种。以下以 GCS（MNS）抽出式低压开关柜为例，对低压开关柜的各种主回路进行归类说明，包括受电柜（进线柜）、计量柜、联络柜、双电源互投柜、馈电柜、电动机控制中心（MCC）、无功补偿柜等。

1. 受电柜主回路

图 4-4 所示为几种受电柜的主回路，它们均采用抽屉式结构的万能式低压断路器（AH 系列或 F 系列、M 系列）作为控制和保护电器；电流互感器用于电流测量或电能计量。其

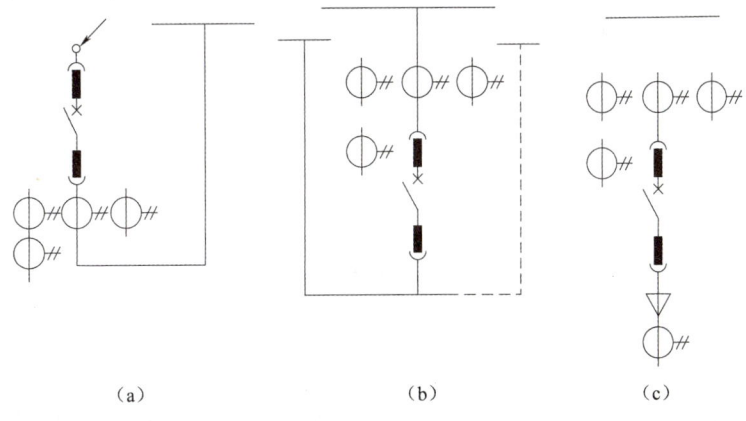

（a）　　　　　　　　　（b）　　　　　　　　　（c）

图 4-4　几种受电柜的主回路

中，图 4-4（a）采用高于柜顶的架空线路进线；图 4-4（b）采用位于柜顶下侧的母线排进线，既可以左边进线，也可以右边进线（图中虚线所示）；图 4-4（c）采用电缆进线，电缆终端接有一个零序电流互感器，作为电缆线路的单相接地保护。

2. 馈电柜主电路

图 4-5 所示为几种馈电柜的主回路。主开关既可采用断路器［抽屉式结构，如图 4-5（a）、（c）所示］，也可采用刀熔开关［固定安装式，如图 4-5（b）所示］；它们均采用电缆出线，电缆终端接有一个零序电流互感器，作为电缆线路的单相接地保护。

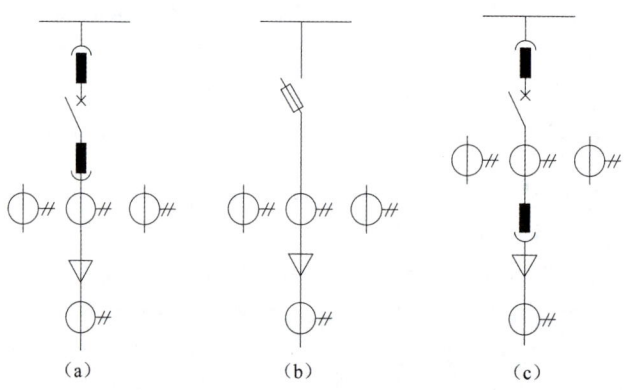

（a）　　　　　　　　（b）　　　　　　　　（c）

图 4-5　几种馈电柜的主回路

3. 双电源切换柜主电路

图 4-6 所示为双电源切换柜主回路。双电源切换也叫双电源互投。当工作电源故障或停电检修时，投入备用电源。备用电源的投入根据负荷的重要性以及允许停电的时间，可采用手动投入或自动投入方式，对供电可靠性要求高的采用双电源自动互投。

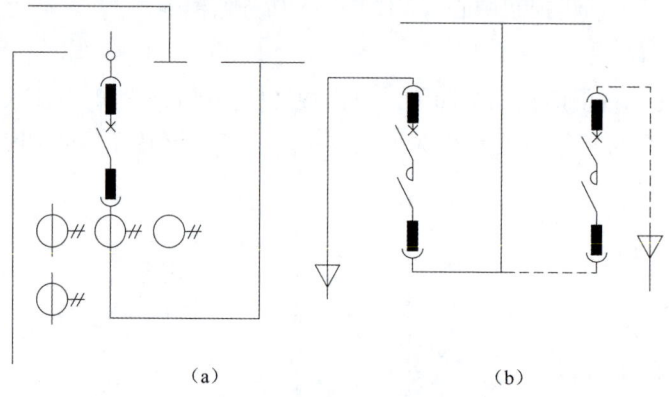

（a）　　　　　　　　　　（b）

图 4-6　双电源切换柜主回路

（a）手动投入；（b）自动投入

4. 母联柜主电路

图 4-7（a）所示为采用断路器作为母线联络主开关（虚线表示这种开关柜还可以左联母线）。图 4-7（b）所示为母线转接用的开关柜的主电路。

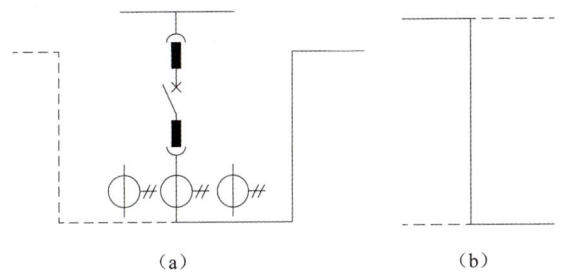

图 4 - 7　母联柜和母线转接柜

5. 电动机不可逆控制主电路

低压成套开关设备中有专门用来作为电动机集中控制的 MCC 柜（电动机控制中心）。各种型号的低压开关柜都有用于电动机控制的方案。图 4 - 8 所示为两种方案的电动机不可逆控制柜的主电路。配电电器（刀熔开关或断路器）、控制电器（接触器）、保护电器（热继电器）全部装在抽屉结构中。接触器用于控制电动机的启动和停止，热继电器作为电动机的过载保护，短路保护则由刀熔开关或断路器完成。

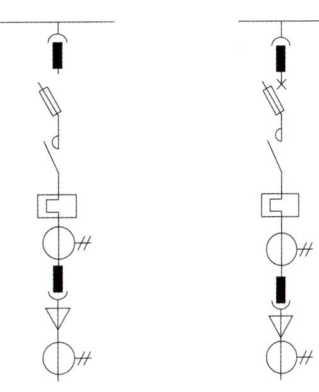

6. 电动机可逆控制主电路

电动机可逆控制就是控制电动机正反转。对三相

图 4 - 8　电动机不可逆控制柜的主电路

交流电动机，如果调换任意两相的接线，就会改变电动机运转方向。图 4 - 9 所示电动机可逆控制柜主电路。每种电路中都有两台接触器，合上不同的接触器，电动机的运转方向就会改变。除零序电流互感器装在电缆终端头上外，其他所有的一次电气元件均装在抽屉部件中，配电电器可用断路器、刀熔开关或熔断器，它们都具有短路保护功能，热继电器作为电动机过载保护用。

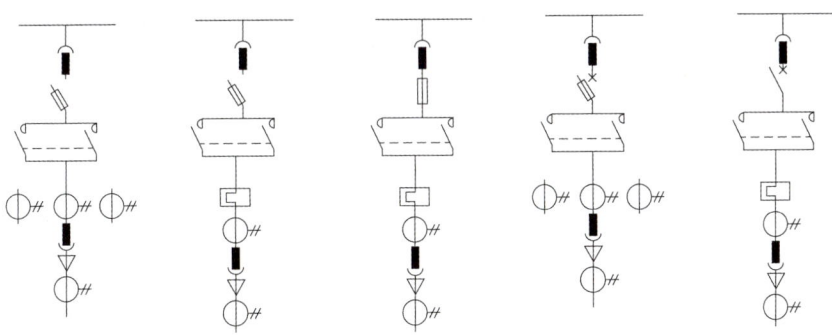

图 4 - 9　电动机可逆控制柜主电路

7. 电动机丫 - △启动控制电路

电动机丫 - △启动控制电路如图 4 - 10 所示。除了配电开关和一次电气元件的安装方式（抽屉结构式或固定安装）不同外，主电路基本相同。

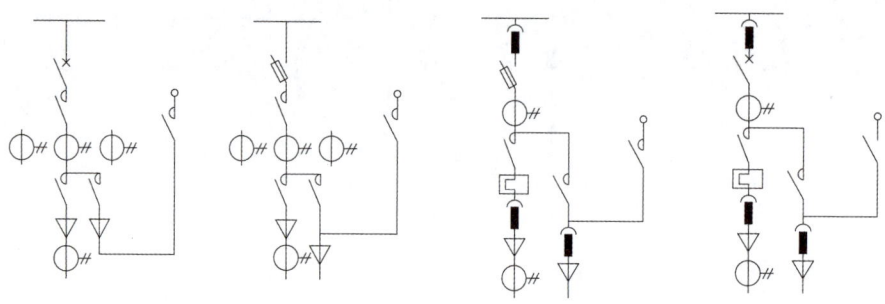

图 4 – 10　电动机丫 – △启动控制电路

8. 无功补偿柜

图 4 – 11 所示为电力电容器无功功率补偿柜的主电路。它们集中安装在变电所中，作为低压集中补偿。图 4 – 11（a）是主屏，带有自动投切装置；图 4 – 11（b）是辅屏，只能手动投切电容器。由于电容器投切时会产生很大的浪涌电流，容易损坏投切开关。图 4 – 12 所示为采用晶闸管作为投切开关（即 TSC）无功功率补偿柜主电路，可精确地控制投切时刻，使浪涌电流最小。

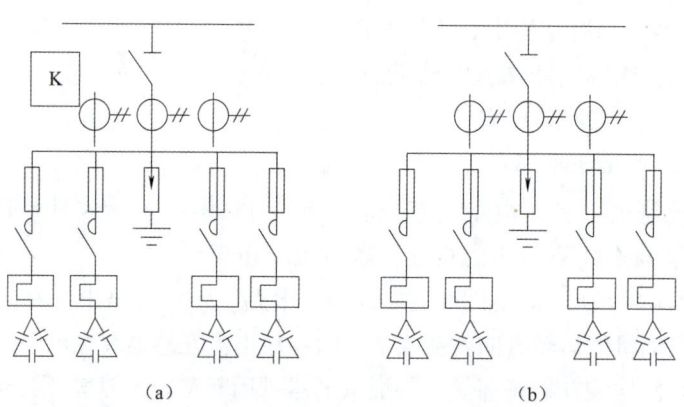

（a）　　　　　　　　　　（b）

图 4 – 11　电力电容器无功功率补偿柜的主电路

（a）主屏；（b）辅屏

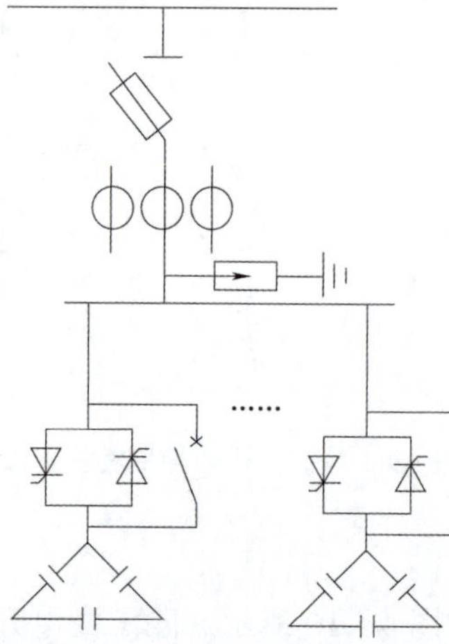

图 4 – 12　TSC 无功功率补偿柜主电路

4.2.2 低压一次电气元件的选择

4.2.2.1 低压成套开关设备中开关电器选择准则

1. 电网条件和工作条件

1）额定电压

（1）额定工作电压。

（2）额定绝缘电压。

2）额定电流

开关电器的额定电流应不小于它安装处的最大负荷电流，同时应考虑它的工作制（长期连续工作制、断续周期工作制、短时工作制）。

3）额定分断能力

低压断路器的额定分断能力分为额定极限短路分断能力和额定运行短路分断能力两种。

额定极限短路分断能力（I_{cu}）：按规定的试验条件和试验程序，不包括断路器继续承载其额定电流能力的分断能力。

断路器的额定运行短路分断能力（I_{cs}）：按规定的试验条件和试验程序，包括断路器继续承载其额定电流能力的分断能力。

试验程序：额定极限短路分断能力（I_{cu}）为 $O - t - CO$；额定运行短路分断能力（I_{cs}）为 $O - t - CO - t - CO$。

A 类断路器（过载长延时、短路瞬动保护）的 I_{cs} 可以是 I_{cu} 的 25%、50%、75% 和 100%；B 类断路器（过载长延时、短路短延时、短路瞬动保护）的 I_{cs} 可以是 I_{cu} 的 50%、75% 和 100%。

支线上使用的断路器，仅满足额定极限短路分断能力即可；干线上使用的断路器，两者都要满足。

4）动、热稳定性

开关电器的额定短时耐受电流 I_{CW}（即热稳定电流）应满足下式：

$$I_{CW}^2 t \geq I_\infty^2 t_{ima}$$

式中 t——开关电器热稳定试验时间；

I_∞——电网短路稳态电流；

t_{ima}——等效短路时间，一般为实际短路时间 $+0.05$ s。

动稳定性的校验条件是：开关电器的额定峰值耐受电流不小于短路冲击电流。

4.2.2.2 低压一次电气元件的类型与选择

适用于低压成套开关设备选用的低压一次电气元件有以下几种。

1. 刀开关、隔离器、刀开关熔断器组合电器

1）刀开关、隔离器

刀开关可供通断电路使用，可用于成套设备中隔离电源，也可作为不频繁的接通和分断照明设备和小型电动机，如图 4 – 13 所示。隔离器主要用在低压成套开关设备中起隔离作

用，如图 4 – 14 所示。

刀开关和隔离器按极数可分为单极、双极和三极；按结构可分平板式和条架式；按操作方式可分为直接手柄操作、正面旋转手柄操作、杠杆操作和电动操作；按转换方式可分为单投式（HD）、双投式（HS）。

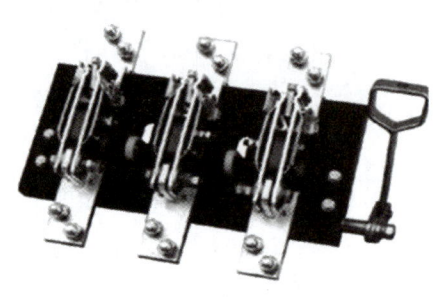 

图 4 – 13　刀开关　　　　　　　　图 4 – 14　隔离器

2）刀开关熔断器组合电器

刀开关熔断器组合电器是由刀开关和熔断器串联构成的一个组合单元，型号有 QSA 和 HH 等几种。QSA 的额定电流为 63 ~ 3 150 A，适用于有高短路电流的配电电路和电动机电路中；HH30 等额定电流较小，最大至 63 A。它们均可用作手动不频繁的接通和分断负载电流，并具有线路的过载和保护功能，保护功能是由熔断器承担的。HH30 有单极、双极、三极和四极等几种。

3）刀熔开关

刀熔开关具有刀开关和熔断器的双重功能，主要型号有 HR3 系列，如图 4 – 15 所示。

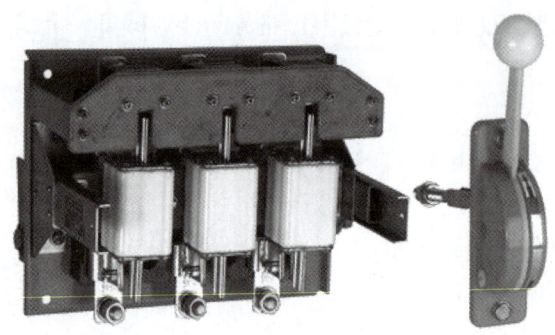

图 4 – 15　HR3 系列刀熔开关

2. 熔断器

熔断器主要有 RC1A 系列、RM10 系列、RT20 系列（额定分断能力达 120 kA）、NT 系列（图 4 – 16）、RS（快速熔断器）。

3. 热继电器

热继电器主要有 T 系列，包括 T16、T25、T45、T85、T105、T170、T250、T370 等型号，如图 4 – 17 所示。此外还有电子式热继电器。

图 4 – 16　NT 系列熔断器　　　　图 4 – 17　热继电器

4. 接触器

接触器主要有 CJ20 系列（图 4 – 18）、B 系列（ABB 公司技术）（图 4 – 19）、3TF 和 3TB 系列（西门子技术）。对于电力电容器投切用的接触器必须抑制浪涌电流，常用的接触器有 B30C、CJX4 等。

图 4 – 18　CJ20 系列接触器　　　　图 4 – 19　B 系列接触器

5. 断路器

1）选型

低压断路器按整体结构分为框架式（又称万能式，简称 ACB，如图 4 – 20 所示）和塑壳式（简称 MCCB，如图 4 – 21 所示）两大类；按用途分，包括配电用、电动机保护用、照明用（适用于照明线路、家用电器）、漏电保护用（剩余电流保护）等类别；按保护性能分，有选择型（有短延时过流脱扣器）、非选择型（无短延时过电流脱扣器）。低压断路器的选型如表 4 – 1 所示。

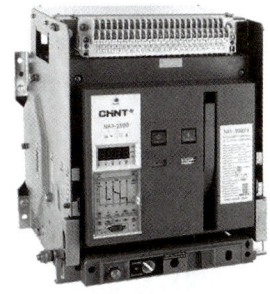

图 4 – 20　框架式　　　　图 4 – 21　塑壳式

表 4 - 1　低压断路器的选型

类型	框架式断路器（ACB）	塑壳式断路器（MCCB）	微型断路器（MCB）
参数	壳体额定电流 630～6 300 A 短路分断能力 50～150 kA	壳体额定电流 63～1 600 A 短路分断能力 15～150 kA	63 A 及以下
形式	（1）电子式：长延时、短延时、瞬时、接地保护方式；（2）选择性联锁功能和单机控制功能	电磁式：长延时、瞬时二段保护；电子式：长延时、短延时、瞬时、接地四段保护	模块化结构：组合成二、三和三、四级
安装方式	固定式和抽屉式	固定式、插入式、抽出式 250 A 及以下宜采用固定式和插入式	固定式、插入式
应用范围	变压器低压侧进线断路器、母联、800 A 及以上馈出线断路器	630 A 及以下线路用	末端线路

2）动作值整定方法

低压断路器的保护功能包括用于过载保护的长延时过流保护、用于短路保护的短延时过流保护和瞬时过电流保护以及失电压、欠电压保护。其动作值整定方法如表 4 - 2 所示。

表 4 - 2　低压断路器的动作值整定方法

类　　　别	动作值整定方法
变压器低压侧 主断路器 （低压侧进线柜）	（1）长延时过流保护 $$I_{r1} = k_1 I_e$$ 式中　k_1——可靠系数，取 1.1；　　　I_e——变压器额定电流。 （2）短延时过流保护 $$I_{r2} = M k_2 I_e$$ 式中　M——过流倍数，取 3～5；　　　k_2——可靠系数，取 1.3；　　　时限：取 0.4 s。 （3）瞬时过电流保护 $$I_{r3} > 1.2 I_{d1}$$ 式中　I_{d1}——变压器低压出线端单相短路电流。 （4）接地保护 $$I_{r4} = （0.3 \sim 0.6） I_{r1}$$ 式中　I_{r1}——长延时过电流保护定值；　　　时限：取 0.4 s

续表

类　别	动作值整定方法
配电用断路器（低压配电线路保护）	（1）长延时过流保护 $$I_{r1} = k_1 I_c$$ 式中　k_1——可靠系数，取 1.1； 　　　I_c——线路计算负荷电流。 　时限：取 12 s。 （2）短延时过流保护 $$I_{r2} = 1.2 I_{r2}$$ 式中　I_{r2}——下一级短延时过电流保护定值。 （3）瞬时过电流保护 $$I_{r3} = 1.1（I_c + k_{sh} k_{st} I_m）$$ 式中　I_c——线路计算负荷电流； 　　　k_{sh}——考虑电动机启动电流非周期分量系数，取 1.7~2； 　　　k_{st}——电动机启动电流倍数，取 5~7； 　　　I_m——最大一台电动机额定电流
电动机保护用断路器	（1）长延时过流保护 $$I_{r1} = I_e$$ 式中　I_e——电动机额定电流。 （2）瞬时过电流保护 $$I_{r3} = k_{sh} I_{st}$$ 式中　k_{sh}——电动机启动冲击系数，取 1.7~2； 　　　I_{st}——电动机启动电流
照明线路用断路器	（1）长延时过流保护 $$I_{r1} = I_c$$ 式中　I_c——线路计算负荷电流。 （2）瞬时过电流保护 $$I_{r3} = 6 I_c$$

6. 电流互感器

低压电流互感器主要用于测量，主要产品有 BH – 0.66 系列（图 4 – 22）、LMZJ – 0.4 系列（图 4 – 23）等。低压电流互感器还有双变比电流互感器产品，也就是一次侧有两个抽头。另外还有作为零序电流保护的零序电流互感器。

7. 电涌保护器

浪涌保护器简称 SPD，也叫电涌保护器或低压避雷器，其作用是对低压系统瞬间过电压（电涌）进行保护，把窜入电力线、信号传输线的瞬时过电压限制在设备或系统所能承受的

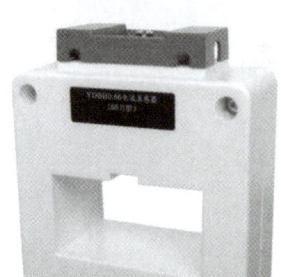

图 4 – 22　BH – 0.66 系列

图 4 – 23　LMZJ – 0.4 系列

电压范围内，或将强大的雷电流泄流入地，保护电气电子设备或系统不受冲击，如图 4 – 24 和图 4 – 25 所示。

图 4 – 24　TLY51 – B 电涌保护器

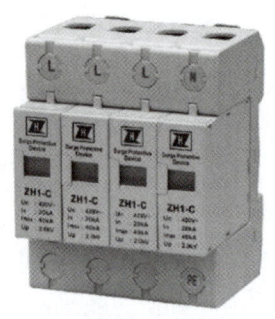

图 4 – 25　ZH1 – C 电涌保护器

4.2.3　几种低压开关柜的技术特点

1. GGD 型低压开关柜

1）主要技术参数

GGD 开关柜主要技术参数如表 4 – 3 所示。

表 4 – 3　GGD 开关柜主要技术参数

型号	额定电压/V	额定电流/A		额定短路开断电流/kA	额定短时耐受电流（1 s）/kA	额定峰值耐受电流/kA
GGD 1	380	A	1 000	15	15	30
		B	600（630）			
		C	400			
GGD 2	380	A	1 500（1 600）	30	30	63
		B	600（630）			
		C	400			

续表

型号	额定电压/V	额定电流/A		额定短路开断电流/kA	额定短时耐受电流（1 s）/kA	额定峰值耐受电流/kA
GGD 3	380	A	3 150	50	50	105
		B	2 500			
		C	2 000			

2）主电路方案

GGD 柜主电路设计了 129 种方案，共 298 个规格。其中

GGD1：49 种方案，123 个规格；

GGD2：53 种方案，107 个规格；

GGD3：27 种方案，68 个规格。

主电路增加了发电厂需要的方案。额定电流增加至 3 150 A，适合 2 000 kV·A 及以下的配电变压器选用。此外，为适应无功补偿的需要设计了 GGJ1、GGJ2 补偿柜，其主电路方案 4 种，共 12 个规格。

3）辅助电路方案

辅助电路的设计分供用电方案和发电厂方案两部分。柜内有足够的空间安装二次元件。同时还研制了专用的 LMZ3D 型电流互感器，以满足发电厂和特殊用户附设继电保护时的需要。

4）主母线

考虑到价格比和以铝代铜的可行性，额定电流在 1 500 A 及以下时采用铝母线，额定电流大于 1 500 A 时采用铜母线。

5）一次电气元件的选择

（1）主开关电器选用 ME、DZ20、DW1S 等。

（2）专门设计了 HDI13BX 和 HSI3BX 旋转操作式刀开关，以满足 GGD 柜特殊结构的需要。

（3）可根据用户的需要选用性能更优良的新型电气元件，GGD 柜具有良好的安装灵活性，一般不会因更新电气元件造成制造和安装困难。

（4）为进一步提高主电路的动稳定能力，设计了 GGD 柜专用的 ZMJ 型组合式母线和绝缘支撑件。母线夹由高强度、高阻燃性 PPO 合金材料热塑成型。绝缘支撑是套筒式模压结构，成本低、强度高，爬电距离满足要求。

6）结构特点

柜体采用通用柜的形式，构架用 8MF 冷弯型局部焊接组装而成。通用柜的零部件按模数原理设计，并有以 20 mm 为模数的安装孔。柜体设计充分考虑了散热问题，柜体上下两端均有不同数量的散热槽孔，运行时柜内电气元件发热的热量经上端槽孔排出，而冷空气从下端槽孔不断补充进柜，达到散热目的。柜门用转轴式活动铰链与构架相连，便于安装、拆

卸。装有电气元件的仪表门用多股软铜线与构架相连，整个柜子构成完整的接地保护电路。柜体面漆选用聚酯桔形烘漆，附着力强，质感好。柜体防护等级为 IP30，用户也可根据使用环境的要求在 IP20 ~ IP40 选择。

2. GCK 系列低压抽出式开关柜

GCK 系列抽出式封闭开关柜有 GCK、GCK1、GCK1（1A）等型号，包括动力配电中心（PC）、电动机控制中心（MCC）和电容器补偿柜 3 类。PC 柜包括进线柜、母联柜、馈电柜等。

1）电气性能

（1）主要技术参数。

额定绝缘电压：660 V、750 V；

额定工作电压：380 V、660 V；

电源频率：50 ~ 60 Hz；

额定电流：水平母线 1 600 ~ 3 150 A，垂直母线 400 ~ 800 A；

额定短时耐受电流：水平母线 80 kA（有效值，1 s），垂直母线 50 kA（有效值，1 s）；

额定峰值耐受电流：水平母线 175 kA，垂直母线 110 kA；

功能单元（抽屉）分断能力：50 kA（有效值）；

外壳防护等级：IP30 或 IP40；

控制电动机容量：0.4 ~ 155 kW；

馈电容量：16 ~ 630 A；

操作方式：就地、远方、自动。

（2）主电路方案。

GCK 型开关柜的主电路方案共 40 种，其中电源进线方案 2 种，母联方式 1 种，电动机可逆控制方案 4 种，不可通控制方案 13 种，Y – △ 变换 5 种，变速控制 3 种，还有照明电路 3 种，馈电方案 8 种，无功补偿 1 种。

（3）一次电气元件。

受电电路及大容量馈电电路主选 ME 系列、AH 系列或 M 系列断路器；抽屉单元馈电电路主选 TO、TG 系列及 CM1 系列塑壳断路器；电动机控制单元选 B 系列、3TB 系列以及 CJX 系列接触器；隔离开关及熔断器式隔离开关选 QSA 系列元件；熔断器主选 NT 系列元件。

（4）母线系统。

母线采用三相五线制，即 3P（三相）＋N（中线线）＋PE（保护接地）。水平母线可采用 H 形挤压成型母线，也可用铜母线。母线机械强度高、散热性好。垂直母线采用镀锌板封闭（或用塑料罩），利用隔弧板限制电弧扩散。保护母线（PE）和中性母线（N）安置在柜底。还有两根垂直于框架的保护母线，一根作为引出线，一根作为门板和隔板的接地，因此接地保护的连续性可靠性高。

2）结构特点

柜体为组合装配式结构，再按需要加上门、挡板、隔板、抽屉、安装支架以及母线和电器组件等，组成一台完整的柜子。它有以下特点：

（1）柜体：主结构骨架采用异型钢材，采用角板定位、螺栓连接。柜体骨架零部件的成型尺寸、开孔尺寸、功能单元（抽屉）间隔均以 $E = 20$ mm 为基本模数，便于装配组合。内部结构采用镀锌处理，门板、侧板经磷化处理后采用静电环氧喷涂。柜体共分水平母线区、垂直母线区、电缆区和功能单元区（设备安装区）4 个相互隔离的区域。功能单元在设备区内分别安装在各自的小室内。柜体上部设置水平母线，将成列的柜体连接成一个电气系统，同柜体的功能单元连在垂直母线上。开关柜外形尺寸：高度均为 2 200 mm；宽度有 600 mm、800 mm、1 000 mm 和 1 200 mm 4 种；深有 500 mm（靠墙安装）、800 mm 和 1 000 mm 3 种。

（2）功能单元：PC 柜组件室高度为 1 800 mm，每柜可安装 1~2 台 ME 型抽出式断路器。MCC 柜的功能单元区总高度为 1 800 mm，功能单元（抽屉）的高度为 300 mm、450 mm 和 600 mm。相同的抽屉单元具有互换性。功能单元隔室采用金属隔板隔开。隔室中的活门能随着抽屉的推进和拉出自动打开和封闭，因此在隔室中不会触及柜子后部（母线区）的垂直母线。功能单元隔室的门由主分关的操作机构对抽屉进行机械联锁，因此当主开关在合闸位置时，门打不开。

抽屉有 3 个位置：连接位置、试验位置和分离位置，分别以符号"▇" "↘¦"和"○"表示。功能单元中的开关操作手柄、按钮等装在功能单元正面。功能单元背面装有主电路一次触头、辅助电路二次插头及接地插头。接地插头可保证抽屉在分离、试验和连接位置时保护导体的连续性。当抽屉门上装有 QSA 型刀熔开关的操作手柄时，只有在手柄扳向"○"位置时，门才可以开启；当手柄指向"▇"时表示开关接通，此时抽屉门不允许打开。当抽屉内装有 TG 型断路器时，它的操作手柄直接安装在断路器盖板上，并有联锁和锁定装置。操作手柄上有联锁机构的释放旋钮。

3. GCS 抽出式低压开关柜

GCS 是原电力部和机械部两部联合设计组研制出的具有较高技术性能指标、能够适应电力市场发展并可与现有引进产品竞争的低压抽出式开关柜。GCS 三个字母的含义是：G—封闭式低压开关柜；C—抽出式；S—森源电气系统。GCS 开关柜适用于发电厂、石油、化工、冶金、纺织、高层建筑等行业的配电系统。在大型发电厂、石化系统等自动化程度高、要求与计算机接口的场所，作为额定电压为 380 V 或 660 V，额定电流为 4 000 A 及以下的发、供电系统中的配电、电动机集中控制、无功功率补偿使用。

1）结构特点

（1）主构架采用 8MF 开口型钢，型钢的侧面有模数为 20 mm 和 100 mm 的 $\phi 9.2$ mm 的安装孔。

（2）主构架装配形式设计为两种：全组装式结构和部分焊接式结构。

（3）柜体空间划分为功能单元室、母线室和电缆室，各隔室相互隔离。

（4）水平母线采用柜后平置式排列方式，以增强母线抗电动力的能力。

（5）电缆隔室的设计使电缆上下进出均十分方便。

2）功能单元

（1）抽屉层高模数为 160 mm，有 1/2 单元、1 单元、3/2 单元、2 单元、3 单元 5 个尺寸系列。单元额定电流 400 A 及以下。

（2）相同功能的抽屉具有良好的互换性。

（3）每台 MCC 柜最多能安装 11 个 1 单元的抽屉或 22 个 1/2 单元的抽屉。

（4）抽屉进出线根据电流大小采用不同片数的同一规格片式结构的接插件。

（5）单元抽屉与电缆室的转接按电流分挡采用相同尺寸棒式或管式结构 ZJ - 1 接插件。

（6）抽屉面板具有分、合、试验、抽出等位置的明显标志。

（7）抽屉单元设有机械联锁装置。

4. MNS 型低压开关柜

MNS 型低压开关柜是按照 ABB 公司转让技术制造的产品，适用于交流 50 ~ 60 Hz，额定工作电压 660 V 及以下的低压配电系统。

1）主要技术参数

额定绝缘电压：660 V。

额定工作电压：380 V、660 V。

额定电流：水平母线（主母线）最大为 5 000 A；垂直母线（配电母线）最大为 1 000 A。

额定短时耐受电流（1 s，有效值）：主母线 30 ~ 100 kA；垂直母线 30 ~ 100 kA。

额定峰值耐受电流：主母线 63 ~ 250 kA（最大值）；垂直母线标准型 90 kA（最大值），加强型 130 kA（最大值）。

防护等级：IP30、IP40、IP54。

2）结构特点

基本框架为组装式结构。柜架的全部结构件都经过镀锌处理（如采用敷铝锌板则无须再镀锌），通过自攻锁紧螺钉或 8.8 级六角螺钉紧固，互相连接成基本柜架。再按主电路方案变化需要，加上相应的门、封板、隔板、安装支架以及母线、功能单元等零部件，组装成一台完整的低压开关柜。开关柜内零部件尺寸、隔室尺寸实行模数化（模数单位 $E = 25$ mm）。

（1）动力配电中心（PC 柜）。

①PC 柜内分成 4 个隔室：水平母线隔室（在柜的后部）、功能单元隔室（在柜前上部或柜前左部）、电缆室（在柜前下部或柜前右边）、控制回路隔室（在柜前上部）。其隔离措施是：水平母线隔室与功能单元隔室、电缆隔室之间用三聚氰胺酚醛夹心板或钢板分隔。控制回路隔室与功能单元隔室之间用阻燃聚氨酯发泡塑料模制罩壳分隔。左边的功能单元隔室与右边的电缆隔室之间用钢板分隔。

②柜内安装的万能式断路器能在关门状态下，实现柜外手动操作，还能观察断路器的分、合状态并根据操作机构与门的位置关系，判断出断路器在试验位置还是在工作位置。

③主电路和辅助电路之间采用分隔措施，仪表、信号灯和按钮等组成的辅助电路安装于塑料板上，板后用一个由阻燃型聚氨酯发泡塑料做成的罩壳与主电路隔离。

（2）抽出式电动机控制中心（抽出式 MCC 柜）。

①抽出式 MCC 柜内分成三个隔室，即柜后部的水平母线隔室、柜前部左边的功能单元隔室和柜前部右边的电缆隔室。水平母线隔室与功能单元隔室之间用阻燃型发泡塑料制成的功能壁分隔。电缆室与水平母线隔室、功能单元隔室之间用钢板分隔。

②抽出式 MCC 柜有单面操作和双面操作两种结构（分别称为单面柜和双面柜）。

③抽出式 MCC 柜有 5 种标准尺寸的抽屉，它们分别是 8E/4、8E/2、8E、16E 和 24E。其中 8E/4 和 8E/2 两种抽屉的结构是用模制的阻燃型塑料件和铝合金型材组成 [4 个 8E/4 或 2 个 8E/2 可拼成一个 8E 高度的间隔，$8E = 8 \times 25 = 200(\mathrm{mm})$]。功能单元隔室的总高度为 72E。也就是说，一个柜子最多可安装 36 个 8E/4 的抽屉。

④5 种标准尺寸的抽屉，一般有 16 个二次隔离触头引出。如果需要除 8E/4 抽屉外，其他 4 种抽屉可增加到 32 个触头。每个静触头的接线端头同时可接 3 根导线。

⑤具有机械联锁装置，只有当主电路和辅助电路全部断开的情况下才可以移除抽屉。机械联锁装置使抽屉具有移动位置、分断位置和分离位置，并用相应的符号标出。

（3）可移式 MCC。

可移式 MCC 柜体结构与抽出式 MCC 基本相同，不同点在于：①功能单元设计成可移式结构，功能单元与垂直母线的连接采用一次隔离触头，即使与其连接的电路是带电的，也可以从设备中完整地取出和放回该功能单元，另一端为固定式结构。②可移式 MCC 的功能单元分为 3E、6E、8E、24E、32E 和 40E 功能单元隔室，总高度也是 72E。

（4）抽屉单元。

MNS 开关柜的抽屉有 8E/4、8E/2、8E、16E 和 24E 共 5 种。抽屉也具有机械联锁装置。8E/4、8E/2 抽屉共有 5 个位置：连接位置（合闸位置）、分断位置、试验位置、移动位置和分离位置。在连接位置，主电路和辅助电路都接通；在分断位置，主电路和辅助电路都断开；在试验位置，主电路断开，辅助电路接通；在移动位置，主电路和辅助电路都断开，抽屉可以推进或拉出。抽屉拉出 30 mm 并锁定在这个位置上，一、二次隔离触头全部断开，这就是分离位置。可见，在连接、分断和试验位置，抽屉均处于锁紧状态，只有在可移动位置时，抽屉才可以移动。这两种抽屉主开关和联锁机构组成一体。

（5）母线系统。

①水平母线安装于柜后独立的母线隔室中，它有两个可供选择的安装位置，即柜高 1/3 或 2/3 处。母线可按需要装于上部或下部，也可以上下两组同时安装，两组母线可单独使用，也可以并联使用。每相母线由 2 根、4 根或 8 根母线并联，母线截面积有 $10 \times 30 \mathrm{~mm}^2$、$10 \times 60 \mathrm{~mm}^2$ 和 $10 \times 80 \mathrm{~mm}^2$ 等几种。

②垂直母线为 50 mm × 30 mm × 5 mm 的 L 形铜母线，它被嵌装于用阻燃型塑料制成的功能壁中，带电部分的防护等级为 IP20。

③中性线（N 线）母线和保护接地线（PE 线）母线平行地安装在功能单元隔室下部和垂直安装在电缆室中。N 线和 PE 线之间如用绝缘子相隔，则 N 线和 PE 线分别使用；两者之间如用导体短接，即成 PEN 线。

（6）保护接地系统。

保护电路由单独装设并贯穿于整个排列长度的 PE 线（或 PEN 线）和可导电的金属结构件两部分组成。金属结构件除外表的门和封板外，其余都经过镀锌处理。在结构件的连接处都经过精心设计，可通过一定的短路电流。

3）主电路方案

主电路有近百种方案（包括相同的主电路，但规格、容量不同的方案）。在同一台柜中，功能单元的一般排列规律是小功能单元在上，大功能单元在下。功能单元（抽屉）的组合为 4 个 8E/4 或 2 个 8E/2 可组成一个 8E 安装单元，2 个 8E/4 和 1 个 8E/2 也可组成一个 8E 单元。

在每台 MCC 柜中需留有适当的备用功能单元，不作为长期运行的功能单元或不专功能单元的空格。

4）空间分配

图 4-26 所示为 MNS 型开关柜外形与空间分配的示意图。

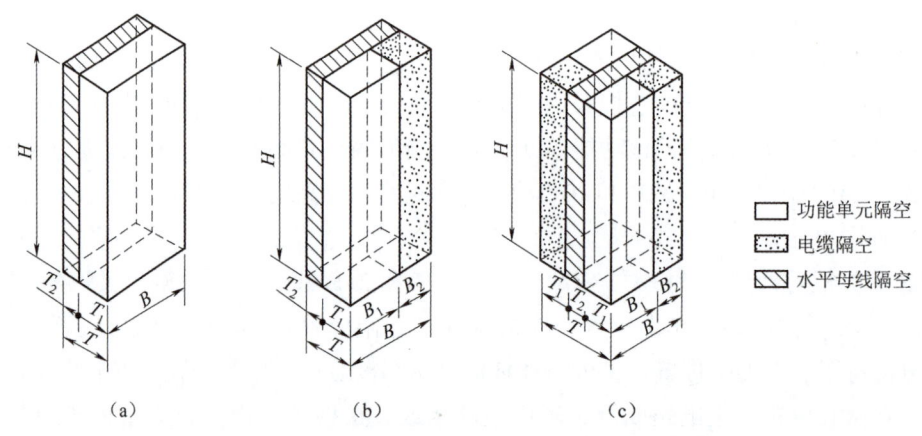

（a）　　　　　　　　（b）　　　　　　　　（c）

□ 功能单元隔空
▨ 电缆隔空
▧ 水平母线隔空

图 4-26　MNS 型开关柜外形与空间分配的示意图

任务实施

低压成套配电设备中开关电器的选择：

1. 工作策略

在学习低压开关柜的主回路、低压开关柜中的一次电气元件及类型、低压开关柜一次电气元件的选择方法等知识后，学会对低压成套配电设备中的开关电器进行选择配置。

2. 工作实施

1）按照本组制订的计划（最佳方案）实施——低压成套配电设备中开关电器的选择

（1）领取工具及材料。

（2）检查工具及材料。

（3）完成低压成套配电设备中开关电器的选择。

2）单低压成套配电设备中开关电器的选择步骤

（1）领取任务书。

（2）检查设计手册。

（3）一次设备的选型。

（4）总结。

拓展阅读

榜样的力量之"听声把脉"的电力设备医生

任务 4.3　低压成套配电设备中开关电器的安装

4.3.1　低压开关柜的辅助电路

低压开关柜中的辅助电路（二次接线、二次回路）主要有断路器操作控制电路、测量（计量）电路、电动机（不可逆和可逆）控制电路、双电源互投控制电路等。

1. 断路器控制电路

1）断路器的操作方式与要求

低压开关电器除容量较大的断路器外，基本上都是在现场手动操作的。对于断路器，它也有多种合闸操作方式，包括直接手柄操作、杠杆操作、电磁操作、电动机操作和电动机储能操作。电磁操作、电动机操作和电动机储能操作属于电动操作，一般只有容量较大或要求远距离操作的断路器才采用电动操作方式。电动机储能操作除可实现远距离操作外，还可用于同步化。完成断路器合闸、分闸任务的电气回路称为控制电路。控制电路按操作电源的种类，可以分为直流操作和交流操作两类。断路器的型号很多，操动机构也多种多样，所以它的控制电路也有许多类型。但是它们的基本要求是相同的：

（1）能手动合闸、分闸，也能由继电保护与自动装置实现自动合闸、分闸。合闸、分闸操作完成后，应能自动切断合闸、分闸电路，以免烧坏分合闸线圈。

（2）能指示断路器合闸、分闸位置状态。断路器在合闸位置时，红色信号灯亮；在分闸位置时，绿色信号灯亮。闪光表示其自动合闸、自动分闸状态。控制电路应有熔断器保护。

（3）能监视控制电路和电源的完好性。

（4）具有机械或电气防跳闭锁装置。

（5）接线力求简单、可靠。

2）电磁操作控制电路

（1）具有防跳功能的交直流电磁铁合闸操作回路。

图 4-27 所示为低压断路器交直流电磁铁合闸操作回路，适用于 200～600 A 的 DW 型断路器。

当利用电磁合闸线圈 YO 进行合闸时，需按下合闸按钮 SB，使合闸接触器 KO 通电，闭合其主触头，使电磁合闸线圈 YO 通电，断路器合闸。但是，电磁合闸线圈 YO 是按短时大功率设计的，允许通电时间不得超 1 s，因此，断路器 QF 合闸后，应立即使 YO 断电。为此，特装设时间继电器 KT，利用其常闭延时触头 KT1-2 来实现这一要求。

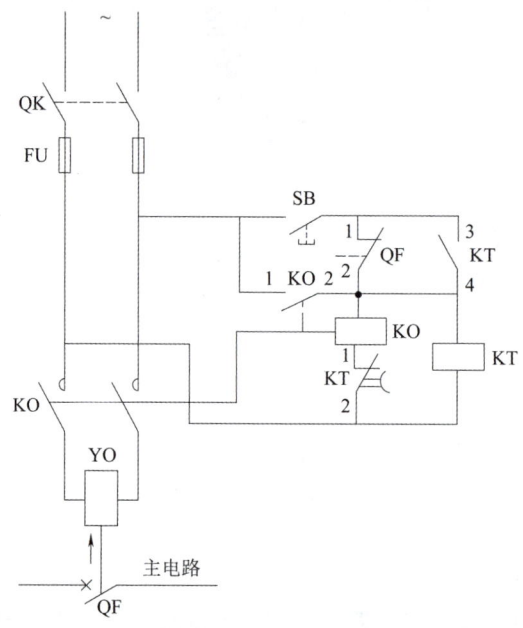

图 4-27 低压断路器交直流电磁铁合闸操作回路

QF—断路器；FU—熔断器；KT—时间继电器；

SB—按钮；KO—合闸接触器；YO—电磁合闸线圈

在按下按钮 SB 时，不仅接触器 KO 通电，而且时间继电器 KT 也通电。这时，与 SB 并联的接触器自锁触头 KO1-2 瞬时闭合，保持 KO 线圈通电，即使按钮 SB 松开也能保持 KO 和 KT 通电，直到断路器 QF 合闸为止。

而时间继电器触头 KT1-2 在 SB 按下、KT 和 KO 通电达 1 s 时自动断开，使 KO 通电，从而保证电磁合闸线圈 YO 通电时间不超过 1 s。

时间继电器 KT 的常开触头是用来防止低压断路器在按钮 SB 的触头被粘住时多次重复合闸于永久性短路上，即防止断路器"跳跃"用的。当 SB 被粘住，而低压断路器又闭合于永久性短路上时，其过电流脱扣器（图上未画出）瞬时动作，使断路器跳闸。这时，即使 SB 接通，并且断路器辅助触头 QF 闭合，但由于时间继电器 KT 的常开触头一直处于闭合状态，使得时间继电器 KT 的线圈一直通电，其延时断开触头一直保持断开，因此接触器 KO 的线圈无法再次通电，从而使断路器不会再次跳闸，达到"防跳"的目的。

断路器的联锁触头 QF1-2 是用来保证操动机构在断路器合闸后不会再次动作。

（2）具有自动合闸功能的交直流电磁铁合闸操作回路。

图 4-28 所示为采用电磁操动机构的控制电路，图中 SA 为控制开关，它带有自复机构，在断路器操作结束后，手柄会自动恢复到原来的中间位置。YR 和 YO 分别是电磁操动机构的分闸线圈和合闸线圈，KO 为合闸接触器。QF1 和 QF2 是断路器的辅助触头，KM 是自动装置的常开触头，KA 是保护出口继电器的常开触头。

手动合闸：将 SA 顺时针方向转至"合闸"位置时，SA2-4 接点接闭合，合闸接触器

KO 线圈得电，常开触头 KO 闭合，合闸线圈 YO 通电，使断路器合闸。合闸后，断路器的辅助常开触头 QF1 断开，切断合闸电源，而常开触头 QF2 闭合。

手动分闸：将 SA 反转至"分闸"位置，SA1 – 3 闭合，分闸线圈 YR 通电，断路器正常分闸。

自动合闸：当自动装置动作时，其出口触头（KM）闭合，断路器自动合闸。

自动分闸：当系统发生短路故障时，继电保护动作，保护出口继电器 KA 常开触头闭合，使断路器分闸。

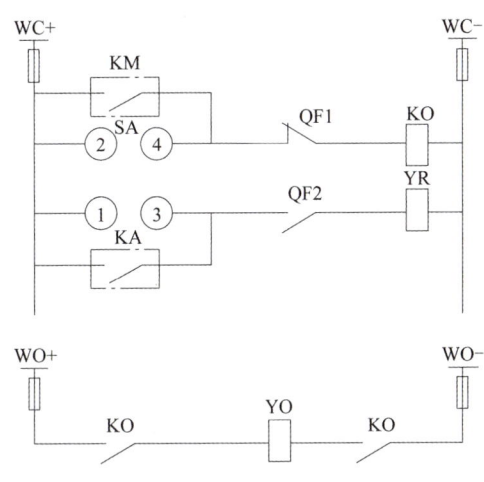

图 4 – 28　采用电磁操动机构的控制电路

WC—直流操作电源；WO—合闸电源；KO—合闸接触器；YO—电磁合闸线圈；
SA—控制开关；KA—继电保护出口触头；KM—自动装置出口触头；YR—跳闸线圈

3）电动机操作控制电路

图 4 – 29（a）、（b）分别所示为低压断路器的直流电动机操作和交流电动机操作控制电路，适用于 1 000 ~ 4 000 A 低压断路器。它们的工作原理与上述图 4 – 27 所示的电磁操作合闸控制电路大体相同，不同之处在于：①为了保证在断路器合闸过程中遇到电动机控制回路发生故障时断路器能够脱扣，设有一个特殊的失电压脱扣器 TS；②为了保证电动机在断路器合闸完毕后能准确自动停转，设有一个限位开关 SQ；③由于有了限位开关 SQ，图 4 – 27 中的时间继电器 KT 在这里可用中间继电器 KM 代替。

断路器合闸时，按下合闸按钮 SB，合闸接触器 KO 线圈通电，其主触头和辅助触头闭合，电动机通电运转，带动断路器合闸。断路器完成合闸后，行程开关（位置开关）SQ 断开，切断合闸电源。中间继电器 KM 起防跳作用。直流操作电源一般为 220 V。

4）电动机储能操作合闸控制电路

这种操作控制方式的原理电路如图 4 – 30 所示。电动机储能操作方式合闸过程分为两步：先按操作按钮 SB1，接触器 KM2 接通，电动机 M 工作，带动弹簧储能；储能完毕，行程开关 SQ 接通，接触器 KM1 动作，KM1 常闭触头分断，断开电动机 M 回路，再操作 SB2，接触器 KM3 及弹簧释能装置线圈 FV 使弹簧机构释放能量，断路器合闸。合闸完成后，断路器辅助触头 QF3 – 4 断开，接触器 KM1、KM2、KM3 失压分断复原。

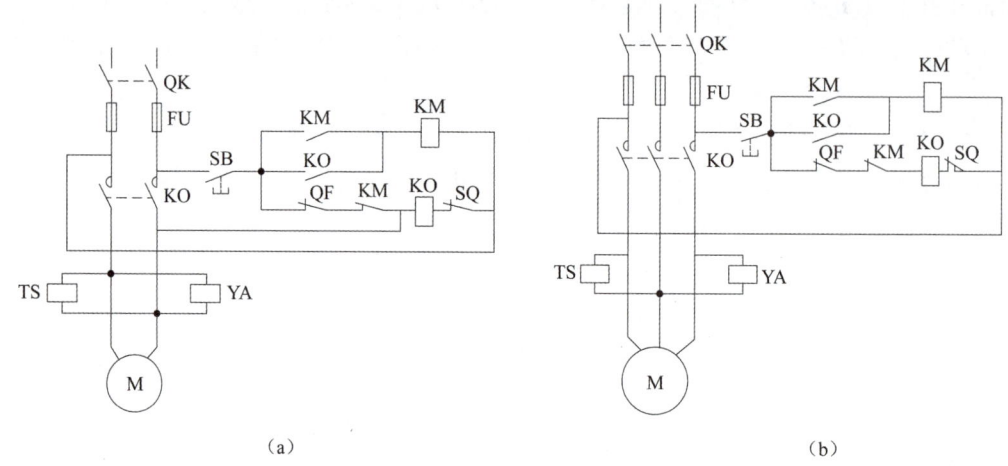

（a） （b）

图 4 – 29 断路器的电动机操作控制电路

（a）直流电动机操作；（b）交流电动机操作

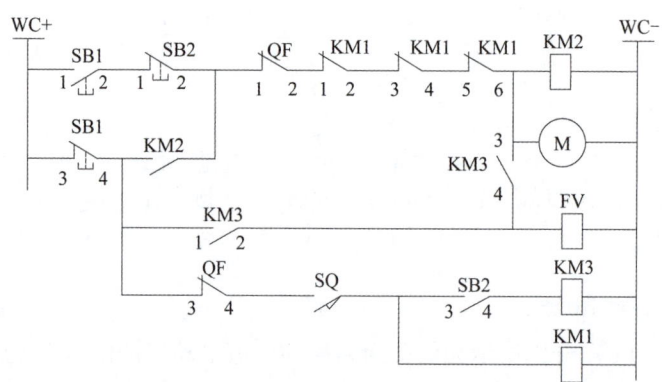

图 4 – 30 断路器的电动机储能操作控制电路

WC—控制电源母线；SB1、SB2—按钮；KM1、KM2、KM3—接触器触点；

M—电动机；QF—断路器辅助触头；SQ—行程开关；FV—弹簧释能装置线圈

2. 双电源互投控制电路

在要求供电可靠性较高的用户变电所中，通常设有两路及以上的电源进线。如果在作为备用电源的线路上装设备用电源自动投入装置（APD），则在工作电源线路突然断电时，利用失电压保护装置使该线路的断路器跳闸，而备用电源线路的断路器则在 APD 作用下迅速合闸，使备用电源投入运行，从而大大提高供电可靠性，保证不间断供电。

图 4 – 31 所示双电源互投原理电路图。假设电源进线 WL1 在工作，WL2 为备用，其断路器 QF2 断开，但其两侧刀开关是闭合的（图上未画出刀开关）。当工作电源 WL1 断电引起失电压保护动作使 QF1 跳闸时，其常开触头 QF1 3 – 4 断开，使原通电动作的时间继电器 KT 断电，但其延时断开触头尚未断开。这时 QF1 的另一常闭触头 1 – 2 闭合，从而使合闸接触器 KO 通电动作，使断路 QF2 的合闸线圈 YO 通电，使 QF2 合闸，投入备用电源 WL2，

恢复供电。WL2 投入后，KT 的延时断开触头断开，切断 KO 的回路，同时 QF2 的联锁触头 1 - 2 断开，防止 YO 长时间通电。

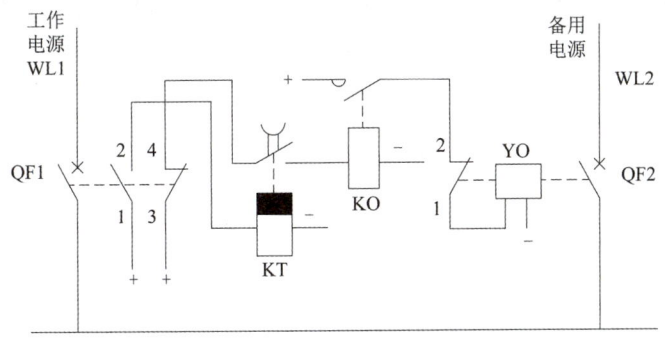

图 4 - 31　双电源互投原理电路图

QF1—工作电源进线 WL1 上的断路器；QF2—备用电源进线 WL2 上的断路器；

KT—时间继电器；KO—合闸接触器；YO—QF2 的合闸线圈

3. 测量与计量回路

1）电流测量电路

电流测量电路如图 4 - 32 所示，图中 TA 为电流互感器，每相一个，其一次绕组串接在主电路中，二次绕组各接一只电流表。三个电流互感器二次绕组连接成星形，其公共点必须可靠接地。

2）电压测量电路

采用一只转换开关和一只电压表测量三相电压的方式，测量三个线电压的电路，如图 4 - 33 所示。工作原理是：当扳动转换开关 SA，使它的 1 - 2、7 - 8 触头分别接通时，电压表测量的是 AB 两相之间的电压 U_{AB}；扳动 SA 使 5 - 6、11 - 12 触头分别接通时，测量的是 U_{BC}；当扳动 SA 使其触头 3 - 4、9 - 10 分别接通时，测量的是 U_{AC}。

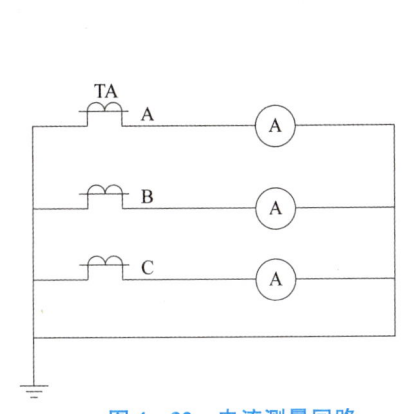

图 4 - 32　电流测量回路

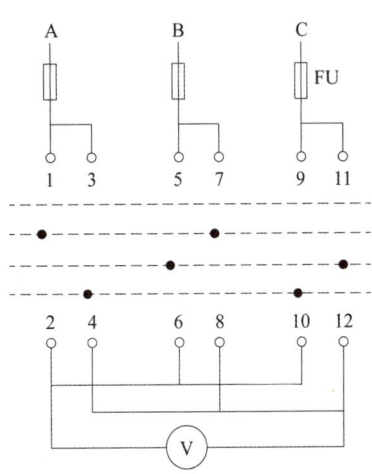

图 4 - 33　电压测量回路

3）低压计量电路

低压电能计量柜通常安装有功电能表和电流表。有功电能表根据低压电网的形式有两种，一种是三相四线电能表，用于三相四线制线路；另一种是三相三线电能表，用于三相三线制线路。

4.3.2 电能表的认识

1. 电能表的作用

计量电源输出或负载消耗的电能。

电能表的安装接线

2. 电能表的分类

（1）按电源分：直流电能表、交流电能表。

（2）按用途分：单相电能表、三相电能表、特种用途电能表、多功能电能表、智能电能表。

（3）按原理分：感应式、机电式和电子式电能表。

（4）按准确度等级分：0.01、0.02、0.05、0.1、0.2S、1、2、3 级电能表。

3. 铭牌

图 4–34 所示为单相电子式电能表和三相电子式电能表的面板。

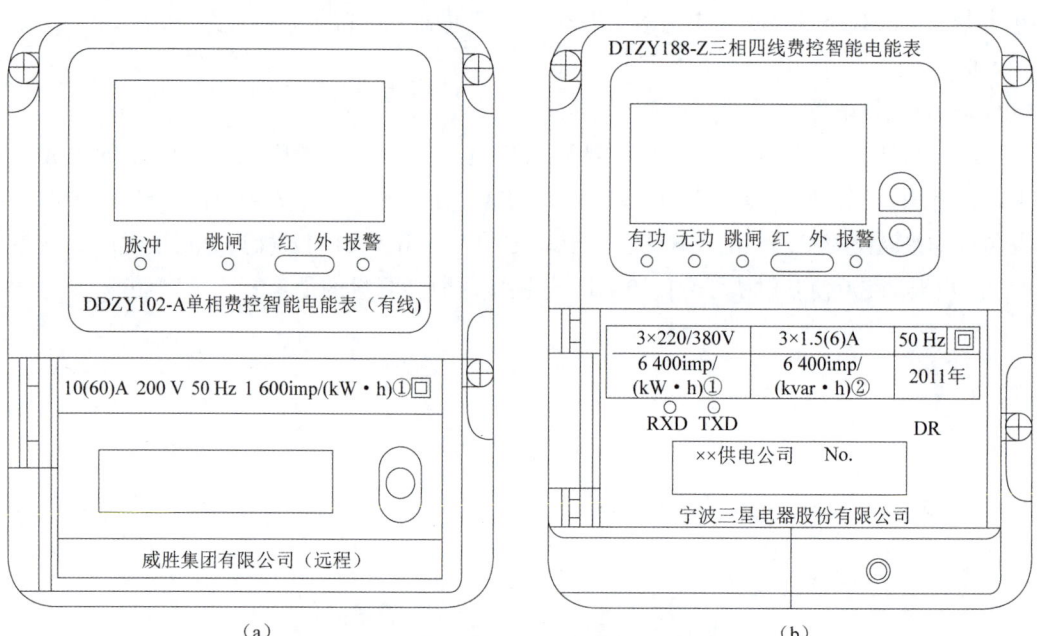

（a）　　　　　　　　　　　　（b）

图 4–34　电子式电能表的面板

（a）单相电子式；（b）三相电子式

1）型号

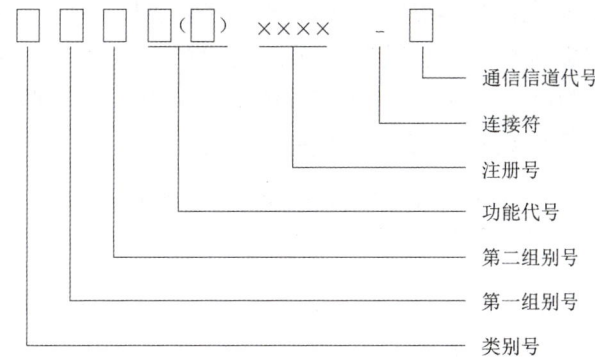

2）规格

（1）参比电压——电能表的额定工作电压。

单相电能表，220 V；

三相四线电能表，$3 \times 220/380$ V，$3 \times 57.7/100$ V。

（2）参比电流——电能表的额定工作电流。

电能表动画

直接接入式：0.3 A、1 A、1.5 A、5 A、10 A、20 A。

经互感器接入式：1.5 A（最大电流宜在参比电流4倍及以上）。

（3）准确度等级：0.2S、0.5S、1、2。

（4）脉冲常数：如 6 400 imp/（kW·h）、6 400 imp/（kvar·h）。

（5）运行条件：参比频率为 50 Hz，参比温度为 23 ℃，参比相对湿度为 40%～60%，绝缘符号"回"表示属绝缘封闭Ⅱ类防护仪表。

4.3.3 单相电子式电能表的接线

单相电子表电能表强电端子接线图如图 4-35 所示。其接线方式是：电流回路与负载串联，电压回路与负载并联；电压回路的相线端子与对应相的电流回路同名端，共同接在电源侧。如果把从电源到电能表叫"进"，从电能表到负载叫"出"，则图 4-35 中电能表的接线方法可称为"1、3进，2、4出"。

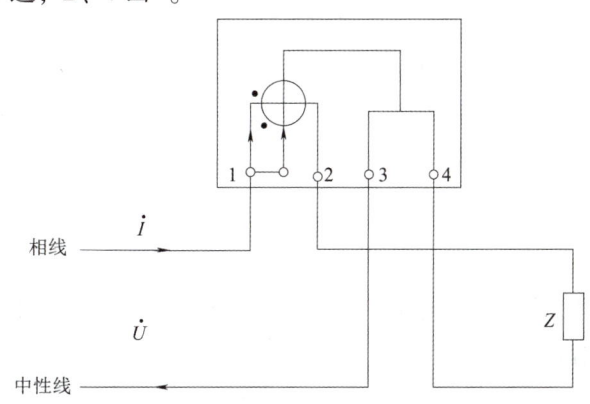

图 4-35 单相电子式电能表强电端子接线图

单相电能表的接线盒小盖反面都会印有电能表的接线图，如图 4 - 36 所示。下半部分是强电端子接线图，上半部分是各类功能接口的弱电端子位置图；表 4 - 4 所示为强、弱电端子的含义注解：跳闸控制端子 5、6 完成费控功能；脉冲接线端子 7、8 输出脉冲，供校验电能表用；多功能输出口接线端子 9、10 供电能表时钟、程序等参数设定用；RS485A、B 接线端子是连接电能表与采集器或集中器，完成通信用的。

表 4 - 4　单相电子式电能表的端子

序号	端子	序号	端子
1	相线接线端子	7	脉冲接线端子
2	相线接线端子	8	脉冲接线端子
3	中性线接线端子	9	多功能输出口接线端子
4	中性线接线端子	10	多功能输出口接线端子
5	跳闸控制端子	11	RS485A 接线端子
6	跳闸控制端子	12	RS485B 接线端子

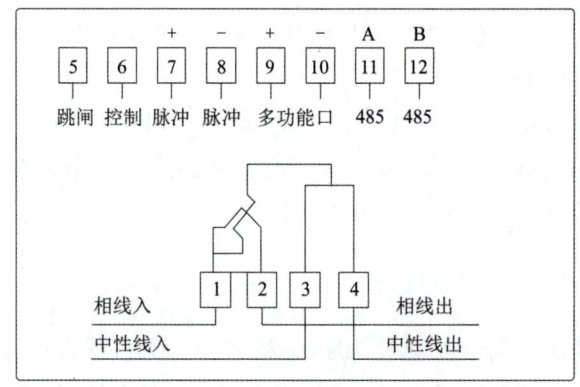

图 4 - 36　表盖内接线图

任务实施

低压成套配电设备中开关电器的安装：

1. 工作策略

在学习低压开关柜的辅助电路、低压开关柜中辅助电路的电气元件等知识后，掌握单相电能表、三相电能表的安装工艺流程。

2. 工作实施

1）按照本组制定的计划（最佳方案）实施——单相电能表的安装

（1）领取工具及材料。

（2）检查工具及材料。

（3）画出安装接线图。

（4）按图纸完成单相电能表的安装。

2）单相电能表的一般安装步骤

（1）画出安装接线图。

（2）选择材料和工具。

（3）根据图纸完成单相电能表的安装。

拓展阅读

榜样的力量之王琳琳：巾帼英姿展芳华

测一测

模块四测一测

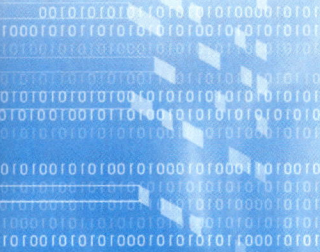

模块五

楼宇照明系统

模块介绍

本模块主要是让同学们认识照明光源的类型、常用灯具类型；知道光通量、发光强度、照度、亮度等物理量的概念；能够根据照明场所初步设计灯具的布局方案并正确安装灯具，会计算照度；掌握照明配电系统的组成，并能正确识读照明配电系统图；知道低压漏电保护器的结构和功能，并能正确安装；清楚等电位连接的概念，能够区分 MEB 和 LEB。

知识目标

1. 理解光通量、发光强度、照度、亮度等物理量的概念。
2. 清楚照明配电系统的组成。
3. 知道低压漏电保护器的结构和功能，理解等电位连接。

能力目标

1. 能够正确区分光源的类型、灯具类型。
2. 会设计灯具的布局方案并正确安装灯具，会计算照度。
3. 能正确识读照明配电系统图。

素质目标

1. 培养学生自主探究学习能力。
2. 培养学生团队合作意识。
3. 培养学生敬业、专注、创新的工匠精神。

任务 5.1　照明配电系统的设计

相关知识

5.1.1　照明技术的有关概念

照明按光源性质分，有自然照明（即天然采光）和人工照明两大类。电气照明由于其灯光稳定、光色多样、控制调节方便和安全经济等优点，因而成为现代人工照明中应用最为广泛的一种照明方式。

实践证明，良好的照明条件是保证安全生产及正常生活、提高工作和学习效率、提高产品质量和生活质量、保障人们健康的必要措施。因此电气照明的合理设计对整个人类社会具有十分重要的作用。

电光源类型的选择，应依据照明的要求和使用场所的特点而定，并应尽量选择高效、长寿的光源。我国已经提出"绿色照明"（Green Lights）的概念，即在不降低照明质量的前提下，节约照明用电，提高资源的利用率，从而减少因发电而产生的"三废"，达到保护环境的目的。绿色照明是人类可持续发展战略在照明技术中的具体体现。"中国绿色照明工程"内容：制定我国的"绿色照明"法规和条例；采用发光效率高，光色好、寿命长、性能稳定的电光源；采用功率损耗小且对人身和环境无污染的附件；采用光能利用率高且安全美观的照明灯具；采用电能损耗低、使用寿命长的配电器材和节能的调光控制设备等。

5.1.2　照明装置

1. 电光源的类型

将电能转换成光学辐射能的器件，称为电光源，而用作照明的称为照明电光源。目前，使用的电光源，按其工作原理可以分为两类：

照明设备选择和
照明系统设计

1）固体发光光源

利用适当的固体与电场相互作用而发光的光源称为固体发光光源，包括热辐射光源、场致发光光源、半导体发光器件。热辐射是指利用电能使物体加热到白炽程度而发光的光源，如白炽灯、卤钨灯。场致发光光源是指利用砷化镓面结型二极管加正向偏压作为有效的辐射光源，简称发光二极管 LED。

2）气体放电发光光源

利用气体或蒸气的放电而发光的光源称为气体放电光源，分为弧光放电灯和辉光放电灯。弧光放电灯主要利用正柱区的光，根据正柱区的气体压力分为低气压弧光放电灯和高气压弧光放电灯，如荧光灯、低压钠灯、荧光高压汞灯、高压钠灯、金属卤化物灯、高压氙灯等。辉光放电灯主要利用负辉区的光或正柱区的光，如霓虹灯、氖灯。

2. 电光源的选用

电光源的选用首先要满足照明设施的使用要求（照度、显色性、色温、启动、再启动时间等），其次要按环境条件选用，最后综合考虑初期投资与年运行费用。

（1）根据照明设施的目的与用途来选择光源。

（2）按照环境的要求选择光源。

（3）按照投资与年运行费用选择光源。

选用高光效的光源，可以减少初期投资和年运行费用；选用长寿命光源，可减少维护工作，使运行费用降低，特别对高大厂房、装有复杂的生产设备的厂房、照明维护工作困难的场所来说，这一点显得更加重要。

3. 室内灯具的悬挂高度

室内灯具不能悬挂过高，如悬挂过高，一方面降低了工作面上的照度，而要满足照度要求，势必增大光源功率，不经济；另一方面运行维修（如擦拭或更换灯泡）也不方便。室内灯具也不能悬挂过低，如悬挂过低，一方面容易被人碰撞，不安全；另一方面会产生眩光，降低人的视觉。

4. 室内灯具的布置

室内灯具的布置，与房间的结构及对照明的要求有关，既要实用经济，又要尽可能地协调美观。

室内一般照明灯具，通常有两种布置方案：

（1）均匀布置。灯具在整个车间内均匀分布，其布置与生产设备的位置无关，如图 5-1（a）所示。

（2）选择布置。灯具的布置与生产设备的位置有关。大多按工作面对称布置，力求使工作面获得最有利的光照并消除阴影，如图 5-1（b）所示。

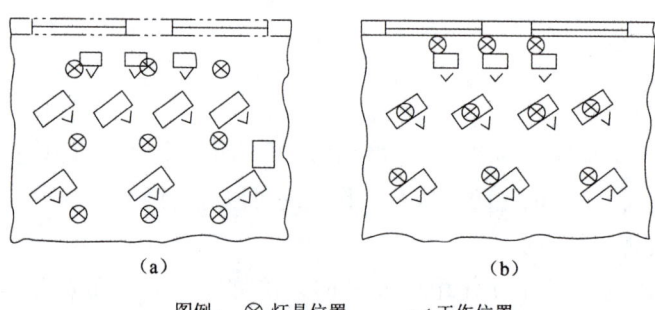

（a）　　　　　　　　　（b）

图例：　⊗ 灯具位置　　∨ 工作位置

图 5-1　布置方案

（a）均匀布置；（b）选择布置

由于均匀布置较之选择布置更为美观，且使整个房间的照度较为均匀，所以在既有一般照明又有局部照明的场所，其一般照明宜采用均匀布置。

均匀布置的灯具可有两种排列方式：①灯具排列成矩形（含正方形），如图 5-2（a）所示。矩形布置时，应尽量使 l 与 l' 相接近。②灯具排列成菱形，如图 5-2（a）所示。等边三角形的菱形布置，即 $l' = \sqrt{3}\,l$ 时，照度分布最为均匀。

为了使工作面上获得较均匀的照度，灯间距离 l 与灯具在工作面上的悬挂高度 h 之比（简称距高比）一般不宜超过各类灯具所规定的最高距高比。例如 GC1-A、B-2G 型，工厂配照灯的最大允许距高比为 1.35，其余灯具的最大距高比可查有关设计手册或产品样本。

最边缘一列灯具离墙的距离 l'' ［见图 5-2（b）］为：靠墙有工作面时，可取 $l'' = (0.25 \sim 0.3)l$；靠墙为通道时，可取 $l'' = (0.4 \sim 0.6)l$；其中 l 为灯具间距离，

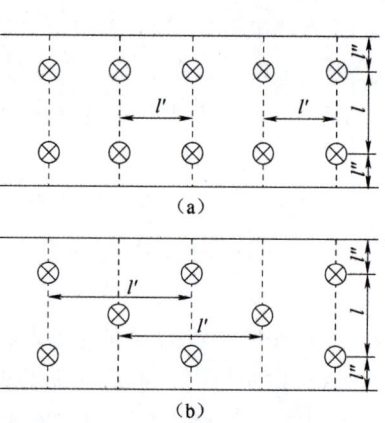

图 5-2　均匀布置的灯具排列

（a）矩形布置；（b）菱形布置

注：虚线表示桁架

对于矩形布置，灯间距离可取其纵向和横向的几何平均值。

5.1.3 照度计算

1. 照度标准

为了创造良好的工作条件，提高工作效率和工作质量（含产品质量），保障人身安全，工作场所及其他活动环境的照明必须有足够的照度。

照度标准值的分级为：0.5 lx、1 lx、3 lx、5 lx、10 lx、15 lx、20 lx、30 lx、50 lx、75 lx、100 lx、150 lx、200 lx、300 lx、500 lx、750 lx、1 000 lx、1 500 lx、2 000 lx、3 000 lx、5 000 lx 等。

2. 照度的计算

在灯具的形式、悬挂高度及布置方案初步确定后，就应该根据初步拟定的照明方案计算工作面上的照度，检验是否符合照度标准的要求；也可以在初步确定灯具形式和悬挂高度之后，根据工作面上的照度标准要求来确定灯具数目，然后确定布置方案。

照度的计算方法，有利用系数法、概算曲线法、比功率法和逐点计算法等。前三种计算法只用于计算水平面上的照度，其中概算曲线法实质是利用系数法的实用简化；而后一种则可用于计算任一倾斜面包括垂直面上的照度。限于篇幅，只介绍计算水平面照度的利用系数法和概算曲线法。

1）概念

利用系数（用 μ 表示）是指照明光源投射到工作面上的光通量与全部光源发出的光通量之比，表征光源的光通量有效利用的程度。

计算公式为

$$\mu = \Phi_e / n\Phi$$

式中，Φ_e 为投射到工作面上的总光通量；Φ 为每盏灯发出的光通量；n 为灯的个数。

利用系数 μ 与下列因素有关：

（1）与灯具的形式、光效和配光曲线有关。灯具的光效越高，光通量越集中，利用系数也越高。

（2）与灯具的悬挂高度有关。悬挂越高，工作面上反射的光通量越多，利用系数也越高。

（3）与房间的面积和形状有关。房间的面积越大，越接近于正方形，工作面上直射的光通量越多，利用系数也越高。

（4）与墙壁、顶棚和地面的颜色和洁污情况有关。其颜色越浅，越洁净，其反射比越大，反射光通量越多，因此利用系数也越高。

2）利用系数值的确定

利用系数的值可按墙壁和顶棚的反射系数 ρ 及房间的室空间比（受照空间特征）RCR（Room Cabin Rate）来确定（查有关设计手册）。

室空间比 RCR 是表征受照房间空间特征的一个参数，按下式计算：

$$RCR = \frac{5h_{RC}(a+b)}{a \cdot b}$$

式中，h_{RC} 为室空间高度，即灯具离工作面的高度；a、b 为房间的长、宽。

受照房间按照明情况不同可分为顶棚空间、室空间和地板空间三部分，如图 5-3 所示。对于装设吸顶式或嵌入式灯具的房间，则不存在地板空间。

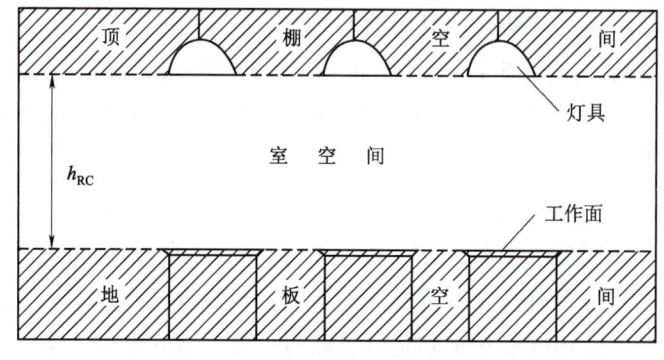

图 5-3 受照房间

3）按利用系数法计算工作面上的平均照度

由于灯具在使用期间，光源本身的光效率要逐渐降低，灯具也会陈旧脏污，受照场所的墙壁、顶棚也有污损的可能，从而使工作面上的光通量有所减少，因此在计算工作面上实际的平均照度时，应计入一个 <1 的"减光系数"（Light Loss Factor，LLF，又称"维护系数"），如表 5-1 所示。

表 5-1 减光系数值

环境污染特征	类 别	灯具每年擦洗次数	减光系数
清洁	仪器仪表的装配车间、电子元器件的装配车间、实验室、办公室、设计室	2	0.8
一般	机械加工车间、机械装配车间、织布车间	2	0.7
污染严重	锻工车间、铸工车间、碳化车间、水泥厂球磨车间	3	0.8
室外	道路和广场	2	0.7

工作面上实际的平均照度 E_{av} 按下式计算：

$$E_{av} = \mu Kn\Phi/A$$

式中，K 为减光系数；μ 为利用系数；n 为灯的个数；Φ 为每盏灯的光通量；A 为受照工作面面积（矩形房间即为长宽乘积）。

如果已知工作面上的照度标准值即 E_{av}，并已确定灯具形式及光源类型、功率时，则可由下式确定灯具数：

$$n = \frac{E_{av}A}{\mu K\Phi}$$

利用系数法的计算步骤：

（1）根据灯具的布置，确定室空间高度；

（2）计算室空间比 RCR；

（3）确定反射系数；

（4）确定利用系数 μ（由 RCR 值和反射系数查手册）；

（5）根据有关手册查出布置灯具的光通量 Φ；

（6）根据有关手册查出减光系数 K；

（7）计算平均照度和实际平均照度。

5.1.4 照明供配电系统

1. 照明供配电系统及应急照明供电方式

照明供配电系统一般由接户线、进户线、总配电箱、配电干线、分配电箱、支线和用电设备（灯具、插座等）所组成，如图 5-4 所示。

照明系统的设计

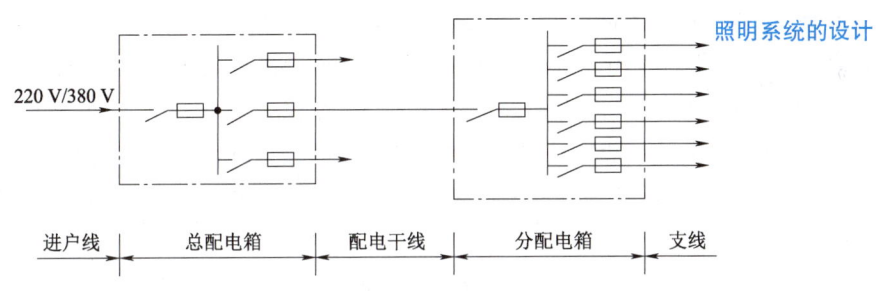

图 5-4 照明供配电系统

照明供配电系统有放射式、树干式和混合式等接线方式。放射式接线的供电可靠性较高，但耗用的导线材料及控制保护设备较多，投资较大。树干式接线比较经济，但可靠性较差。实际的照明系统一般为混合式接线，如图 5-5 所示。

照明系统的设计

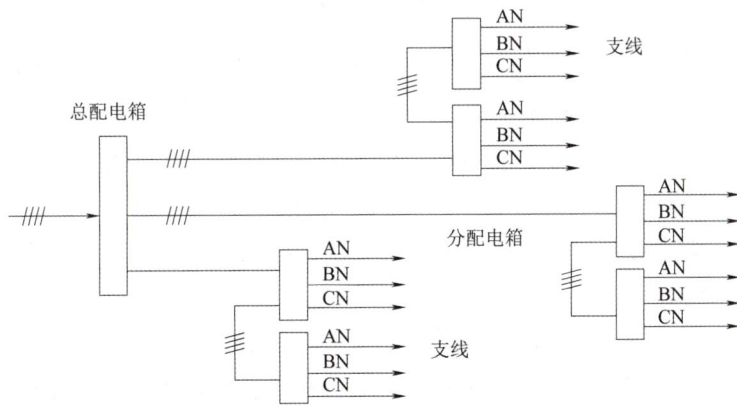

图 5-5 混合式照明供配电系统

电气照明按照明地点分，有室内照明和室外照明两大类。按照明方式分，有一般照明和局部照明两大类。一般照明是不考虑局部的特殊需要，只为照亮整个场地而设置的照明。局部照明是为满足某些部位（如工作面）的特殊需要而设置的照明，例如工作台上的台灯和机床上的局部照明灯等。工厂的多数车间都采用由一般照明和局部照明组成的混合照明。

电气照明按用途分，有正常照明、应急照明、值班照明、警卫照明和障碍照明等。正常照明是指在正常情况下使用的室内外照明。应急照明（以往称为"事故照明"）是指因正常照明的电源发生故障而启用的照明。应急照明又分备用照明、安全照明和疏散照明。备用照明是用以确保正常活动继续进行的应急照明。安全照明是用以确保处于潜在危险之中的人员安全的应急照明。疏散照明是用以确保安全出口通道能被有效地辨认和应用、使人员能安全撤离的应急照明。

2. 照明线路导线及控制保护设备的选择

1）照明线路导线的选择

GB 50096—2019《住宅设计规范》规定，住宅线路应采用铜芯绝缘线，每套住宅的进户线截面积不应小于10 mm²，其分支回路导线截面积不应小于2.5 mm²。因此室内照明线路一般应采用芯线截面积不小于 2.5 mm² 的铜芯绝缘线（通常采用铜芯塑料线）敷设。而 2.5 mm² 的铜芯塑料线穿管的允许载流量在 14 A 以上，从发热条件考虑，可接用白炽灯 100 W 达 30 个，因此一般室内照明线路无须进行发热校验。由于室内照明线路不长，一般也无须进行电压损耗校验。但对于线路较长的照明干线和室外照明线路，则宜进行必要的选择校验。

按 GB 50034—2022 规定，灯的端电压一般不宜高于其额定电压的 105%，同时不宜低于其额定电压的下列数值：一般工作场所为 95%；远离变电所的小面积一般工作场所的照明难于满足 95% 时，可降到 90%；应急照明和采用安全特低电压供电的照明，可为 90%。

由于照明光源对电压水平要求较高，所以照明线路导线通常先按允许电压损耗进行选择，再校验发热条件和机械强度。

均一照明线路按允许电压损耗选择导线截面积的公式为

$$A = \sum M / C \Delta Ual\%$$

式中，C 为计算系数，可查表；$\sum M$ 为线路中的有功功率矩 P_1 之和（单位 kW · m）。

2）照明线路控制设备的选择

公共建筑和工业建筑的走廊、楼梯间、门厅等公共场所的照明线路，宜采用集中控制并按建筑使用条件和天然采光状况采取分区、分组控制措施。

体育馆、影剧院、候机厅、候车厅等公共场所，应采用集中控制，并按需要采取调光或降低照度的控制措施。

旅馆的每套（间）客房的照明，应设置节能控制型总开关。

居住建筑有天然采光的楼梯间、走道的照明，除应急照明外，宜采用节能自熄开关。

每一个照明开关所控制的灯具数不宜太多。每个房间灯的开关数不宜少于 2 个（只设置 1 只光源的除外）。

房间或场所装设有两列或多列灯具时，应按下列方式分组控制：

（1）所控灯列与侧窗平行。

（2）生产场所按车间、工段或工序分组。

（3）电化教室、会议厅、多功能厅、报告厅等场所，按靠近或远离讲台分组。

有条件的场所，宜采用下列控制方式：

（1）天然采光良好的场所，采用按该场所照度自动开关灯或自动调光。

（2）个人使用的办公室，采用人体感应或动静感应等方式自动开关灯。

（3）旅馆的门厅、电梯大堂和客房层走廊等场所，采用夜间定时降低照度的自动调光装置。

（4）大中型建筑，按具体条件采用集中或分散的、多功能或单一功能的自动控制系统。

3）照明线路保护装置的选择

照明线路可采用熔断器或低压断路器进行短路和过负荷保护，其保护装置的选择可参看表 5 - 2，其中保护装置电流，对熔断器为熔体额定电流，对低压断路器为过电流脱扣器脱扣电流。

表 5 - 2　照明线路保护装置的选择

保护装置类型	保护装置电流/照明线路计算电流		
	白炽灯、卤钨灯、荧光灯、金属卤化物灯	高压汞灯	高压钠灯
RL1 型熔断器	1	1.3 ~ 1.7	1.5
RC1A 型熔断器	1	1.0 ~ 1.5	1.1
带热脱扣器低压断路器	1	1.1	1
带瞬时脱扣器低压断路器	6	6	6

必须注意：用熔断器保护照明线路时，熔断器应安装在相线上，而在 PE 线和 PEN 线上不能安装熔断器。用低压断路器保护照明线路时，其过电流脱扣器应安装在相线上。

4）照明供配电系统的电气安装图

照明供电系统图是用国家标准规定的电气简图符号概略地表示电气照明供电系统的一种简图，属一种电气安装图样。

绘制照明供电系统图必须注意以下几点：

（1）照明供电系统图的设计与绘制，必须遵循有关规范标准的规定，并结合设计对象的照明要求，合理布线。

（2）照明供电系统图一般采用单线图形式绘制，并在单线表示的线路上用短斜线加数字或数根短斜线标示出该线路的导线根数，如图 5 - 6 （a）所示。如果已另用虚线表示出 N 线、PE 线或 PEN 线时，则只在单线表示的相线上用短斜线标示出相线的导线根数，如图 5 - 6 （b）所示。必要时，照明供电系统图也可用多线图绘制，如图 5 - 6 （c）所示。

（3）用单线图绘制的照明供电系统图，通常着重表示其进出线，而线路上的控制和保护设备不一定一一绘出。用多线图绘制的照明供电系统图，通常全部绘出线路上的控制和保护设备。

（4）照明供电系统应在对应的线路侧或元件的图形符号旁，标注出线路和元件的型号、规格和安装方式等。对单相线路，宜标示其相序代号 A、B、C 或 AN、BN、CN 等。

（5）照明供电系统图上标注的各种文字符号和编号，应与对应的照明平面布置图上标注的文字符号和编号相一致。

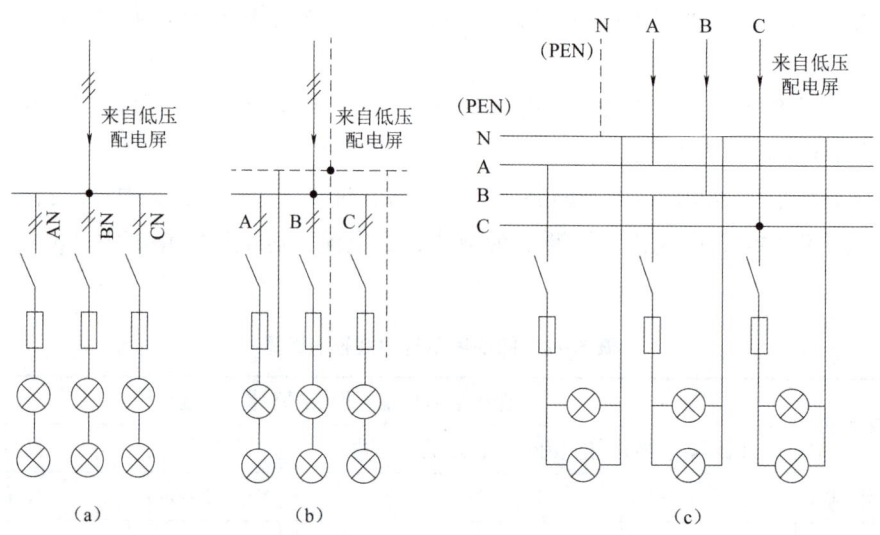

图 5-6 照明供电系统图（示例）

（a）用单线图绘制；（b）相线采用单线图；（c）用多线图绘制

5）照明平面布置图的绘制

照明平面布置图又称"照明平面布线图"或"照明平面图"。它是用国家标准规定的建筑和电气平面图图形符号及有关文字符号，表示照明区域内照明灯具、开关、插座及配电箱等的平面位置及其型号、规格、数量和安装方式、部位，并表示照明线路走向、敷设方式及导线型号、规格、根数等的一种技术图样。照明平面图与照明系统图一样，都属于电气安装图样，是照明线路安装的重要依据。

照明平面布置图上的照明线路通常都绘成单线图，并用短斜线在单线表示的线路上标示出导线的根数（两根导线的单相线路一般不标），如图 5-7（a）所示。它所对应的原理性多线图，如图 5-7（b）所示。但按有关安装规程规定，线槽布线和穿管布线的导线，中间不得有接线和接头，接线和接头必须经过专门的接线盒，接头均在开关接线盒内，如图 5-7（c）所示。由此可见，照明平面图上所表示的导线根数通常是按构成照明回路所需的基本导线根数来表示的。

必须注意：照明线路的控制开关一般应装在相线上，如图 5-7（b）、（c）所示。装有开关的相线，称为照明回路的"受控线"。当开关断开时，由于受控线为相线，因此灯具的灯头上就完全断电，从而装卸灯泡和清扫灯具时都比较安全，无触电危险。

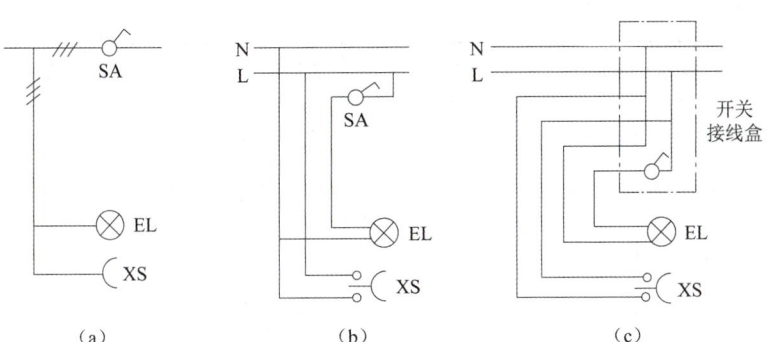

图 5 – 7　照明平面图上的照明线路

（a）照明平面图采用的单线图；（b）原理性多线图；（c）实际的接线图（线路接头必须通过接线盒）

EL—电灯；XS—插座；SA—开关

图 5 – 8 所示为机械加工车间一般照明的电气平面布置图（只绘出车间一角）。

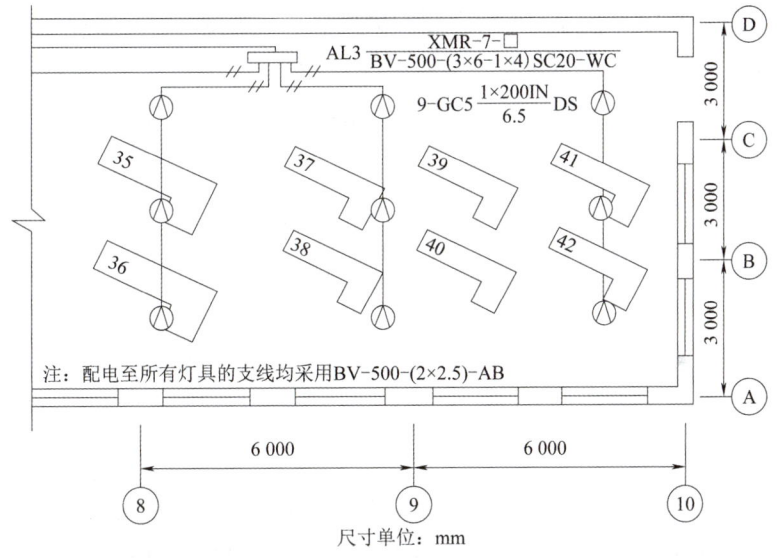

图 5 – 8　机械加工车间（一角）一般照明的电气平面布置图

照明平面布置图上有关设备和安装方式的文字符号及标注方法，查阅建筑电气工程设计手册关于光源类型，GB/T 4728—2018 中已有明确规定，如果要求指出光源（灯）类型，则在靠近灯的图形符号旁标以下列代号：IN—白炽灯，FL—荧光灯，Hg—汞灯，Na—钠灯，I—碘（钨）灯，ARC—弧光灯等。关于灯具安装方式的标注如表 5 – 3 所示。

表 5 – 3　灯具安装方式的标注

安装方式	英文含义	文字符号	安装方式	英文含义	文字符号
线吊式	Wire suspension type	SW	顶棚内安装	Recessed in ceiling	CR

续表

安装方式	英文含义	文字符号	安装方式	英文含义	文字符号
链吊式	Catenary suspension type	CS	墙壁内安装	Recessed in wall	WR
管吊式	Conduit suspension type	DS	支架上安装	Mounted on support	S
壁装式	Wall mounted type	W	柱上安装	Mounted on column	CL
吸顶式	Ceiling mounted type	C	座装	Holder mounting	HM
嵌入式	Flush type	R			

在照明平面图上，还可在灯具行号旁标注该处工作面上的设计照座（平均照座）。

为了施工方便，照明平面图上的多相线路中的灯具或灯管，可在灯的符号旁边加注其安装的相序代号（A、B、C）。为了消除荧光灯频闪效应的影响，每一管应接在不同的相线上。在分配各灯管的相序时，应力求使各相的负荷功率均衡分配，且使各相的电压降大体相等，如图 5-9 所示。

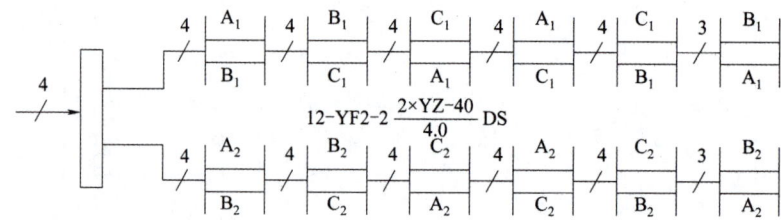

图 5-9 安装双管荧光灯具（YG2 型）的车间照明平面布线图

任务实施

案例：有一机械加工车间长为 32 m，宽为 20 m，高为 5 m，柱间距 4 m，工作面高度为 0.75 m。采用 GC1-A-1 型工厂配照灯（电光源型号为 PZ220-150）作车间的一般照明。车间的顶棚有效反射比 ρ_c 为 50%，墙壁的有效反射比 ρ_w 为 30%，试确定灯具的布置方案，并计算工作面上的平均照度和实际平均照度。该车间的照度标准为 75 lx。

任务实施过程：

宇照明任务实施

拓展阅读

中国绿色照明工程实施方案

测一测

模块五测一测

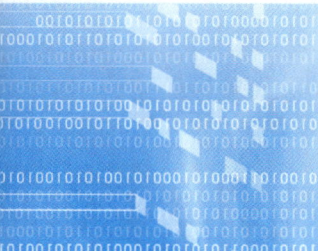

模块六

线路敷设

模块介绍

本模块主要介绍了三部分内容，分别是室内配电装置和电气设备的安装，如母线的加工与安装、变压器的安装与调整、隔离开关的安装与调整和真空断路器的安装；架空线路施工，如架空线路的构成、绝缘子和横担的安装、导线在绝缘子上的固定、避雷器的安装、跌落式熔断器的安装和拉线的制作与安装；电缆线路施工，如电缆线路的敷设和电缆头的制作与安装。

知识目标

1. 正确理解室内配电装置和电气设备的种类、工作原理及结构。
2. 掌握架空线路的构成和各部分功能。
3. 掌握电缆线路的敷设方式和电缆头的作用。

能力目标

1. 能够掌握常见室内配电装置和电气设备的安装。
2. 掌握架空线路施工中各环节的技术要点。
3. 掌握电缆线路施工电缆头的制作与安装。

素质目标

1. 培养学生树立安全文明生产的意识。
2. 培养学生爱岗敬业精神和团队合作意识。
3. 培养学生规范有序、细致严谨的工作态度。

任务6.1 室内配线施工

6.1.1 母线的加工与安装

1. 母线的作用

母线用于变电所中各级电压配电装置的连接，以及变压器等电气设备和相应配电装置的连接，大都采用矩形或圆形截面的裸导线或绞线，这统称为母线。母线的作用是汇集、分配和传送电能。由于母线在运行中，有巨大的电能通过，短路时承受着很大的发热和电动力效应，因此，必须合理地选用母线材料、截面形状和截面积以符合安全经济运行的要求。

母线的加工与安装

2. 母线的分类

母线按外形和材质，大致分为三类：

（1）硬母线：包括矩形母线、圆形母线、管形母线等；

（2）软母线：包括铝绞线、铜绞线、钢芯铝绞线、扩径空心导线等；

（3）封闭母线：包括共相母线、分相母线等。

3. 母线的配置要求

（1）尽量对称一致、横平竖直、整齐美观。同一工程相同柜型的铜排走向必须一致，并便于产品的内部维修。

（2）母线在柜内排列的顺序应符合表6-1的规定（从设备正面观察）。

表6-1 母线在柜内排列的顺序

母线在柜中	垂直排列	水平排列	前后排列	色标
A	上	左	远	黄
B	中	中	中	绿
C	下	右	近	红
中性线	最下	最右	最近	淡蓝
保护中性线	最下	最右	最近	黄绿相间

4. 母线的加工与安装

1）工艺流程

（1）铜母线制作流程：

调直整平→下料、冲孔→去毛刺→弯曲→镀锡或搪锡→（根据工程需要安装热缩套管）→母线安装（搭接面擦干净）→贴相序色标。

（2）铜芯绝缘线制作流程：

下料→剥线→冷压端头→安装。

2）母线下料

母线下料前应进行校正、校直处理。铜铝母线不得用铁锤直接敲打，可用木槌敲打，但不允许有明显的锤击印痕。材料切断时，剪切面必须平直，并且用锉刀清除边缘的毛刺。

3）母线的弯曲

母线折弯的技术指标（R 指母线最小弯曲半径）如表6-2所示。

表 6 - 2　母线折弯的技术指标

母线种类	弯曲种类	母线截面 $a \times b$ mm^2	最小弯曲半径		
			铜	铝	钢
矩形母线	平弯	50×5 及其以下	$2a$	$2a$	$2a$
		125×10 及其以下	$2a$	$2.5a$	$2a$
	立弯	50×5 及其以下	$1b$	$1.5b$	$0.5b$
		125×10 及其以下	$1.5b$	$2b$	$1b$
棒形母线	—	直径为 16 及以下	50	70	50
		直径为 30 及以下	150	150	150

母线扭弯时，其扭转部分长度应为母线宽度的 2.5 ~ 5 倍，如图 6 - 1 所示。

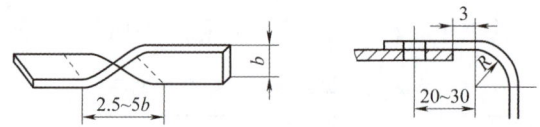

图 6 - 1　母线的弯曲规格

与电气设备接线端子或主母线连接的母线，分支母线在弯曲时，其弯曲部分距电气设备接线端子或主母线边缘部分的距离不应小于 3 mm，连接孔中心距母线弯曲部分不应小于 20 ~ 30 mm，如图 6 - 1 所示。

母线的搭接部分的尺寸以及距支持绝缘子的边缘（或母线夹）之间的距离不应小于 50 mm，上片母线端头与下片母线平弯开始处的距离不应小于 50 mm，如图 6 - 2 所示。

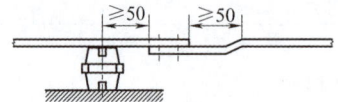

图 6 - 2　母线的连接

4）矩形母线的安装检查（表 6 - 3）

表 6 - 3　矩形母线的安装检查

工序	检验项目		性质	质量标准	检验方法及器具
母线加工配置	外观检查	表面检查		光洁、无裂纹褶皱	观察检查
		外形检查		平直、无变形扭曲	对照规范用尺检查
	螺接面加工	搭接面长度	主要	按 GBJ 149—2010 规定	用尺检查
		螺孔布置及规格	主要		观察检查
		螺孔间中心距误差		±0.5 mm	钢尺测量

续表

工序		检验项目	性质	质量标准	检验方法及器具
母线加工配置	螺接面加工	端面外观		平直光洁、无尖角毛刺	观察检查
		接触面平直度		平整、无局部凹陷	钢尺测量
		接触面断面减少量	主要	铜 W3%；铝 W5%	游标卡尺检查
		允许最小弯曲半径	主要	按 GBJ 149—2010 规定	对照规范用尺检查
	母线加工与制作	弯曲始点至接头边缘最小距离		>50 mm	用尺检查
		弯曲始点至母线支持器边缘距离		>50 mm；W0.25 支点距离	
		90°扭弯的扭矩长度		2.5～5 倍母线宽	观察检查
		弯曲部分外观	主要	无裂纹和明显褶皱	用样板检查
		三相同一断面上的弯曲弧度		一致	观察检查
		同相多片母线弯曲弧度		一致	观察检查
		相同布置的分支母线各相弯曲弧度			
母线安装	金具安装	金具检查		清洁、无损伤	观察检查
		单相交流母线金具连接	主要	牢固、无闭合磁路	
		固定装置外观		无尖角毛刺	
	母线安装	母线平置时与支持器上部夹板间隙		1～1.5 mm	用尺检查
		母线立置时上部夹板与母线的距离		1.5～2 mm	
		母线与支持间应力检查	主要	无外应力	观察检查
		同相多层母线层间间隙		同母线厚度	用尺检查
		母线在绝缘子上的固定死点		每段设置一个，应在全场或两个伸缩节中点	观察检查

工序		检验项目		性质	质量标准	检验方法及器具
母线连接	母线连接	支持器与接头边缘距离			>50 mm	用尺检查
		母线间及母线与设备端子的连接		主要	无外应力	连接时检查
		搭接面		主要	平整、无氧化膜、镀银层不得磋磨，涂有电力负荷脂	观察检查
		端子连接与螺杆形状	外观	主要	无弹簧垫	
			平垫圈		铜质搪锡	观察检查
			锁紧螺母		齐全紧固	
		连接螺栓	与孔径配合		<1 mm	用螺栓检查
			螺栓穿入方向		母线平置时由下向上，其余螺母均在维护侧	观察检查
			防松件外观		齐全、完好、压平	
			紧固力矩		按 GBJ 149—2010 规定	对照规范用力矩扳手检查
			螺栓紧固后漏扣长度		2~3 扣	观察检查
			相邻垫圈间隙	主要	>3 mm	观察或用尺检查
		伸缩节安装			无断纹、断股和褶皱现象	观察检查
总体检查	带电体间及带电体与其他物体之间的距离			主要	按 GBJ 149—2010 规定	对照规范用尺检查
	相序颜色及油漆				齐全、正确	观察检查

6.1.2 变压器的安装与调整

1. 变压器的作用和分类

1) 变压器的作用

变压器（Transformer）是利用电磁感应的原理来改变交流电压的装置，主要构件是初级线圈、次级线圈和铁芯（磁芯），如图 6-3 所示。主要功能有：电压变换、电流变换、阻抗变换、隔离、稳压（磁饱和变压器）。

图 6 – 3　变压器

2）变压器的分类

（1）按用途分类：有电力变压器、特种变压器（电炉变压器、整流变压器、工频试验变压器、调压器、矿用变压器、冲击变压器、电抗器、互感器等）。

（2）按结构形式分类：有单项变压器、三相变压器及多相变压器。

（3）按冷却介质分类：有干式变压器、液（油）浸变压器及充气变压器等。

（4）按冷却方式分类：有自然冷式、风冷式、水冷式、强迫油循环风（水）冷方式及水内冷式等。

（5）按线圈数量分类：有自耦变压器、双绕组及三绕组变压器等。

（6）按导电材质分类：有铜线变压器、铝线变压器及半铜半铝、超导等变压器。

（7）按调压方式分类：可分为无励磁调压变压器、有载调压变压器。

（8）按中性点绝缘水平分类：有全绝缘变压器、半绝缘（分级绝缘）变压器。

（9）按铁芯形式分类：有心式变压器、壳式变压器及辐射式变压器等。

2. 油浸式变压器的性能特点

（1）油浸变压器低压绕组除容量小的使用铜线外，一般采用铜箔绕组的圆筒结构；高压绕组采用多层圆柱形结构，使绕组安匝分布平衡、漏磁小、机械强度高、短路电阻强。

（2）铁芯和绕组分别固定。设备高度、低压引线等紧固部件均配置自锁防松螺母。采用不吊心结构，不用担心运输过程中的颠簸。

（3）线圈和铁芯进行真空干燥，变压器油使用真空滤油和注油的工艺，以减少变压器内部的水分。

（4）油箱采用波纹板，具有呼吸功能，补偿温度变化引起的油体积变化。因此，本产品没有储油柜，明显降低了变压器的高度。

（5）由于波纹板代替了储油柜，使变压器油与外界隔离，有效地防止了氧气和水的进入，极大地减小了绝缘性能恶化的可能。

3. 变压器安装所需的主要机具

（1）搬运吊装机具：汽车吊、卷扬机、吊链、道木、钢丝绳、滚杠等；

（2）安装机具：台砂轮、电焊机、气焊工具、电锤、台虎钳、活扳手、锤子、滤油机、登高梯、电钻等；

（3）测试机具：钢卷尺、水平尺、摇表、万用表、钳形电流表、温度计等。

4. 变压器的交接验收及试验内容

变压器绝缘试验、各部油位检查及绝缘油试验、变压器外壳接地阻抗试验、变压器基础稳固性检查、呼吸器中的干燥剂检查、主变引线对地和线间距离检查、各部触头紧固性检查、变压器的防雷保护措施检查、变压器坡度检查、变压器温度表及测温回路完整性检查、套管油封的放油阀门和瓦斯放气阀门检查、施工现场检查。

5. 变压器的安装和调整原则

（1）基础轨道应为水平轨道，轨距和轮规应适当匹配；对于装有气体继电器的油式变压器，其顶盖应沿气体继电器的气流方向具有 $1\% \sim 1.5\%$ 的上升坡度（除非制造商另有规定）。套管与封闭母线连接时，套管中心线应与封闭母线中心线一致。

（2）对于装有滚轮的油变压器，设备就位后，滚轮应采用可拆卸制动装置固定。

（3）对于密封处理，所有法兰连接应使用耐油密封垫片进行密封。密封垫应擦拭干净，其搭接厚度应与其厚度相同。橡胶垫片的压缩量不得超过其厚度的1/3。

（4）冷却装置应通过净油器用合格的绝缘油清洗，并将残油排出。冷却装置密封良好，安装后立即注油。

（5）气体继电器安装前应检查合格。气体继电器应水平安装，其顶盖上标记的箭头应指向储油柜。

（6）泄压装置安装方向正确；电接点动作正确、绝缘良好。

（7）新油变压器本体检查后注油时，应从下部和油阀注油或按厂家要求注油。

（8）油变压器外壳应可靠接地。

6. 变压器安装与调整过程中常见的质量问题以及预防控制措施（表6-4）

表6-4 变压器安装与调整过程中常见的质量问题以及预防控制措施

序号	常见的质量问题	预防控制措施
1	法兰面漏油	法兰面密封垫圈应饱满，富有弹性，尽可能全部更新成新垫圈；法兰面必须擦拭干净，无异物；法兰面螺栓对称紧固，力矩值达到要求；检查本体油箱上的法兰面（孔）是否存在裂纹
2	油箱、冷却装置、油管路焊缝处漏油	安装前检查焊缝有无存在裂缝、砂眼等，有疑问时进行密封试验（内部充入干燥气体，表面涂肥皂水检测）
3	油管路蝶阀未全部开启导致油循环冷却存在死区	在变压器附件安装前、安装过程中和变压器投入运行前对蝶阀、阀门的开启进行一次系统的检查，确保开启灵活、密封良好；蝶阀的锁紧装置必须完好，以免油在循环过程中的冲击力使蝶阀自动关合
4	测量绕组连同套管的介损值超标	擦拭干净套管表面

6.1.3 隔离开关的安装与调整

1. 隔离开关的作用和分类

隔离开关在结构上没有特殊的灭弧装置，不允许用它带负载进行拉闸或合闸操作，如图6-4所示。隔离开关拉闸时，必须在断路器切断电路之后才能再拉隔离开关；合闸时，必须先合入隔离开关后，再用断路器接通电路。

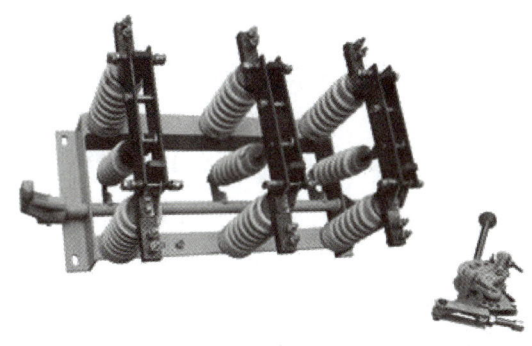

图6-4 隔离开关

1）隔离开关的主要作用

（1）隔离电源。

在电气设备停电检修时，用隔离开关将需停电检修的设备与电源隔离，形成明显可见的断开点，以保证工作人员和设备安全。

（2）倒闸操作。

电气设备运行状态可分为运行、备用和检修三种工作状态。将电气设备由一种工作状态改变为另一种工作状态的操作称为倒闸操作。例如在双母线接线的电路中，利用与母线连接的隔离开关（称母线隔离开关），在不中断用户供电条件下可将供电线路从一组母线供电切换到另一组母线上供电。

（3）拉、合无电流或小电流电路。

高压隔离开关虽然没有特殊的灭弧装备，但在拉闸过程中可以切断小电流，因动、静触头迅速拉开时，根据迅速拉长电弧的灭弧原理，可以使触头间电弧熄灭。因此，高压隔离开关允许拉、合以下电路：

①拉、合电压互感器与避雷器回路；

②拉、合母线和直接与母线相连设备的电容电流；

③拉、合励磁电流小于2 A的空载变压器：一般电压为35 kV，容量为1 000 kV·A及以下变压器；电压为110 kV、容量为3 200 kV·A及以下变压器。

④拉、合电容电流不超过5 A的空载线路：一般电压为10 kV，长度为5 km及以下的架空线路；电压为35 kV、长度为10 km及以下的架空线路。

2) 隔离开关的分类

（1）按安装地点分，可分为户内式和户外式；

（2）按刀闸运动方式分，可分为水平旋转式、垂直旋转式和插入式；

（3）按每相支柱绝缘子数目分，可分为单柱式、双柱式和三柱式；

（4）按操作特点分，可分为单极式和三极式；

（5）按有无接地刀闸分，可分为带接地刀闸和无接地刀闸。

2. 隔离开关的选择原则

（1）断路器的两侧均应配置隔离开关，以便在断路器检修时形成明显的断口与电源隔离。

（2）中性点直接接地的普通变压器，均应通过隔离开关接地。

（3）在母线上的避雷器和电压互感器，宜合用一组隔离开关，保证电器和母线的检修安全，每段母线上宜装设 1～2 组接地刀闸。

（4）接在变压器引出线或中性点的避雷器可不装设隔离开关。

（5）当馈电线路的用户侧没有电源时，断路器通往用户的那一侧可以不装设隔离开关。但为了防止雷电过电压，也可以装设。

3. 隔离开关的安装和调整原则

（1）将每极隔离开关底座固定在水平基础上，并使三极的接地刀转轴成一直线。

（2）将操作机构置于隔离开关主动级侧面的转动主轴下方，在隔离开关主体和机构隔离开关操作主轴处于合闸位置时，用水煤气管连接并焊接牢固，当主、从动两绝缘支柱不同步时，可以调整极间正反牙螺杆来达到分、合闸同步，利用底座上的球面调整环节，调节四个螺栓的松紧，并且必须注意底座内的伞齿轮的啮合情况，必要时应重新移动它的位置，以保证操作灵活。

（3）隔离开关的三相联动的合闸同期性的安装调整，在两接线端承受正常母线拉力的条件下，调整相间正反牙连杆长度，达到上述要求。

（4）隔离开关处于合闸位置时，触头上各接触点应全部接触，触头上 M8 螺杆的紧固程度以弹簧垫圈刚刚压平且触指能摆动为最佳状态。

4. 隔离开关的交接验收及试验内容

（1）检查隔离开关的型号是否与设计相符；

（2）检查零部件有无损坏，闸刀与触头是否变形；

（3）检查可动闸刀与触头接触情况；

（4）检查绝缘子情况；

（5）隔离开关绝缘电阻试验；

（6）检查隔离开关底座转动部分是否灵活；

（7）施工现场检查。

5. 隔离开关安装与调整的检验项目和质量标准（表6-5）

表6-5 隔离开关安装与调整的检验项目和质量标准

序号	工序	检验项目			性质	质量标准
1	磁柱安装	外观检查			主要	清洁无裂纹
2		磁铁胶合处检查			主要	黏合牢固
3		磁柱与底座平面操作轴间连接螺栓				紧固
4		均压环外观检查				清洁，无损伤、变形
5	导电部分	可挠软连接检查				连接可靠、无折损
6		接线端子检查			主要	清洁、平整，并涂有电力负荷脂
7		接触部位检查	触头表面镀银层			完整、无脱落
8			线接触		主要	塞尺塞不进
9			接触面宽度≤50 mm		主要	≤4 mm（塞尺塞入深度）
10			接触面宽度≥60 mm		主要	≤6 mm（塞尺塞入深度）
11	传动装置	传动部件	部件安装			连接正确、固定牢靠
12			操作检查			咬合准确、轻便灵活
13		定位螺钉调整			主要	可靠、能防止拐臂超过死点
14		辅助开关检查				动作可靠、触点接触良好
15		接地刀与主触头间机械或电气闭锁			主要	准确可靠
16		限位装置动作检查			主要	在分、合闸极限位置可靠切除电源
17		机构箱密封垫检查				完整
18	隔离开关调整	合闸状态	触头间相对位置		主要	按制造厂规定
19			备用行程			
20			触头两侧接触压力		主要	
21		分闸状态触头间净距或拉开角度			主要	按制造厂规定
22		触头接触时不同期允许值				按制造厂规定
23		引弧触头与主动触头动作顺序				正确
24		隔离开关与操作机构联动试验			主要	动作平稳、无卡阻
25	接地	底座接地				牢固、导通良好
26		机构箱接地				
27	其他	防松件检查			主要	防松螺母紧固、开口销打开

6.1.4　真空断路器的安装

1. 断路器的作用和分类

1）断路器的作用

高压断路器是最重要的高压开关电器，是电力系统一次设备控制和保护的关键电器，它结构完善并有灭弧装置和高速的传动机构，能关合和开断各种情况下高压电路中的电流，如图 6－5 所示。在电网中起的作用可以从以下两方面概括：一方面是控制作用，即根据电网运行的需要，将部分电气设备或线路投入或退出运行；另一方面是保护作用，即在电气设备或电力线路发生故障时，迅速地切除故障回路，保证电网中无故障部分的正常运行。

真空断路器的安装

图 6－5　高压断路器

2）断路器的分类

（1）高压断路器根据安装地点，可分为户内式和户外式两种。根据使用的灭弧介质，可分为油断路器、SF_6 断路器、真空断路器、压缩空气断路器、自产气断路器、磁吹断路器等。

断路器 3D 外观

（2）油断路器采用变压器油作为灭弧介质，又可分为多油断路器和少油断路器。多油断路器的油除了作为灭弧介质和触头开断后的绝缘外，还作为带电部分对地的绝缘。少油断路器的油只作为灭弧介质和触头开断后的绝缘，带电部分对地绝缘采用瓷件或其他介质。和多油断路器相比，少油断路器具有用油量少、体积小、质量轻、运输安装方便、有利于防火等优点。

（3）SF_6 断路器采用具有优良灭弧性能和绝缘能力的 SF_6 气体作为灭弧介质，具有开断能力强、动作快、体积小等优点，但有色金属消耗多、价格较昂贵。

（4）真空断路器是利用真空的高绝缘强度来灭弧，它具有灭弧速度快、寿命长、检修周期长、体积小等优点。

（5）压缩空气断路器利用压缩空气吹灭电弧，它开断能力大、动作迅速，但结构复杂、工艺要求高。

（6）自产气断路器是利用有机固体介质在电弧高温下分解出的气体来熄灭电弧。磁吹断路器是利用被开断电路的电流本身所产生的磁场，将电弧吹入用耐高温的绝缘材料制成的狭缝内，使电弧拉长、冷却而熄灭。这两种断路器的电压级别较低，使用也较少。

2. 真空断路器的性能特点

（1）触头开距小，10 kV 真空断路器的触头开距只有 10 mm 左右，操作机构的操作功就小，机械部分行程小，其机械寿命就长。

（2）燃弧时间短，且与开关电流大小无关，一般只有半周波。

（3）熄弧后触头间隙介质恢复速度快，对开断近区故障性能较好。

（4）由于疏通在开断电流时磨损量较小，所以触头的电气寿命长，满容量开断达 30 ~ 50 次，额定电流开断达 5 000 次以上，噪声小适于频繁操作。

（5）体积小、质量轻，适用于开断容性负荷电流。

3. 安装真空断路器的要求

（1）安装前对真空断路器应进行外观及内部检查，真空灭弧室、各零部件、组件要完整、合格、无损、无异物。

（2）严格执行安装工艺规范要求，各元件安装的紧固件规格必须按照设计规定选用。

（3）检查极间距离，上下出线的位置距离必须符合相关的专业技术规范要求。

（4）所使用的工器具必须清洁，并满足装配的要求，在灭弧室附近紧固螺钉，不得使用活扳手。

（5）各转动、滑动件应运动自如，运动摩擦处应涂抹润滑油脂。

（6）整体安装调试合格后，应清洁抹净，各零部件的可调连接部位均应用红漆打点标记，出线端接线处应涂抹防腐油脂。

4. 安装真空断路器的准备工作

（1）检查断路器及操动机构铭牌、安装使用说明书、出厂合格证、出厂试验报告及备品配件、专用工具是否齐全。

（2）断路器外部检查，如外观正常，真空管完好，传动机构转动灵活，特别注意磁件和浇注铁件无损伤、裂纹，架构无变形脱焊现象。

（3）断路器内部检查，如灭弧室完好，绝缘提升杆、绝缘隔板完好。

（4）操动机构检查，如机构箱外观正常，各连接部轴套、卡簧、开口销齐全，辅助开关完好，分合闸线圈无损伤、铁芯动作无卡涩，分合闸弹簧无裂纹、保持机构动作可靠。

5. 安装真空断路器的注意事项

（1）避免在风沙天、雨雪天进行作业。

（2）安装时注意防止磁件损坏，真空密封面不得碰坏、弄脏。

（3）安装前，将真空断路器的所有绝缘部分擦拭干净。

（4）防止绝缘部件受潮。

6. 真空断路器的真空灭弧室

1）真空灭弧室的结构

　　真空灭弧室是真空断路器最重要的部件，如图6-6所示。它的外壳是由绝缘筒、两端的金属盖板和波纹管所组成的密封容器。灭弧室内有一对触头，静触头焊接在静导电杆上，动触头焊接在动导电杆上，动导电杆在中部与波纹管的一个断口焊在一起，波纹管的另一端口与动盖板的中孔焊接，动导电杆从中孔穿出外壳。由于波纹管可以在轴向上自由伸缩，故这种结构既可以实现在灭弧室外带动动触头做分合运动，又能保证真空外壳的密封性。

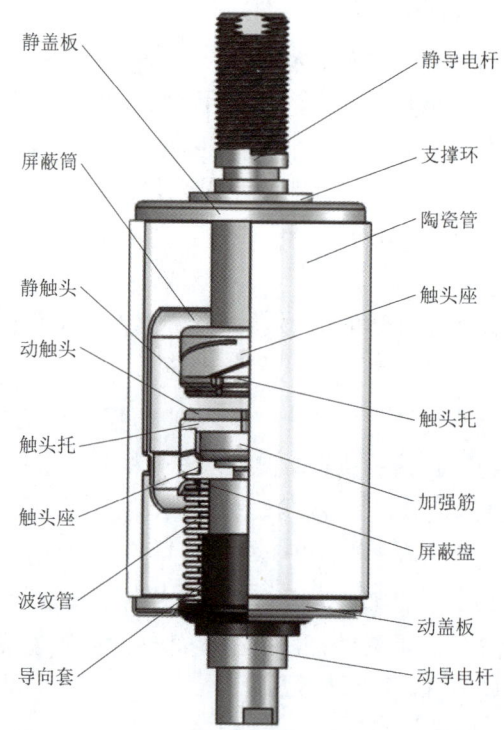

图6-6　真空灭弧室

2）熄弧过程

　　操动机构通过动导电杆的运动使两触头闭合，完成了电路的接通。为了使两触头间的接触电阻尽可能减小且保持稳定和灭弧室承受动稳定电流时有良好的机械强度，真空开关在动导电杆一端设置有导向套，并使用一组压缩弹簧，使两触头间保持有一个额定压力。当真空开关分断电流时，灭弧室两触头分离并在其间产生电弧，直至电流自然过零时电弧熄灭，便完成了电路的开断。

拓展阅读

完美主义者的母线

任务 6.2 架空线路施工

6.2.1 架空线路的构成

1. 架空线路概述

架空线路主要指架空明线，架设在地面之上，是用绝缘子将输电导线固定在直立于地面的杆塔上以传输电能的输电线路，如图 6-7 所示。架设及维修比较方便、成本较低，但容易受到气象和环境（如大风、雷击、污秽、冰雪等）的影响而引起故障，同时整个输电走廊占用土地面积较多，易对周边环境造成电磁干扰。

架空线路的构成

架空线路的主要部件有：导线和避雷线（架空地线）、杆塔、绝缘子、金具、杆塔基础、拉线和接地装置等。

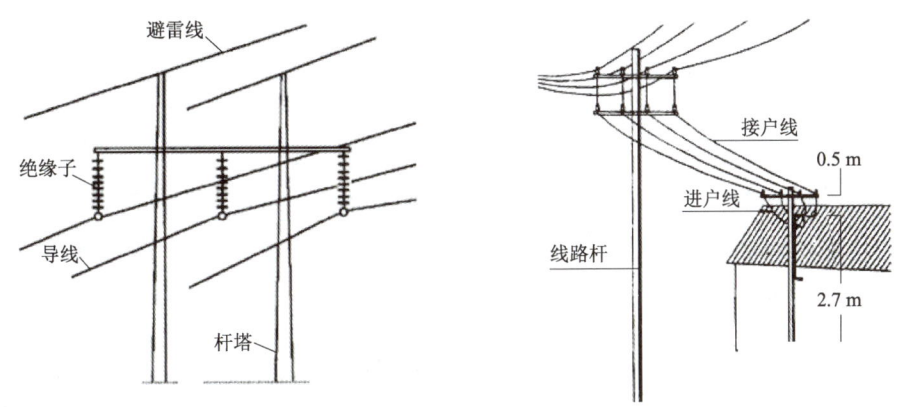

图 6-7 架空线路

1）导线

导线是用来传导电流、输送电能的元件。架空裸导线一般每相一根，220 kV 及以上线路由于输送容量大，同时为了减少电晕损失和电晕干扰而采用相分裂导线，即每相采用两根及以上的导线，如图 6-8 所示。采用分裂导线能输送较大的电能，而且电能损耗少，有较好的防振性能。导线在运行中经常受各种自然条件的考验，必须具有导电性能好、机械强度高、质量轻、价格低、耐腐蚀性强等特性。由于我国铝的资源比铜丰富，加之铝和铜的价格差别较大，故几乎都采用钢芯铝绞线。每根导线在每一个档距内只准有一个接头，在跨越公路、河流、铁路、重要建筑、电力线和通信线等处，导线和避雷线均不得有接头。

注意：导线是线路的主体，承担输送电能的功能。选择导线要兼具良好的导电性、满足机械强度、耐腐蚀、尽可能质优价廉：

（1）导线材质有铜、铝和钢等；铜线导电性能最好，其次是铝线，最后是钢线。

（2）根据我国资源情况，正常环境的架空线路宜优先选用铝线。

（3）线机械强度很高，但是导电性能差，易产生铁磁损耗和锈蚀，一般用作避雷线。

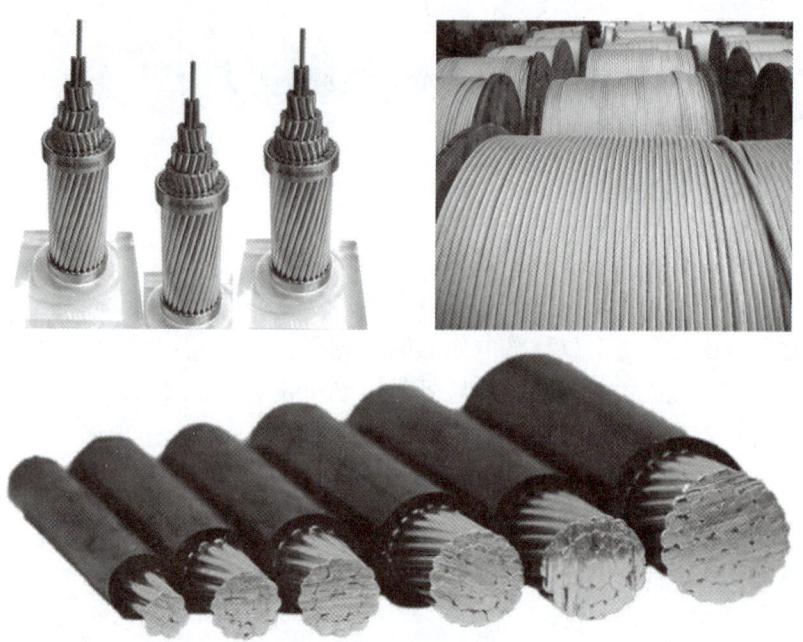

图 6 – 8　架空线路常用导线

2）避雷线

避雷线一般也采用钢芯铝绞线，且不与杆塔绝缘而是直接架设在杆塔顶部，并通过杆塔或接地引下线与接地装置连接。避雷线的作用是减少雷击导线的机会，提高耐雷水平，减少雷击跳闸次数，保证线路安全送电。

3）杆塔

杆塔是电杆和铁塔的总称。杆塔的用途是支持导线和避雷线，以使导线之间、导线与避雷线、导线与地面及交叉跨越物之间保持一定的安全距离，如图 6 – 9 所示。

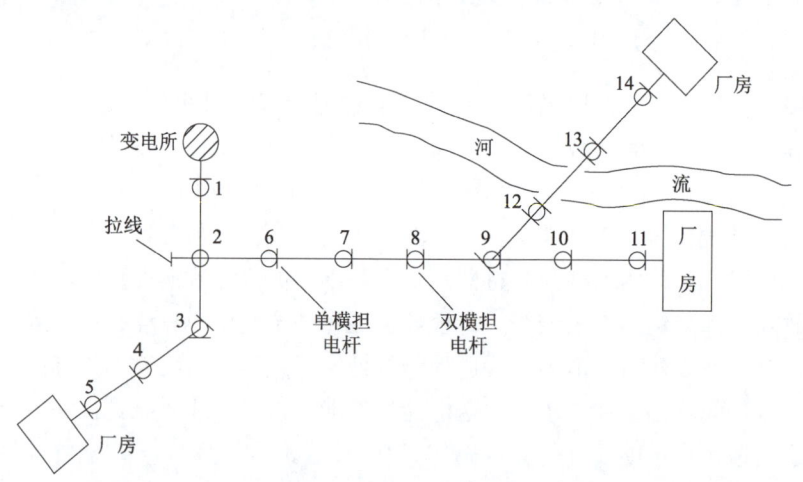

图 6 – 9　架空线路杆塔

1，4，5，11，14—终端杆；2，9—分支杆；3—转角杆；6，7，10—直线杆（中间杆）；

8—分段杆（耐张杆）；12，13—跨越杆

4）绝缘子

绝缘子是一种隔电产品，一般是用电工陶瓷制成的，又叫瓷瓶，如图6－10所示。另外还有钢化玻璃制作的玻璃绝缘子和用硅橡胶制作的合成绝缘子。绝缘子的用途是使导线之间以及导线和大地之间绝缘，保证线路具有可靠的电气绝缘强度，并用来固定导线，承受导线的垂直荷重和水平荷重。

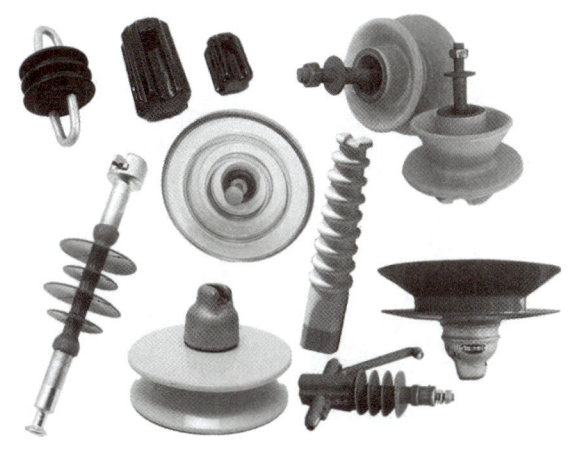

图6－10　架空线路常用绝缘子

注意：在潮湿天气情况下，脏污的绝缘子易发生闪络放电，所以必须定期进行维护管理，恢复原有绝缘水平：

（1）停电清扫。在线路停电以后工人登杆用抹布擦拭。如擦不净时，可用湿布擦，也可以用洗涤剂擦洗，如果还擦洗不净时，则应更换绝缘子或换合成绝缘子。

（2）不停电清扫。一般是利用装有毛刷或绑以棉纱的绝缘杆，在运行线路上擦绝缘子。所使用绝缘杆的电气性能及有效长度、人与带电部分的距离，都应符合相应电压等级的规定，操作时必须有专人监护。

（3）带电水冲洗。冲洗用水、操作杆有效长度、人与带电部距离等必须符合作业规范要求。

5）金具

金具在架空电力线路中，主要用于支持、固定和接续导线及绝缘子连接成串，亦用于保护导线和绝缘子，如图6－11所示。按金具的主要性能和用途，可分以下几类：

（1）线夹类。线夹是用来握住导、地线的金具。

（2）连接金具类。连接金具主要用于将悬式绝缘子组装成串，并将绝缘子串连接、悬挂在杆塔横担上。

（3）接续金具类。接续金具用于接续各种导线、避雷线的端头。

（4）保护金具类。保护金具分为机械和电气两类。机械类保护金具是为防止导、地线因振动而造成断股，电气类保护金具是为防止绝缘子因电压分布严重不均匀而过早损坏。机械类有防振锤、预绞丝护线条、重锤等；电气类金具有均压环、屏蔽环等。

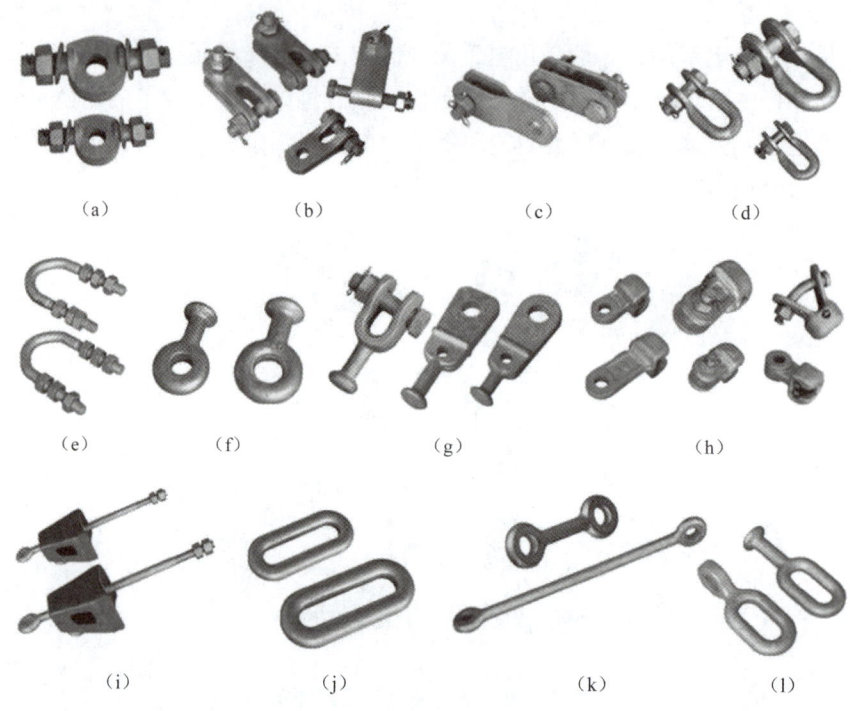

图 6 – 11 架空线路常用的金具

(a) GD 挂点金具；(b) UB、Z、ZS 型直角挂板；(c) P、PS 型平拧挂板；(d) U 形挂环；

(e) U 形螺栓；(f) Q、QP 型球头挂环；(g) Q/Q – U 型球头挂板；(h) W、WS 型碗头挂板；

(i) BD 避雷线悬重吊架；(j) PH 型延长环；(k) YL、YLP 拉杆；(l) ZH/QH 型挂环

6）杆塔基础

架空电力线路杆塔的地下装置统称为基础。基础用于稳定杆塔，使杆塔不致因承受垂直荷载、水平荷载、事故断线张力和外力作用而上拔、下沉或倾倒。

7）拉线

拉线用来平衡作用于杆塔的横向荷载和导线张力，可减少杆塔材料的消耗量，降低线路造价。

8）接地装置

架空地线在导线的上方，它将通过地基杆塔的接地线或接地体与大地相连，当雷击地线时可迅速地将雷电流向大地中扩散，因此，输电线路的接地装置主要是泄导雷电流，降低杆塔顶电位，保护线路绝缘不致击穿闪络。它与地线密切配合对导线起到了屏蔽作用。接地体和接地线总称为接地装置。

2. 架空线路的一般要求

（1）架空线路应广泛采用钢芯铝绞线或铝绞线。高压架空线的铝绞线截面积不得小于 50 mm^2，钢芯铝绞线截面积不得小于 35 mm^2，空线截面积不得小于 16 mm^2。

（2）导线截面应满足最大负荷时的需要。

（3）截面的选择还应满足电压损失不大于额定电压的 5%（高压架空线）或 2% ~3%

（对视觉要求较高的照明线路），并应满足一定的机械强度。

3. 架空线路的敷设原则

（1）在施工和竣工验收中必须遵循有关的规程，保证施工质量和线路的安全。

（2）合理选择路径，要求路径短、转角少、交通运输方便，与建筑物应保持一定的安全距离。

（3）按相关规程要求，必须保证架空线路与大地及其他设施在安全距离范围以内。

6.2.2 绝缘子和横担的安装

1. 绝缘子的选择与安装应符合以下规定

（1）中压线路直线杆采用柱式绝缘子或瓷横担绝缘子，耐张杆采用悬式绝缘子。

绝缘子和横担的安装

（2）零线绝缘子与相线绝缘子应有颜色区别，零线绝缘子应采用棕色瓷瓶，相线绝缘子应采用白色瓷瓶。

（3）绝缘子表面光滑，无裂纹、缺釉、破损等缺陷。

（4）瓷件与铁件组合无歪斜现象，且结合紧密、牢固，铁件镀锌良好，螺杆与螺母配合紧密，弹簧销、弹簧垫的弹力适宜。

（5）绝缘子安装前应擦拭干净，不得有裂纹、硬伤、铁脚活动等缺陷。

（6）绝缘子的不同类型应符合相应的规定：

①瓷横担绝缘子安装应符合下列规定：

当直立安装时，顶端顺线路歪斜不应大于 10 mm。

当水平安装时，顶端宜向上翘起 5°～15°；顶端顺线路歪斜不应大于 20 mm。

当安装于转角杆时，瓷横担应安装于转角的外角侧。

②柱式绝缘子安装应符合下列规定：

安装柱式绝缘子时应加平垫及弹簧垫圈，安装应牢固；

顶端顺线路歪斜不应大于 10 mm。

③悬式绝缘子安装应符合下列规定：

安装应牢固，连接可靠，安装方向应防止瓷裙积水，安装时应清除瓷瓶表面灰垢；

开口销应对称开口，开口角度应为 30°～60°，开口销（闭口销）不应有折断、裂痕等现象，不应用线材或其他材料代替开口销（闭口销）；

金具上所采用的闭口销直径必须与孔径相配，且弹力适度；

与电杆、导线金属连接处，不应有卡压现象。

2. 横担的安装要符合以下规定

（1）10 kV 及以下架空线路的横担，直线杆应装于受电侧，90°转角杆及终端杆应装于拉线侧。

（2）根据受力可分为中间型、耐张型、终端型三类。中间型横担只承受垂直负载。耐张型横担承受两端导线拉力差。终端型横担要承受导线的最大允许拉力。

3. 安装绝缘子、金具和横担的验收内容（表6-6）

表6-6　安装绝缘子、金具和横担的验收内容

序号	项目	内容					
1	本工序工艺检验	根据《电气装置安装工程　质量检验及评定规程　第10部分35 kV及以下架空电力线路施工质量检验》表（续）的规定执行和根据表中序号2质量控制点要求生产相关表格，并组织检验					
2	质量控制点	序号	控制点	控制方式			
				W	H	S	
		1	横担加工、焊接及镀锌检查				
		2	横担安装方向、间距、水平符合设计要求	·			
		3	金具安装应规范及杆塔型号检查	·			
		4	绝缘子瓷件、铸件与瓷件连接检查	·			
		5	绝缘子安装检查	·			
		6	工序验收检查			·	
3	完成本工序提交给下一道工序	收集、整理、移交本工序相关技术资料					

注：H：停工待检查；W：见证点；S：旁站点。

6.2.3　导线在绝缘子上的固定

1. 导线在绝缘子上的固定方法

（1）裸铝绞线及钢芯铝绞线在绝缘子上固定前应加裹铝带（护线条），裹铝带的长度，对针式绝缘子要超出绑扎部分两端各50 mm，对悬式绝缘子要超出线夹或心形环两端各50 mm，对蝶式绝缘子要超出接触部分两端各50 mm。

导线在绝缘子上的固定

（2）导线在针式绝缘子上固定采用绑扎法，用与导线材质相同的导线或特制绑线将导线绑扎在绝缘子槽内。绑扎高压导线要绑成双十字，导线在针式绝缘子上的绑扎法分为顶扎法和颈扎法两种。

（3）导线在蝶式绝缘子上固定时也可采用绑扎法，绑扎长度视导线规格而定，一般为50～200 mm，还可采用并沟线夹固定。

顶绑法

（4）导线在悬式绝缘子上固定都采用线夹，如悬垂线夹、螺栓型耐张线夹等。

（5）弓子线的连接和弓子线与主干线的连接，一般采用线夹，如并沟线夹、耐张线夹等。也可采用绑扎法，绑扎长度视导线材质及规格而定，如铝绞线35 mm² 及

以下，为 150 mm。

2. 导线在绝缘子上的固定安全措施

（1）操作人员必须听从统一指挥。

颈绑法

（2）做好作业现场防护，非施工人员不得进入施工现场。

（3）登杆作业前核对线路名称及杆号，确认无误后方可登杆，并设专人监护以防误登、误操作；六级以上大风或雷雨时禁止登杆。

终端绑扎

（4）在新立电杆上作业前回填土应夯实；登冲刷、起土、上拔和导线、拉线松弛的电杆应采取安全措施。

（5）登杆工具、安全腰带应完好合格；登杆作业所用工具及零星材料应装入工具包内，上下传递材料工具应用吊绳，不得抛接，防止高空掉物，现场人员应戴安全帽，杆下严禁行车逗留。

（6）作业人员登杆前，检查登杆工具是否安全可靠，确认良好后方可登杆；登杆时做到"脚踩稳、手扒牢、一步一步慢登高，到达位置第一要安全带系牢靠"。

（7）安全带系上后，必须检查扣环是否扣牢。

3. 导线在绝缘子上的固定规定

（1）裸铝导线在绝缘子或线夹上固定时应缠铝包带，缠绕长度要超过接触部分 30 mm；在蝶式绝缘子上做耐张且采用绑扎方式固定时，其接触部分要缠铝包带。

（2）直线角度杆：导线要固定在针式绝缘子转角外侧的凹槽内。

（3）直线跨越杆：导线应固定在外侧瓷瓶上，中相导线应固定在右侧瓷瓶上（面向电源侧），导线本体不能在固定处出现角度。

4. 导线在绝缘子上绑扎工作手册及评分标准（表6-7）

表6-7　导线在绝缘子上绑扎工作手册及评分标准

技能名称	导线在针式绝缘子上绑扎——颈绑法		操作时限	20 min	满分	100
操作起始时间			时　分至　时　分		实用时间	
需要说明的问题和要求	1. 操作者独立完成；2. 根据题意选择工作所需工器具及材料					
工具、材料、设备、场地	1. 在电杆适当的位置安装一横担（横担上装有蝶式绝缘子1只，针式绝缘子1只）；2. 导线、绑线及铝包带；3. 工具箱（钢丝钳、螺丝刀、活扳手、万用表等）					
评分标准	序号	项目名称	质量要求	满分	扣分标准	扣分
	1	工作前准备		10		
	1.1	着装	正确符合工作要求	5	漏、错检一项扣5分	
	1.2	选择材料	正确符合工作要求	5		

续表

技能名称		导线在针式绝缘子 上绑扎——颈绑法		操作时限	20 min	满分	100
评分标准	序号	项目名称	质量要求		满分	扣分标准	扣分
	2	工作过程转角杆上 导线在针式绝缘子上 的绑扎（颈绑法） （10 kV 或 400 V）			80		
	2.1	导线和绝缘子的 外观检查和处理	绝缘子清洁无裂纹、脱釉 等现象；导线无裂纹、断股		10	漏、错检一 项扣 5 分（导 线/绝缘子）	
	2.2	缠绕铝包带	根据紧线器的紧线位置和 导线与绝缘子的接触位置， 确定铝包带的缠绕范围，缠 绕方向应顺铝绞线的绞绕方 向，应向绑线绑扎范围两端 延伸，各露出至少30 mm，铝 包带的缠绕要牢固、紧密		15	铝包带的缠 绕方向错误扣 15 分，缠绕范 围过小扣 10， 缠绕不紧密扣 10 分	
	2.3	在针式绝缘子上 的绑扎	10 kV 用双十字绑法，400 V 用单十字绑法，绑扎方法符 合标准作业流程，绑扎牢固、 紧密		55	绑扎方法错 误扣 40 分，不 牢扣 15，不紧 密扣 10 分	
	3	安全文明生产	无违反安全行为，清理现 场，物品摆放整齐		10	有违反安全 的行为扣 5 分， 未清理或摆放 零乱扣 5 分	
考评组长签字			考评员签字				

6.2.4 避雷器的安装

1. 避雷器的功能和分类

避雷器是用于保护电气设备免受雷击时高瞬态过电压危害，并限制续流时间，也常限制续流幅值的一种电器。避雷器有时也称为过电压保护器或过电压限制器。

当雷电过电压沿架空线路侵入变配电所或其他建筑物内时，将发生闪络，

避雷器的安装

甚至将电气设备的绝缘击穿。因此，假如在电气设备的电源进线端并联一种保护设备，即避雷器。如图 6 – 12 所示，当过电压值达到规定的动作电压时，避雷器立即开始动作，流过电荷，限制过电压幅值，以保护设备绝缘；电压值正常后，避雷器又迅速恢复原状，以保证系统正常供电。

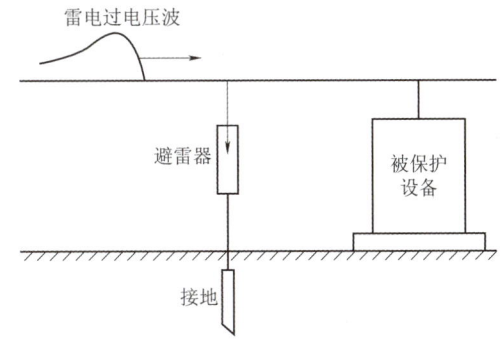

图 6 – 12　避雷器的连接

1）避雷器的保护作用基于三个前提

（1）保证伏秒特性与被保护绝缘的伏秒特性有良好的配合。

（2）保证其残压低于被保护绝缘的冲击电气强度。

（3）保证被保护绝缘必须处于该避雷器的保护距离之内。

2）避雷器的要求

（1）确保正常运行时不放电，过电压时放电正确动作。

（2）确保放电后要有自恢复功能。

3）避雷器的适用范围

交流无间隙金属氧化物避雷器用于保护交流输变电设备的绝缘，免受雷电过电压和操作过电压损害，适用于变压器、输电线路、配电屏、开关柜、电力计量箱、真空开关、并联补偿电容器、旋转电机及半导体器件等过电压保护。

4）避雷器的特点与原理

交流无间隙金属氧化物避雷器具有优异的非线性伏安特性，响应特性好、无续流、通流容量大、残压低、抑制过电压能力强、耐污秒、抗老化、不受海拔约束、结构简单、无间隙、密封严、寿命长等特点。避雷器在正常系统工作电压下，呈现高电阻状态，仅有微安级电流通过。在过电压大电流作用下它便呈现低电阻，从而限制了避雷器两端的残压。

5）避雷器的相关参数

（1）持续运行电压：即允许长期工作电压。它应等于或大于系统的最高相电压。

（2）额定电压（kV）：即允许短时最大工频电压（灭弧电压）。避雷器能在此工频电压下动作放电并熄弧，但不能在此电压下长期运行。它是避雷器特性和结构的基本参数，也是设计的依据。

（3）工频耐受伏秒特性：表明氧化锌避雷器在规定条件下，耐受过电压的能力。

（4）标称放电电流（kA）：用于划分避雷器等级的放电电流峰值。

6）避雷器的分类及结构

常用避雷器的形式有阀式、管式、保护间隙和金属氧化物等。

（1）放电间隙，又称保护间隙，它一般由暴露在空气中的两根相隔一定间隙的金属棒组成，其中一根金属棒与所需保护设备的电源相线 L1 或零线（N）相连，另一根金属棒与接地线（PE）相连接，当瞬时过电压袭来时，间隙被击穿，把一部分过电压的电荷引入大地，避免了被保护设备上的电压升高，如图 6 – 13 所示。这种放电间隙的两金属棒之间的距离可按需要调整，结构较简单，其缺点是灭弧性能差。改进型的放电间隙为角型间隙，它的灭弧功能较前者为好，它是靠回路的电动力 F 作用以及热气流的上升作用而使电弧熄灭的。

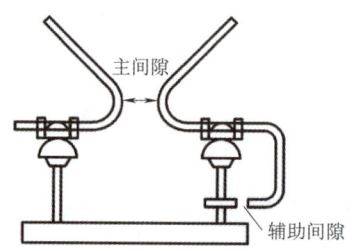

图 6 – 13　保护间隙

（2）阀式避雷器主要分为普通阀式避雷器和磁吹阀式避雷器两大类。普通阀式避雷器有 FS 和 FZ 两种系列；磁吹阀式避雷器有 FCD 和 FCZ 两种系列。阀式避雷器由火花间隙及阀片电阻组成，阀片电阻的制作材料是特种碳化硅，如图 6 – 14 所示。利用碳化硅制作的阀片电阻可以有效地防止雷电和高电压，对设备进行保护。当有雷电高电压时，火花间隙被击穿，阀片电阻的电阻值下降，将雷电流引入大地，这就保护了线缆或电气设备免受雷电流的危害。在正常的情况下，火花间隙是不会被击穿的，阀片电阻的电阻值较高，不会影响通信线路的正常通信。

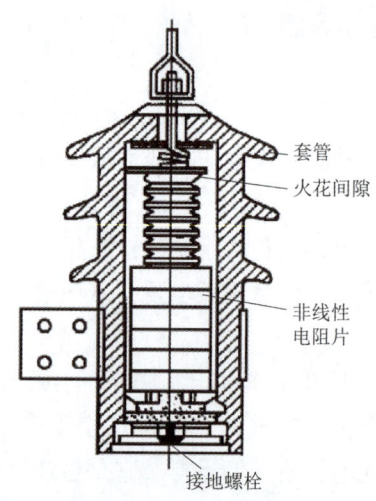

图 6 – 14　阀式避雷器

（3）管式避雷器实际是一种具有较高熄弧能力的保护间隙，它由两个串联间隙组成，一个间隙在大气中，称为外间隙，它的任务就是隔离工作电压，避免产气管被流经管子的工频泄漏电流所烧坏；另一个间隙装设在气管内，称为内间隙或者灭弧间隙，管式避雷器的灭弧能力与工频续流的大小有关，如图 6−15 所示。这是一种保护间隙型避雷器，大多用在供电线路上作避雷保护。

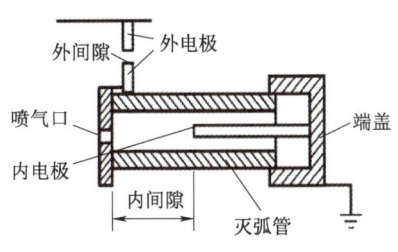

图 6−15　管型避雷器

因管式避雷器是靠工频电流产生气体而灭弧的，如果开断的短路电流过大，产气过多超出灭弧管的机械强度时，会使其开裂或爆炸，因此管式避雷器通常用于户外。

（4）金属氧化物避雷器无间隙。金属氧化物避雷器（亦称压敏避雷器）是 20 世纪 70 年代开始出现的一种新型避雷器，如图 6−16 所示。与传统的碳化硅阀式避雷器相比，无间隙金属氧化物避雷器没有火花间隙，且用氧化锌（ZnO）代替碳化硅（SiC），在结构上采用压敏电阻制成的阀片叠装而成，该阀片具有优异的非线性伏安特性：工频电压下，它呈现极大的电阻，有效地抑制工频电流；而在雷电波过电压下，它又呈现极小的电阻，能很好地泄放雷电流。金属氧化物避雷器具有保护特性好、通流能力强、残压低、体积小、安装方便等优点。目前金属氧化物避雷器已广泛地用于高、低压电气设备的保护。

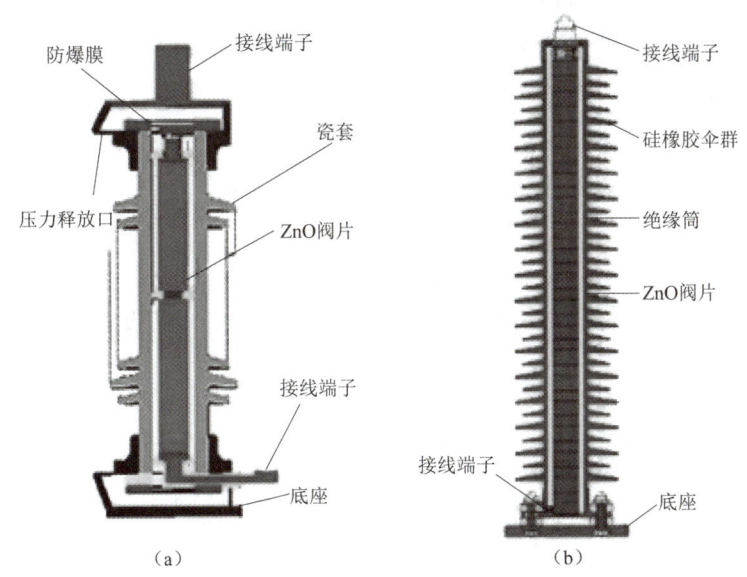

（a）　　　　　　　　　（b）

图 6−16　金属氧化物避雷器

（a）瓷套型；（b）复合型

2. 避雷器的相关标准

（1）避雷器的常见执行标准：IEC 61643 - 1、GB 18802.1—2020、GB 11032—2020、IEC 60099 - 4。

（2）中国避雷系统现在实施的是中华人民共和国住房和城乡建设部2019年12月1日起实施的：GB 50343—2019《建筑物电子信息系统防雷技术规范》和中华人民共和国住房和城乡建设部2019年10月1日起实施的：GB 50057—2019《建筑物设计防雷规范》。

3. 氧化锌避雷器的特征

（1）氧化锌避雷器的通流能力大。

（2）氧化锌避雷器的保护特性优异。

（3）氧化锌避雷器的密封性能良好。

（4）氧化锌避雷器的机械性能，主要考虑以下三方面因素：①承受的地震力；②作用于避雷器上的最大风压力；③避雷器的顶端承受导线的最大允许拉力。

（5）氧化锌避雷器的良好的解污秽性能。

（6）氧化锌避雷器的高运行可靠性，主要有以下三方面：①避雷器整体结构的合理性；②氧化锌阀片的伏安特性及耐老化特性；③避雷器的密封性能。

（7）工频耐受能力。由于电力系统中如单相接地、长线电容效应以及甩负荷等各种原因，会引起工频电压的升高或产生幅值较高的暂态过电压，避雷器具有在一定时间内承受一定工频电压升高能力。

4. 安装金属氧化物避雷器的危险点分析及安全措施

1）触电

（1）现场验电、并在作业档前后杆塔挂接地线。

（2）检查作业档交叉跨越情况，是否满足检修安全距离。

（3）有并排的线路应查看清楚线路名称，经两人及以上确认无误方允许登杆作业。

（4）对于双回路及以上线路，应明确是否停用其他回路，若停应验电，挂接地线。

（5）要核清线路名称及杆塔号，经两人及以上确认无误后作业，若另一回路不停电，则严禁进入带电侧的横担，有防止导线风摆的措施。

2）高空坠落

（1）登杆前，应检查杆根、拉线并确认牢靠完好，对安全带及脚扣做冲击试验，合格后方可登杆作业。

（2）高处作业应正确使用安全带、脚扣，转位时不得失去安全带的保护。安全带应遵循高挂低用的原则拴牢在牢固构件上。

（3）禁止携带器材在杆塔上移位；人员在转位时，手扶的构件应牢固，且不得失去后备保护绳的保护。

（4）上、下横担、配变架或登杆过障碍物时必须系好安全带。

3）高处坠物伤人

（1）工作场所周围应装设围栏，并在相应部位装设安全警示牌，所有工作人员进入作业现场必须正确佩戴安全帽。

（2）起吊工具时必须拴稳拴牢，长件工具应用尾绳控制。上下传递物件应用绝缘绳拴牢，严禁上下抛掷。

（3）杆上人员必须使用工具包，防止工具掉落。在作业点正下方，不应有人逗留和通过。

4）倒杆及电杆断裂伤人

（1）上杆塔作业前，必须先检查根部、基础和拉线是否牢固；新立电杆在杆基未完全牢固或做好临时拉线前，严禁攀登；遇有冲刷、起土、上拔或导地线、拉线松动的电杆，应先培土加固，打好临时拉线或支好杆架后，再行登杆。

（2）杆塔上有人工作时，严禁调整或拆除拉线。

6.2.5　跌落式熔断器的安装

1. 熔断器的功能和分类

熔断器（fuse）是指当电流超过规定值时，以本身产生的热量使熔体熔断，断开电路的一种电器。熔断器是根据电流超过规定值一段时间后，以其自身产生的热量使熔体熔化，从而使电路断开；运用这种原理制成的一种电流保护器。熔断器广泛应用于高低压配

跌落式熔断器熔断过程

电系统和控制系统以及用电设备中，作为短路和过电流的保护器，是应用最普遍的保护器件之一。熔断器按电压分为高压熔断器和低压熔断器。

1）低压熔断器

（1）瓷插式熔断器（RC1A）。

瓷插式熔断器由瓷盖、瓷底座、动触头、静触头及熔丝五部分组成，如图 6－17 所示。瓷盖和瓷底均用电工瓷制成，电源线及负载线可分别接在瓷底两端的静触头上，瓷底座中间有一空腔，与盖突出部分构成灭弧室。RC1A 熔断器价格便宜，更换方便，广泛用于照明和小容量电动机的断路保护中。

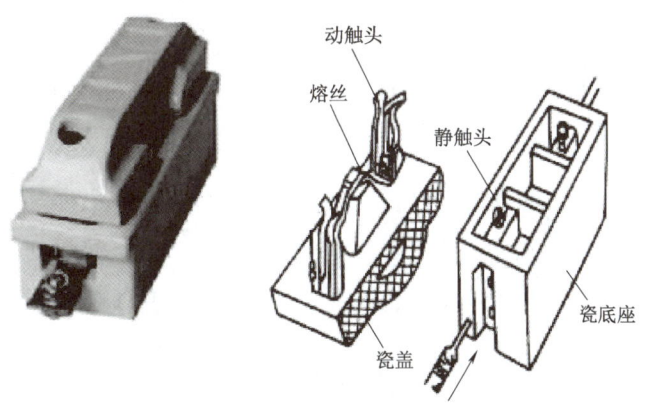

图 6－17　瓷插式熔断器

（2）螺旋式熔断器（RL）。

螺旋式熔断器主要由瓷帽、熔断管、瓷套、上接线端、下接线端及底座等部分组成，如图 6 – 18 所示。

RL1 系列螺旋式熔断器的熔断管内，除了装有熔丝外，在熔丝周围填满石英砂，作为熄灭电弧之用。熔断管的上端有一个小红点，熔丝熔断后红点自动脱落，显示熔丝已经熔断。

使用时将熔断管有红点的一端插入瓷帽，瓷帽上有螺纹，将螺帽连同熔断管一起拧进瓷底座，熔丝便接通电路。

在安装时，用电设备的连接线接到连接金属螺纹壳的上接线端，电源线接到底座上的下接线端，这样在更换熔丝时，旋紧螺帽后，螺纹壳上不会带电。

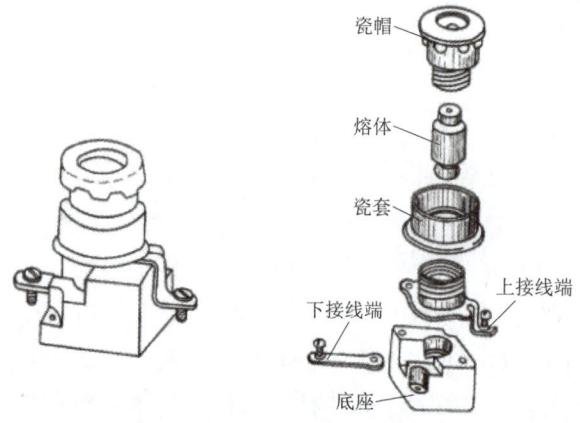

瓷帽

熔体

瓷套

上接线端

下接线端

底座

图 6 – 18　螺旋式熔断器

（3）无填料封闭管式熔断器（RM）。

无填料封闭管式熔断器由一个熔断管（即纤维管）、两个插座和一片或两片熔片组成，如图 6 – 19 所示。熔断器的熔片是带有一个或几个窄截面的锌质薄片，它装在熔断管里，并通过熔断管的帽子与插座接触，形成电流通路。

其外形结构：熔片在正常工作时，熔体宽部可将狭部产生的热量传导出来，因此能承受较大的长期工作电流。

在短路电流下熔体的狭颈部首先熔断，这就是在熔体中人为地引入一个薄弱环节，并希望这个薄弱环节在短路时充分发挥它的作用，以提高它的断流能力。

图 6 – 19　无填料封闭管式熔断器

（4）有填料封闭管式熔断器（RTO）。

有填料封闭管式熔断器主要由管体、指示器、石英砂填料和熔体组成，如图 6 – 20 所示。

它的管体由滑石陶瓷制成，管体外表做成波浪形，既增加了表面的散热面积，又比较美观，管体内圆两端各有四个螺孔，以便用螺栓将盖板装在管体上。上盖装有明显红色指示器，指示熔断工作情况，当熔断时，指示器被弹起。熔体用薄紫铜片冲成筛孔，并围成笼形，中间焊以纯锡，熔体两端点焊于金属板上，而保证熔体与导电插刀间很好地接触。管内充满经过特殊处理的石英砂，用来冷却和熄灭电弧。

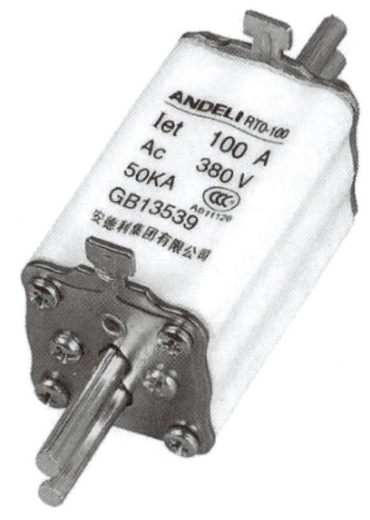

图 6 – 20　有填料封闭管式熔断器

　　（5）快速熔断器。

　　由于硅半导体元件日益广泛地用于工业电力变换和电力拖动装置中，但 PN 结热容量低，硅半导体元件过载能力差，只能在极短时间内承受过载电流，否则半导体元件迅速被烧坏。为此必须采用一种在过载时能迅速动作的快速熔断器，如图 6 – 21 所示。

　　目前，快速熔断器主要有 RLS、RSO 及 RS3 等三个系列。

图 6 – 21　快速熔断器

　　2）高压熔断器

　　高压熔断器可分为限流熔断器和跌落式熔断器。

　　（1）限流熔断器是一种填充石英砂填料的封闭式管状熔断器，其特点是：

　　①灭弧能力强，分断能力大。如果用限流熔断器保护电气设备，则在短路电流达到最大

值之前熔断，从而大大降低短路电流对电气设备的危害，降低对电气设备动态和热稳定性的要求。

②断开电路时，不会释放任何游离气体。

③由于灭弧能力强，断路时会产生截止过电压。

限流熔断器主要用于室内配电装置，如图 6 – 22 所示。

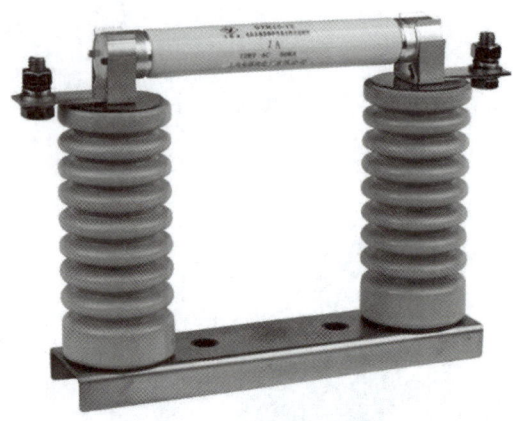

图 6 – 22 户内高压熔断器

（2）跌落式熔断器是一种管状熔断器，使用固体气体产生材料来熄灭电弧，其特征在于：

①灭弧能力弱，分断能力小。特别是小电流分断时，燃弧时间长，且无无穷大电流作用。

②熔断器熔断后，其熔断管会自动翻转和脱落，形成明显可见的隔离间隙。

③断开电路时，不会切断电流。

④在灭弧过程中，喷射出大量的热游离气体，并产生巨大的噪声。

跌落式熔断器适用于周围空间无导电粉尘和腐蚀性气体、易燃易爆和剧烈振动的室外场所，如图 6 – 23 所示。跌落式熔断器可作为线路和变压器的短路过载保护装置，在一定条件下，可直接用高压绝缘钩杆操作熔融管的开闭，以断开或连接小容量空载变压器、空载线路和小负载电流。

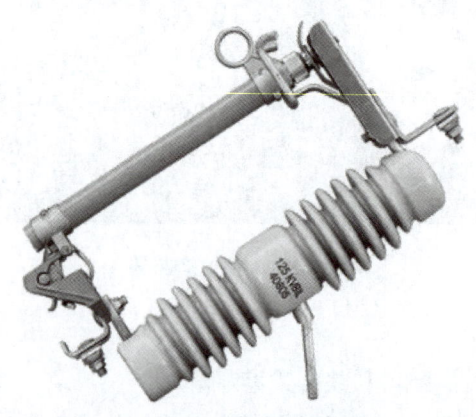

图 6 – 23 户外高压熔断器

2. 熔断器的保护特性（安秒特性）

（1）熔断器的动作是靠熔体的熔断来实现的，熔断器有个非常明显的特性，就是安秒特性。

（2）对熔体来说，通过熔体的动作电流和熔体的动作时间之间的关系曲线即熔断器的保护特性曲线，也叫安秒特性曲线。熔断器的保护特性一般呈反时延，即过载电流小时，熔体熔断时间长；过载电流大时，熔体熔断时间短。

3. 熔断器使用注意事项

（1）熔断器的保护特性应与被保护对象的过载特性相适应，考虑到可能出现的短路电流，选用相应分断能力的熔断器。

（2）熔断器的额定电压要适应线路电压等级，熔断器的额定电流要大于或等于熔体额定电流。

（3）线路中各级熔断器熔体额定电流要相应配合，保持前一级熔体额定电流必须大于下一级熔体额定电流。

（4）熔断器的熔体要按要求使用相配合的熔体，不允许随意加大熔体或用其他导体代替熔体。

4. 安装跌落式熔断器的危险点分析及安全措施

1）触电

（1）现场验电，并在作业档前后杆塔挂接地线。

（2）检查作业档交叉跨越情况，是否满足检修安全距离。

（3）有并排的线路应查看清楚线路名称，经两人及以上确认无误方允许登杆作业。

（4）对于双回路及以上线路，应明确是否停用其他回路，若停应验电，挂接地线。

（5）要核清线路名称及杆塔号，经两人及以上确认无误后作业，若另一回路不停电，则严禁进入带电侧的横担，有防止导线风摆的措施。

2）高空坠落

（1）登杆前，应检查杆根、拉线并确认牢靠完好，对安全带及脚扣做冲击试验，合格后方可登杆作业。

（2）高处作业应正确使用安全带、脚扣，转位时不得失去安全带的保护。安全带应遵循高挂低用的原则拴牢在牢固构件上。

（3）禁止携带器材在杆塔上移位；人员在转位时，手扶的构件应牢固，且不得失去后备保护绳的保护。

（4）上、下横担、配变架或登杆过障碍物时必须系好安全带。

3）高处坠物伤人

（1）工作场所周围应装设围栏，并在相应部位装设安全警示牌，所有工作人员进入作业现场必须正确佩戴安全帽。

（2）起吊工具时必须拴稳拴牢，长件工具应用尾绳控制。上下传递物件应用绝缘绳拴牢，严禁上下抛掷。

（3）杆上人员必须使用工具包，防止工具掉落。在作业点正下方，不应有人逗留和通过。

4）倒杆及电杆断裂伤人

（1）上杆塔作业前，必须先检查根部、基础和拉线是否牢固；新立电杆在杆基未完全牢固或做好临时拉线前，严禁攀登；遇有冲刷、起土、上拔或导地线、拉线松动的电杆，应先培土加固，打好临时拉线或支好杆架后，再行登杆。

（2）杆塔上有人工作时，严禁调整或拆除拉线。

6.2.6 拉线的制作与安装

1. 拉线的功能和分类

1）拉线的作用

（1）普通拉线用于终端杆、转角杆和分支杆，装设于电杆受力的反面。

（2）侧面拉线（人字拉线）用于交叉跨越和耐张段较长的线路，抵御横线路方向的风力。

（3）水平拉线用于需要跨越道路的电杆上。

（4）身拉线（弓形拉线）用于地面狭窄、受力不大的电杆上。

2. 装设拉线的注意事项

（1）拉线应根据电杆的受力情况装设。

（2）终端杆拉线应与线路方向对正；转角杆拉线应与线路分角线对正；防风拉线应与线路垂直。

（3）当线路转角在45°及以下时，可只设置分角拉线；超过45°时则在线路中心线延长线上设置拉线。

3. 拉线的安装

1）一般拉线的安装

（1）拉盘与拉杆的连接金具安装要可靠，马道开挖要满足于拉线对杆的夹角要求，拉盘、拉棒、拉线应呈一直线。

（2）拉线对带电设备应满足安全距离，穿越或邻近带电线路的拉线应加装绝缘子。

（3）拉线安装用紧线器的钳头夹紧拉线尾端，将紧线器尾的钢丝绳用卸扣固定在拉棒环外，转动紧线器的手柄，使紧线器的尾绳卷绕在线轴上，拉线即被收紧。

（4）线夹舌板与拉线应接触紧密无滑动现象，线夹的凸肚应在尾线侧，安装时不应损伤线股。

（5）拉线弯曲部分不应明显松股，拉线断头处与拉线主线应有可靠固定。线夹露出的尾线长度为 $300\sim500$ mm 并与主线绑扎。

（6）同组拉线使用双线夹连板时，其尾线端的方向应统一。

（7）UT 形线夹的双螺母应拧紧，安装前螺纹上应涂润滑油，螺栓宜留 $2\sim3$ 螺牙方便调整拉线。

2）水平拉线的安装

（1）水平拉线又称为高桩拉线，可作线路小转角的承力拉线，在不能直接制作普通拉线的地方，如跨越道路等地方则可作水平拉线。安装方法是在道路的另一侧或不妨碍行人通道旁立一根拉线杆，在杆上制作一条拉线埋入地下，这样拉线在电杆和拉线中间跨过道路等处，就有一定高度而不会妨碍车辆通行。

（2）高桩杆应向张力反方向倾斜 $10° \sim 20°$ 调校。

（3）高桩杆埋深应按规定，土质不好的需设底盘。

3）弓形拉线的安装

（1）弓形拉线在受地形或周围自然环境的限制不能安装普通拉线时，且受力较少可安装弓形拉线。

（2）弓形拉线也称自身拉线，与线路方向垂直，其主要特点是在混凝土杆受力的反方向安装自身拉横担，然后由杆上制作一条拉线经过自身拉横担埋入地下或将拉线的尾端紧固在该杆的根部。

（3）根据现场环境及拉线受力情况在混凝土杆根部离地面 250 cm 以下安装拉线抱箍或在混凝土杆受力的反方向安装拉盘作为受力点，由于受地形或周围自然环境的限制，拉盘一般埋设在混凝土杆附近。由工作负责人根据现场情况安排技术人员统一指挥拉线制作与安装，安排技术工人按规定程序、规范要求进行安装，现场质安员负责现场安全、质量监控。

4）人字拉线的安装

（1）人字拉线又称防风拉线，安装在线路垂直方向电杆的两侧，多用于中间直线杆，有加强电杆防风抗倾倒的能力。

（2）人字拉线与线路方向垂直。

（3）人字拉线安装与普通拉线安装方法相同。

5）撑杆的安装

（1）在不能使用拉线的地方可在线行受力的反方向安装撑杆代替拉线。

（2）撑杆选用的电杆需符合设计要求。

（3）撑杆底部埋深不宜少于 0.5 m，防沉措施应有效可靠。

（4）撑杆与主杆之间夹角不宜少于 $30°$。

（5）撑杆与主杆的金具连接应紧密、牢固。

拓展阅读

中国标准即世界标准

任务 6.3 电缆线路施工

6.3.1 电缆线路的敷设

1. 电缆线路的敷设方法

电缆线路的敷设一般有四种方式：电缆直埋敷设、排管电缆敷设、电缆沟或隧道内电缆敷设、桥架电缆敷设，如图 6-24 所示。

（a）　　　　　　　　　　　　　（b）

（c）　　　　　　　　　　　　　（d）

图 6-24　电缆线路敷设方式

（a）电缆直埋敷设；（b）排管电缆敷设；（c）电缆沟或隧道内敷设；（d）桥架电缆敷设

2. 电缆线路敷设前应具备的条件

（1）预埋件符合设计，安置牢固。

（2）电缆沟、隧道、竖井及人孔等处的地坪及抹面工作结束。

（3）电缆层、电缆沟、隧道等处的施工临时设施、模板及建筑废料等清理干净，施工用道路畅通，盖板齐全。

（4）电缆线路敷设后，不能再进行的建筑工程工作应结束。

（5）电缆沟排水畅通，电缆室的门窗安装完毕。

3. 电缆直埋敷设时移动电缆盘和展放电缆应满足以下原则

（1）电缆盘就位可用起重机或人工将电缆盘放置于指定位置，电缆在装卸过程中，设专人负责统一指挥，指挥人员发出的指挥信号必须清晰、准确。

（2）采用吊车装卸时，装卸电缆盘孔中应有盘轴，起吊钢丝绳套在轴的两端，不应穿在盘孔中直接起吊；人工移动电缆盘前，要检查盘线是否牢固，电缆两端应固定，线圈不应松弛，电缆盘只允许短距离滚动，滚动时滚动方向必须与线盘上箭头指示方向一致。

（3）根据电缆长度和截面积，选用的牵引绳长度比电缆长 30～50 m。布放电缆滑轮，直线部分应每隔 2.5～3 m 设置直线滑轮，确保电缆不与地面摩擦，所有滑轮必须形成直线。弯曲部分采用转弯滑轮，并控制电缆弯曲半径和侧压力。电缆最小弯曲半径应符合规程规定。

（4）开挖的沟底必须是松软的土层，如果是石块或硬质杂物要铺 100 mm 厚的软土或砂层。电缆周围的泥土如含有腐蚀电缆金属包皮，应清除并换土，埋深应不小于 0.7 m，穿越农田时应不小于 1 m。在引入建筑物、与地下建筑物交叉及绕过地下建筑物处，可浅埋，但应采取保护措施，电缆应埋于冻土层以下，当受条件限制时，应采取防止电缆受到损伤的措施。

（5）电缆敷设后，上面要铺 100 mm 厚的软土或细沙，再盖上混凝土保护板，覆盖宽度应超过电缆两侧以外各 50 mm，或用砖代替混凝土保护板。

（6）中间接头盒外面要有铸铁或混凝土保护盒。

（7）接头下面应垫以混凝土基础板，长度要伸出接头保护盒两端 600～700 mm，电缆自土沟引进隧道、人孔和建筑物时，要穿在管中，并将管口堵塞，防止渗水。

（8）电缆互相交叉，与非热力管和管道交叉，穿越公路和墙壁时，都要穿在保护管中，保护管长度超出交叉点 1 m，交叉净距不应小于 250 mm，保护管内径不应小于电缆外径的1.5 倍。

（9）直埋电缆一般使用铠装电缆。在铠装电缆的金属外皮两端要可靠接地，接地电阻不得大于 10 Ω。

（10）直埋电缆在直线段每隔 50～100 m 处，电缆接头处、转弯处、进入建筑物等处，应设置明显的方位标志或标桩。

（11）电缆与其他管道、道路、建筑物等之间平行和交叉时的最小净距，应符合规范规定。严禁将电缆平行敷设于管道的上方或下方。

4. 电缆敷设的其他要求

电缆最小弯曲半径如表 6-8 所示，电缆最大牵引强度如表 6-9 所示。

表 6-8　电缆最小弯曲半径

电缆形式		多芯	单芯
控制电缆		10D	
橡皮绝缘电力电缆	无铅包、钢铠护套	10D	
	裸铅包护套	15D	
	钢铠护套	20D	
聚氯乙烯绝缘电力电缆		10D	
交联聚乙烯绝缘电力电缆		15D	20D

续表

电缆形式			多芯	单芯
油浸纸绝缘电力电缆	铅包		$30D$	
	铅包	有铠装	$15D$	$20D$
		无铠装	$20D$	
自容式充油（铅包）电缆				$20D$

注：表中 D 为电缆外径。

表 6 – 9　电缆最大牵引强度　　　　　　　　　　　　　　　　　N/mm²

牵引方式	牵引头		钢丝网套		
受力部位	铜芯	铝芯	铅套	铝套	塑料护套
允许牵引强度	70	40	10	40	7

1）隧道、沟道内电缆的敷设

（1）电缆的排列应符合以下要求：

①电力电缆和控制电缆不应配置在同一层支架上。

②高低压电力电缆，强电、弱电控制电缆应按顺序分层配置，一般情况宜由上而下配置；但在含有 35 kV 以上高压电缆引入柜盘时，为满足弯曲半径要求，可由下而上配置。

（2）并列敷设的电力电缆，其相互间的净距应符合设计要求。

（3）电缆在支架上的敷设应符合下列要求：

①控制电缆在普通支架上，不宜超过 1 层；桥架上不宜超过 3 层。

②交流三芯电力电缆，在普通支吊架上不宜超过 1 层；桥架上不宜超过 2 层。

③交流单芯电力电缆，应布置在同侧支架上。当按紧贴的正三角形排列时，应每隔 1 m 用绑带扎牢。

（4）电缆与热力管道、热力设备之间的净距，平行时应不小于 1 m，交叉时应不小于 0.5 m，当受条件限制时，应采取隔热保护措施。电缆通道应避开锅炉的看火孔和制粉系统的防爆门；当受条件限制时，应采取穿管或封闭槽盒等隔热防火措施。电缆不宜平行敷设于热力设备和热力管道的上部。

（5）明敷在室内及电缆沟、隧道、竖井内带有麻护层的电缆，应剥除麻护层，并对其铠装加以防腐。

（6）电缆敷设完毕后，应及时清除杂物，盖好盖板。必要时，尚应将盖板缝隙密封。

2）管道内电缆的敷设

（1）在下列地点，电缆应有一定机械强度的保护管或加装保护罩：

①电缆进入建筑物、隧道、穿过楼板及墙壁处。

②从沟道引至电杆、设备、墙外表面或屋内行人容易接近处，距地面高度 2 m 以下的一段。

③其他可能受到机械损伤的地方。

保护管埋入非混凝土地面的深度不应小于 100 mm；伸出建筑物散水坡的长度不应小于 250 mm，保护罩根部不应高出地面。

（2）管道内部应无积水，且无杂物堵塞。穿电缆时，不得损伤护层，可采用无腐蚀性的润滑剂（粉）。

（3）电缆排管在敷设电缆前，应进行疏通，清除杂物。

（4）穿入管中电缆的数量应符合设计要求；交流单芯电缆不得单独穿入钢管内。

专业名词解释如表 6–10 所示。

表 6–10　专业名词解释

专业名词	解释
金属护套	铅护套和铝护套的统称
铠装	起径向加强作用的金属带、起纵向加强作用的金属丝统称为铠装
金属护层	金属护套和铠装的统称。有时亦单独把金属护套或铠装称为金属护层
电缆终端	安装在电缆末端，以使电缆与其他电气设备或架空输电线相连接，并维持绝缘直至连接点的装置，称为电缆终端
电缆支架	电缆敷设就位后，用于支撑电缆的装置统称为电缆支架，包括普通支架和桥架
电缆桥架	由托盘（托槽）或梯架的直线段、非直线段、附件及支吊架等组合构成，用以支撑电缆具有连续的刚性结构系统

6.3.2　电缆头的制作与安装

1. 电缆头的作用和分类

电缆终端头分为户内和户外两大类，常用的电缆中间接头（图 6–25）有铅套管中间接头和环氧树脂中间接头，电缆头的主要作用是密封电缆。

电缆的一端与其他电气设备连接时，需用电缆终端头，如图 6–26 所示；将两条电缆的一端连接成为一条电缆线路时，需利用电缆中间接头，电缆终端头和中间接头统称为电缆头。

电缆头的
制作与安装

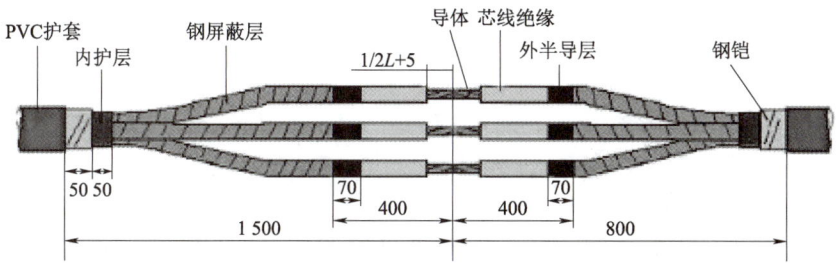

图 6–25　电缆中间接头

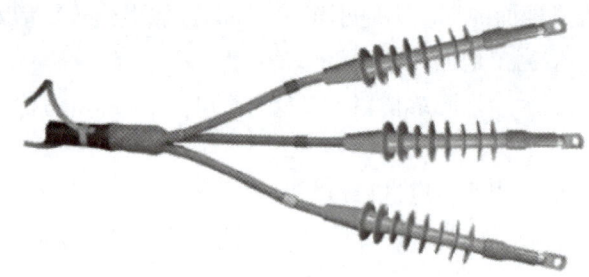

图 6 – 26　电缆终端头

电缆终端头分为户内和户外两大类，户外电缆终端头由于易受风雨冰雪及环境气候影响，工作条件恶劣，所以其结构较为复杂，户内电缆终端头工作条件较好，不需防水装置，电缆芯线可直接引出与设备相连。目前 10 kV 及以下电缆的户内、户外电缆终端头普遍采用环氧树脂电缆终端头，户外电缆有时也采用生铁盒电缆终端头。

2. 电缆中间头制作的主要技术环节

（1）电缆剥切。剥切工作须在绝缘试验合格后进行。需要剥除电缆外护套、金属铠装层、内护套、填充物、屏蔽带、半导体层等，并由绝缘向半导体层擦拭以清洁表面。

（2）芯线连接。将应力锥套入电缆芯线端，将电缆两端线芯插入连接管，从中间向两边压接。

（3）恢复铜屏蔽和内外护套。按照工艺要求将铜屏蔽恢复材料安装在电缆上，与电缆两端铜屏蔽搭接接触良好。合拢电缆线芯，用胶带捆牢线芯，并恢复内外护套。

3. 导体线芯连接的操作要点

（1）剥除足够长度的绝缘后要清除导体表面的污物及氧化膜，涂抹导电膏后再充分插入连接管内。

（2）压接时围压的成型边或坑压的压坑中心线应各自在同一平面或直线上。每次压模合拢后要停留 10 ~ 15 s，以使压接部位金属塑性变形达到基本稳定。

（3）连接点的电阻值不应大于相同截面、相同长度导体电阻的 1.2 倍，固定敷设的电缆连接点抗拉强度不低于导体本身抗拉强度的 60%。

（4）压接后连接管、线芯导体上的尖角、毛边等，用锉刀或砂纸打磨光滑。

（5）用半导电胶带填充压接缝隙，与导体屏蔽层连接；要清楚各种带材的使用场所及使用要求；按规定进行绕包。

4. 35 kV 及以下电缆终端与接头的要求

（1）形式、规格应与电缆类型如电压、芯数、截面、护层结构和环境要求一致。

（2）结构应简单、紧凑，便于安装。

（3）所用材料、部件应符合技术要求。

（4）主要性能应符合现行国家标准《额定电压 26/35 kV 及以下电力电缆附件基本性能要求》的规定。

5. 电缆线路和电缆头的防火与阻燃措施

（1）对易受外部影响着火的电缆密集场所或可能着火蔓延而酿成严重事故的电缆回路，

必须按设计要求的防火阻燃措施施工。

（2）电缆的防火阻燃应采取下列措施：

①在电缆穿过竖井、墙壁、楼板或进入电气盘、柜的孔洞处，用防火堵料密实封堵。

②在重要的电缆沟和隧道中，按要求分段或用软质耐火材料设置阻火墙。

③对重要回路的电缆，可单独敷设于专门的沟道中或耐火封闭槽盒内，或对其施加防火涂料、防火包带。

④在电力电缆接头两侧及相邻电缆 2~3 m 长的区段施加防火涂料或防火包带。

⑤采用耐火或阻燃型电缆。

⑥设置报警和灭火装置。

（3）防火阻燃材料必须经过技术或产品鉴定，在使用时，应按设计要求和材料使用工艺提出施工措施。

（4）涂料应按一定浓度稀释、搅拌均匀，并应顺电缆长度方向进行涂刷，涂刷厚度或次数、间隔时间应符合材料使用要求。

（5）包带在绕包时，应拉紧密实，缠绕层数或厚度应符合材料使用要求。绕包完毕后，每隔一定距离应绑扎牢固。

（6）在封堵电缆孔洞时，封堵应严实可靠，不应有明显的裂缝和可见的孔隙，孔洞较大者应加耐火衬板后再进行封堵。

（7）阻火墙上的防火门应严密，孔洞应封堵；阻火墙两侧电缆应施加防火包带或涂料。

拓展阅读

小创新与大效益

测一测

模块六测一测

模块七

继电保护方式选择

模块介绍

本模块主要是让同学们了解继电保护的任务、基本要求、分类等基本知识。掌握电磁型继电器的工作原理和检验方法。能对线路保护和变压器保护进行动作分析、性能检验及运行维护。

知识目标

1. 能正确说出电磁型继电器的工作原理。

2. 会描述单侧电源线路的三段式电流保护的构成、各段的作用、动作的逻辑关系、整定原则、特点、接线方式及应用范围。

3. 会描述电力变压器的瓦斯保护、差动保护、过电流保护的作用、接线、构成。

能力目标

1. 能对常用的电磁型进行性能检验。

2. 能正确使用继电保护测试仪对 35 kV 及以下线路保护装置的动作性能进行检验。

3. 能对变压器的相关保护进行动作分析、性能检验及运行维护。

素质目标

1. 养成自主探究的学习习惯。

2. 树立团队合作意识。

3. 增强标准意识、规范意识和安全意识。

4. 具有艰苦奋斗、顽强拼搏、自强不息的职业精神。弘扬中华民族勤俭节约的传统美德。

任务 7.1 常用继电器的工作原理和性能检验

相关知识

继电器是一种在其输入的物理量（电气量或非电气量）达到规定值时，其电气输出电路被接通或被分断的自动电器。

7.1.1 继电器分类

按其输入量的性质分为电气继电器和非电气继电器两大类。按其用途分为控制继电器和保护继电器两大类。按其在继电保护电路中的功能，可分测量继电器和有或无继电器两大类。按其组成元件分，有机电型、晶体管型和微机型等。按其反应的物理量分，有电流继电器、电压继电器、功率继电器、瓦斯（气体）继电器等。按其反应的物理量数量变化分，有过量继电器和欠量继电器，例如过电流继电器、欠电压继电器等。按其在保护装置中的用途分，有启动继电器、时间继电器、信号继电器、中间（亦称出口）继电器等。

常用继电器的
工作原理和
性能检验

7.1.2 电磁型继电器的分类及工作原理

电磁型继电器主要有三种不同的结构形式，即螺管线圈式、吸引衔铁式和转动舌片式，三种结构形式的继电器都是由线圈、电磁铁、可动衔铁、触点、反作用弹簧和止挡组成的，如图 7－1 所示。

当继电器线圈中通入电流时，产生磁通。经铁芯、衔铁和气隙形成回路，衔铁被磁化，产生电磁力。当电磁力克服弹簧反作用力，衔铁被吸起，触点接通，称为继电器动作。根据电磁原理构成继电器，可以制成直流或交流继电器。

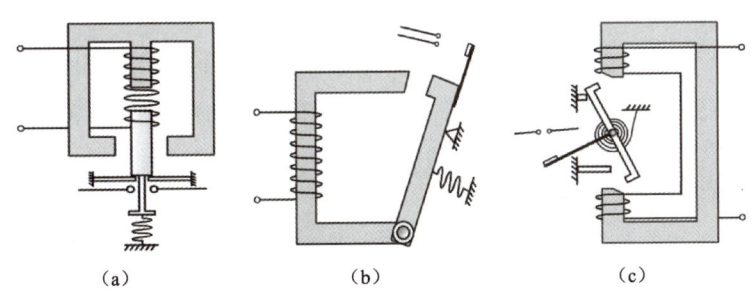

（a） （b） （c）

图 7－1 电磁型继电器的原理结构图
（a）螺管线圈式；（b）吸引衔铁式；（c）转动舌片式

1. 电流继电器（KA）

1）动作电流（I_{act}）

动作电流是指能使继电器动作的最小电流。

当通入继电器线圈电流 $I_k = 0$ 或较小时，继电器不动作。若 $I_k > I_{act}$ 则继电器动作。

继电器线圈分成两组，采用串联或并联连接方式可改变继电器动作电流。当继电器两线圈串联时，动作电流的大小是刻度值；当继电器两线圈并联时，动作电流的大小是刻度值的 2 倍。

2）返回电流（I_{res}）

返回电流是指能使继电器返回原位的最大电流。

当线圈电流 I_k 减小到一定数值，即 $I_k < I_{res}$ 时，继电器刚好能返回。所谓继电器的返回是指继电器由动作后状态改变至释放状态的过程。

3）返回系数（K_{res}）

返回系数是指返回电流 I_{res} 与动作电流 I_{act} 之比，即

$$K_{res} = \frac{I_{res}}{I_{act}}$$

过电流继电器的返回系数恒小于 1，一般 K_{res} 取 0.85～0.90。

2. 电压继电器（KV）

电磁型电压继电器工作原理与电流继电器基本相同。继电器动作与否，取决于继电器的输入电压，电压继电器分过电压继电器和低电压继电器两种。

过电压继电器是反应电压升高而动作的继电器，其返回系数 $K_{res} = 0.85$（常开触点）。

低电压继电器是反应电压降低而动作的继电器，低电压继电器的返回系数 $K_{res} > 1$，一般不大于 1.2（常闭触点）。

3. 时间继电器（KT）

时间继电器是一种利用不同原理实现延时控制的继电器。它在继电保护中作为时间元件，按照所需时间间隔来建立保护装置的动作延时。因此，它是按整定时间长短进行动作的控制电器。

时间继电器的种类很多，按构成原理来分：有电磁型、空气阻尼型、电动型和数字型等；按延时方式分：有通电延时型和断电延时型。

4. 中间继电器（KM）

中间继电器的工作原理是将一个输入信号变成一个或多个输出信号的电子元件。

在继电保护装置中，中间继电器主要有两个作用：一是增加触点的数量及容量，二是隔离作用。它可以用以同时接通或断开几条独立回路和用以代替小容量触点或者带有不大延时来满足保护的需要。

5. 信号继电器（KS）

信号继电器在继电保护和自动装置中用来表示动作指示，同时接通灯光、音响信号，并对保护装置的动作情况起记忆作用，以便运行维护人员能够方便地分析电力系统故障性质和统计保护装置正确动作次数。常采用的电磁式信号继电器有电流型和电压型两种。电流型又称为串联型，通常串联在中间继电器或跳闸绕组回路中；电压型又称为并联型，常与两绕组并联。

6. 继电器符号

继电器的表示符号包括文字符号和图形符号两种。在新国标中，继电器的文字符号均以"K"为第一个字母，后面再加上表示该继电器用途的英语词汇字头或者用其在电工中的单位符号或限定符号。继电器的图形符号如表 7-1 所示。

表 7 – 1 继电器的图形符号

名称	图形符号	名称	图形符号
电流继电器	$I>$ KA	线圈	
过（欠）电压继电器	$U>$ KV $U<$ KV	常开触点	
功率方向继电器	→ KW	常闭触点	
时间继电器	t KT	延时闭合的常开触点	
中间继电器	⊠ KM	延时闭合的常闭触点	
信号继电器	KS	信号继电器的常开触点	

任务实施

常用保护继电器的性能检测：

（1）教师下发项目任务书，描述任务学习目标。

（2）教师通过图片、动画、视频等讲解本任务中的动作原理。

（3）通过现场实验设备演示检验前期准备及安全措施实施。

（4）学生进行检验前资料和工具的准备，根据任务书的要求，收集有关检验规程、职业工种要求、装置说明书等资料，根据获得的信息进行分析讨论。

（5）检验测试过程：

常用保护继电器的性能检验

拓展阅读

继电保护"芯"技术

任务7.2　35 kV 及以下输电线路保护

相关知识

7.2.1　继电保护的基本知识

1. 概念

1）故障

电力系统的故障是指电力系统一次设备在运行过程中，由于外力、绝缘老化、过电压、误操作、设计制造缺陷等原因引发的短路、断线等。

2）不正常工作状态

电力系统正常工作状态遭到破坏、使设备的运行参数偏离正常值，但未形成故障，称为不正常工作状态。如一些设备过负荷（过载）、系统频率异常、电压异常、系统振荡等，最常见的不正常运行状态之一是过负荷（过载）。

继电保护基本知识

3）事故

事故是指系统或其中一部分正常工作遭到破坏，并造成对用户少送电或电能质量变坏到不能允许的地步甚至造成人身伤亡或电气设备损坏的事件。

2. 电力系统继电保护的基本任务

当电力系统发生故障时，有选择性地将故障元件从系统中快速、自动地切除，使其损坏程度减至最轻，以避免故障元件继续遭到破坏，保证系统其他非故障部分能继续运行。

电力系统出现不正常工作状态，在有人值班的情况下，一般发出报警信号，提醒值班人员进行处理；在无人值班情况下，继电保护装置可视设备承受能力作用于减负荷或延时跳闸。

3. 对继电保护的基本要求

1）选择性

选择性是指继电保护动作时，仅将故障元件或线路从电力系统中切除，使系统无故障部分继续运行。即首先由故障设备或线路本身的保护切出故障，当故障设备或线路本身的保护或断路器拒动时，才允许相邻设备、线路的保护或断路器失灵保护切除故障。

以图7－2所示电路为例进行说明，当6.3 kV Ⅱ母线上的引出线 L－4 上 k 点发生故障，则应该由引出线 L－4 的保护装置动作，仅将本引出线的断路器4QF 断开，而发电机2G 的主断路器 6QF 和母线分段断路器 QF 不应断开，否则，将引起 Ⅱ 母线上所有引出线停电。

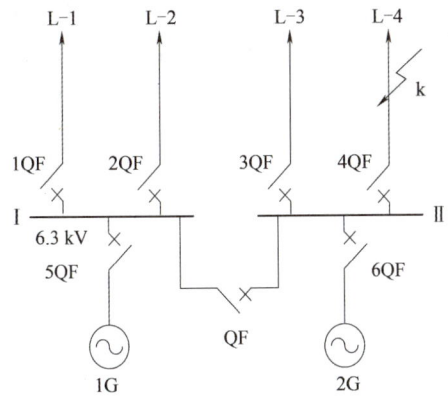

图 7 - 2　保护选择性说明图

2）速动性

速动性是指继电保护以允许而又可能的最快速度动作于断路器的跳闸，断开故障元件。

通常以故障切除时间衡量继电保护的速动性，故障切除时间等于保护装置的动作时间和断路器动作时间的总和。一般快速保护的动作时间为 0.06 ~ 0.12 s，最快的可达 0.01 ~ 0.04 s；一般断路器的动作时间为 0.06 ~ 0.15 s，最快的为 0.02 ~ 0.06 s。

3）灵敏性

灵敏性是对于其保护范围内发生故障及不正常运行状态的反应能力。能满足灵敏性要求的继电保护，在规定的范围内故障，不论短路点位置和短路的类型如何，以及短路点是否有过渡电阻，都能正确反应动作，即要求不但系统最大运行方式下三相短路时能可靠动作而且系统在最小运行方式经过较大的过渡电阻发生的两相和单相短路故障时也能可靠动作。继电保护的灵敏性，通常以灵敏系数来衡量。

在 GB/T 50062—2008《电力装置的继电保护和自动装置设计规范》中，对各种继电保护的灵敏系数均有一个最小值的规定，应以此作为各种继电保护灵敏度检验的依据。灵敏系数的计算方法在介绍到具体保护时会详细说明。

灵敏系数越大（一般要求在 1.2 ~ 2），保护越灵敏，越能可靠地反应要求动作的故障或不正常运行状态。但同时，也越易于在非要求动作的其他情况下发生误动作，因而灵敏性与选择性是相互矛盾的，需要协调处理。

4）可靠性

可靠性是对电力系统继电保护的最基本性能要求，它包括两个方面的性能，即安全性与信赖性。所谓安全性是要求继电保护在不需要它动作时可靠不动作，即不发生误动。所谓信赖性是要求继电保护在规定的保护范围内发生了应该动作的故障时可靠动作，即不拒动。简言之，安全性是要求保护在不应动作时，不误动；信赖性是要求保护在应动作时，不拒动。安全性和信赖性主要取决于保护装置本身的元件质量、接线方案以及安装、整定和运行维护等多种因素。

以上四项要求对于一个具体的保护装置来说，不一定都是同等重要的，而是往往有所侧重。例如对电力变压器，由于它是供配电系统中最关键的设备，因此对它的保护装置的灵敏度要求较高；而对一般电力线路的保护装置，其灵敏度要求可低一些，但其选择性要求较高。又例如，在无法兼顾保护选择性和速动性的情况下，为了快速切除故障以保护某些关键设备，或者为了尽快恢复系统的正常运行，有时甚至牺牲选择性来保证速动性。

继电保护装置除了满足上述四项基本要求外，还应便于调试和维修，且尽可能满足系统运行所要求的灵活性。

4. 继电保护装置的构成

继电保护装置通常由测量比较元件、逻辑判断元件和执行输出元件三部分组成，如图 7-3 所示。

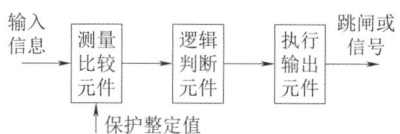

图 7-3　继电保护装置的构成

测量比较元件的作用是测量与被保护电气设备或线路工作状态有关的物理量的变化，如电流、电压等的变化，以确定电力系统是否发生了短路故障或出现不正常运行情况；逻辑判断元件的作用是当电力系统发生故障时，根据测量比较元件的输出信号，进行逻辑判断，以确定保护是否应该动作，并向执行输出元件发出相应的信号；执行输出元件的作用是执行逻辑判断元件的判断，发出切除故障的跳闸脉冲或指示不正常运行情况的信号。

5. 继电保护的发展与展望

继电保护是随着电力系统和自动化技术的发展而发展的。首先出现了反应电流超过预定值的过电流保护。熔断器就是最早的、最简单的过电流保护装置，其至今仍被广泛应用于低压线路和用电设备。由于电力系统的发展，用电设备的功率、发电机的容量不断增大，发电厂、变电所和供电网的接线不断复杂化，电力系统中的正常工作电流和短路电流都不断增大，熔断器已不能满足选择性和快速性的要求，于是出现了作用于专门的断流装置（断路器）的过电流继电器。19 世纪 90 年代出现了装于断路器上并直接作用于断路器的一次式（直接作用于一次短路电流）的电磁型过电流继电器。20 世纪初，继电器开始广泛应用于电力系统的保护。这个时期可被认为是继电保护技术发展的开端。

1901 年出现了感应型过电流继电器。1908 年人们提出了比较被保护元件两端电流的差动保护原理。1910 年，方向性电流保护开始得到应用，此时也出现了将电流与电压比较的保护原理，并导致 20 世纪 90 年代初距离保护的出现。随着电力系统载波通信的发展，在 1927 年前后，出现了利用高压输电线上高频载波电流传送和比较输电线两端功率或相位的高频保护装置。在 20 世纪 50 年代，微波中继通信开始应用于电力系统，从而出现了利用微波传送和比较输电线两端故障电气量的微波保护。在 20 世纪 50 年代还出现了利用故障点产生的行波实现快速继电保护的设想。经过 20 余年的研究，终于诞生了行波保护装置。显然，随着光纤通信在电力系统中被大量采用，利用光纤通道的继电保护必将得到广泛的应用。

与此同时，构成继电保护装置的元件、材料，继电保护装置的结构形式和制造工艺也发生了巨大变革。20 世纪 50 年代以前，继电保护装置都是由电磁型、感应型或电动型继电器组成的。这些继电器统称为机电式继电器，它们体积大、消耗功率大、动作速度慢、机械传动部分和触点容易磨损或粘连、调试维护比较复杂，不能满足超高压、大容量电力系统的要求。在 20 世纪 50 年代到 90 年代末的 40 余年时间里，继电保护完成了发展的 4 个阶段，即从电磁继电保护装置到晶体管型继电保护装置，到集成电路继电保护装置，再到微机继电保护装置。

随着电子技术、计算机技术、通信技术的飞速发展，人工智能技术（如人工神经网络、遗传算法、进化规模、模糊逻辑等）相继在继电保护领域得到应用，继电保护技术向计算机化、网络化、一体化、智能化的方向发展。

7.2.2 单侧电源网络相间短路的电流保护

输电线路正常运行时，线路上流过的是负荷电流，母线电压一般为额定电压。当输电线路发生相间短路时，电源至短路点之间的电流会增大，故障相母线电压会降低。因此，可利用这一特征反映故障。线路电流超过某一整定值时，电流继电器动作，就构成线路的电流保护。电流保护分为瞬时电流速断保护、限时电流速断保护、定时限过电流保护。电流保护在 35 kV 及以下输电线路中被广泛使用。

单侧电源网络相间短路的电流保护

1. 瞬时电流速断保护（第 Ⅰ 段）

对于仅反应于电流增大而瞬时动作的电流保护，称为瞬时电流速断保护。

1）工作原理

对于图 7-4 所示单侧电源的辐射形电网，电流保护装设在线路始端，当线路发生三相短路时，短路电流计算如下：

$$I_k^{(3)} = \frac{E_\varphi}{Z_s + Z_k} = \frac{E_\varphi}{Z_{s \cdot min} + Z_1 l_k} \qquad (7-1)$$

式中　E_φ——系统等效电源的相电动势；

Z_s——系统阻抗（系统电源到保护安装点的阻抗）；

$Z_{s \cdot min}$——最大运行方式下系统阻抗；

Z_k——短路阻抗（保护安装点到短路点的阻抗）。

$(Z_s + Z_k)$ 为电源至短路点之间的总阻抗。当短路点距离保护安装点越远时，Z_k 越大，短路电流越小；当系统阻抗越大时，短路电流越小；而且短路电流与短路类型有关，同一点 $I_k^{(3)} > I_k^{(2)}$ 其中 $\left(I_k^{(2)} = \frac{\sqrt{3}}{2} I_k^{(3)} = \frac{\sqrt{3}}{2} \cdot \frac{E_\varphi}{Z_{s \cdot max} + Z_1 l_k} \right)$。短路电流与短路点的关系如图 7-4 的 $I_k = f(L)$ 曲线，曲线 1 为最大运行方式（系统阻抗为 $Z_{s \cdot min}$，短路时出现最大短路电流）下三相短路故障时的 $I_k = f(L)$，曲线 2 为最小运行方式（系统阻抗为 $Z_{s \cdot max}$，短路时出现最小短路电流）下两相短路故障时的 $I_k = f(L)$。可见 I_k 的大小与运行方式、故障类型及故障点位置有关。

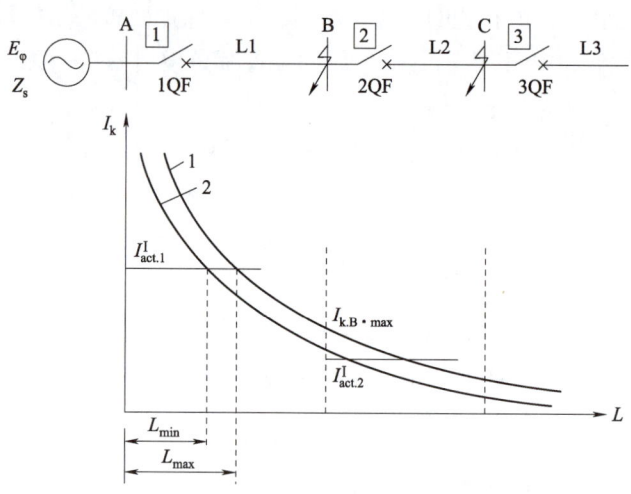

图 7 - 4　瞬时电流速断保护工作原理示意图

瞬时电流速断保护反应线路故障时电流增大而动作，并且没有动作延时，所以必须保证只有在被保护线路上发生短路时才动作，例如图 7 - 4 的保护 1 必须只反应线路 L1 上的短路，而对 L1 以外的短路故障均不应动作。这就是保护的选择性要求，瞬时电流速断保护是通过对动作电流的合理整定来保证选择性的。

2）整定计算原则

为了保证瞬时电流速断保护动作的选择性，应按躲过本线路末端最大短路电流来整定计算。对于图 7 - 4 保护 1 的动作电流，应该大于线路 L2 始端短路时的最大短路电流。实际上，线路 L2 始端短路与线路 L1 末端短路时反应到保护 1 的短路电流几乎没有区别，因此，线路 L1 的瞬时电流速断保护动作电流的整定原则为：躲过本线路末端短路的可能出现的最大短路电流，计算如下：

$$I_{\mathrm{act.1}}^{\mathrm{I}} = K_{\mathrm{rel}}^{\mathrm{I}} I_{\mathrm{k \cdot B \cdot max}}^{(3)} \tag{7-2}$$

式中　$I_{\mathrm{act.1}}^{\mathrm{I}}$——线路 L1 的瞬时电流速断保护一次动作电流；

　　　$K_{\mathrm{rel}}^{\mathrm{I}}$——瞬时电流速断保护的可靠系数，一般取 $K_{\mathrm{rel}}^{\mathrm{I}} = 1.2 \sim 1.3$；

　　　$I_{\mathrm{k.B.max}}^{(3)}$——最大运行方式下，线路 L1 末端（母线）发生三相短路时流过保护 1（即线路 L1）的短路电流。

3）原理接线

瞬时电流速断保护的单相构成原理接线如图 7 - 5 所示。过电流继电器接于电流互感器 TA 的二次侧，当流过它的电流大于它的动作电流后，比较环节 KA 有输出。在某些特殊情况下需要闭锁跳闸同路，设置闭锁环节。闭锁环节在保护不需要闭锁时输出为 1，在保护需要闭锁时输出为 0。当比较环节 KA 有输出并且不被闭锁时，与门有输出，发出跳闸命令的同时，启动信号 KS。

瞬时电流速断保护动作迅速、简单可靠，但不能保护本线路的全长，故不能单独使用。而且它的保护范围随运行方式的变化而变化，当运行方式变化很大或被保护线路很短时，由于线路首端和末端短路时的短路电流数值相差不大，至使它的保护范围可能为零，出现无保护区。

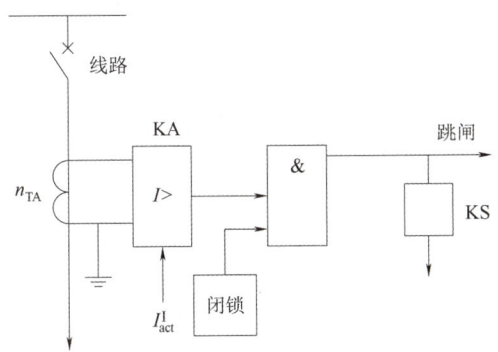

图 7 – 5 瞬时电流速断保护的单相原理接线

2. 限时电流速断保护（第Ⅱ段）

1）工作原理

如图 7 – 6 所示中的限时电流速断保护 1，因为要求保护线路的全长，所以它的保护范围必然要延伸到下级线路中去，这样当下级线路出口处发生短路时，它就要动作，是无选择性动作，为了保证动作的选择性，就必须使保护的动作带有一定的时限，此时限的大小与其延伸的范围有关。如果它的保护范围不超过下级线路速断保护的范围，动作时限则比下级线路的速断保护高出一个时间阶梯 Δt（为 $0.3 \sim 0.6$ s，一般取 0.5 s）。如果与下级线路的速断保护配合后，在本线路末端短路时灵敏性不足，则此限时电流速断保护必须与下级线路的限时电流速断保护配合，动作时限比下级的限时速断保护高出一个时间阶梯，即两个时间阶梯 $2\Delta t$，约为 1 s。

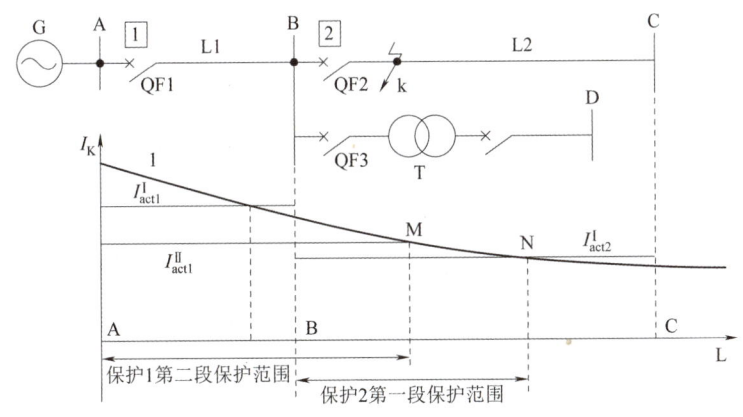

图 7 – 6 限时电流速断保护动作整定分析图

2）整定计算原则

（1）动作电流的整定。

设图 7 – 6 所示系统保护 2 装有瞬时电流速断，其动作电流按式（7 – 2）计算后为 $I^{\mathrm{I}}_{\mathrm{act.\,2}}$，它与短路电流变化曲线的交点 N 即为保护 2 瞬时电流速断的保护范围。根据以上分析，保

护 1 的限时电流速断范围不应超出保护 2 瞬时电流速断的范围。因此它的动作电流就应该整定为

$$I_{act.1}^{II} > I_{act.2}^{I} \qquad (7-3)$$

引入可靠性配合系数 K_{rel}^{II}（一般取为 1.1 ~ 1.2），则得

$$I_{act.1}^{II} = K_{rel}^{II} I_{act.2}^{I} \qquad (7-4)$$

（2）动作时限的整定。

图 7 - 6 中，线路 L2 的 BM 段处于线路 L2 的第 I 段电流保护和线路 L1 的第 II 段电流保护的双重保护范围内，在 BM 段发生短路时，必然出现这两段保护的同时动作。为了保证选择性，应由 L2 的第 I 段电流保护动作跳开 QF2，L1 的第 II 段电流保护不跳开 QF1。为此，L1 的限时速断的动作时限 t_1^{II}，应选择比下级线路 L2 瞬时速断保护的动作时限 t_2^{I} 高出一个时间阶梯 Δt，即

$$t_1^{II} = t_2^{I} + \Delta t \approx \Delta t \qquad (7-5)$$

3）原理接线

限时电流速断保护的单相原理接线如图 7 - 7 所示。它比瞬时电流速断保护接线增加了时间继电器 KT，这样当电流继电器 KA 启动后，还必须经过时间继电器 KT 的延时 t_1^{II} 才能动作于跳闸。而如果在 t_1^{II} 以前故障已经切除，则电流继电器 KA 立即返回，整个保护随即复归原状，不会形成误动作。

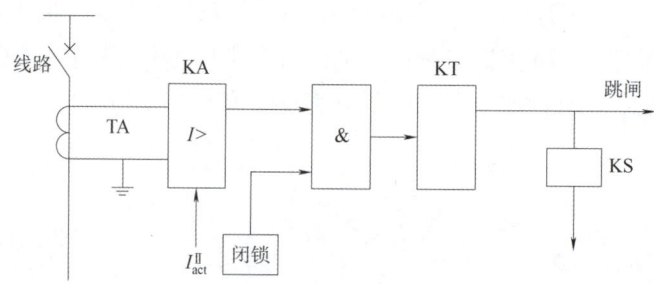

图 7 - 7　限时电流速断保护的单相原理接线图

4）灵敏度校验

为了能够保护本线路的全长，限时电流速断保护必须在系统最小运行方式下，线路末端发生两相短路时，具有足够的反应能力，这个能力通常用灵敏系数 K_{sen} 来衡量。对反应于数值上升而动作的过量保护装置，灵敏系数的含义是：

$$K_{sen} = \frac{保护区末端金属性短路时故障参数的最小计算值}{保护装置的动作参数值} \qquad (7-6)$$

为了保证在线路末端短路时，保护装置一定能够动作，考虑到电流互感器 TA、电流继电器误差，根据规程要求 $K_{sen} \geq 1.3 ~ 1.5$。

若灵敏系数不满足要求时，限时电流速断保护应与下一相邻线路的第 II 段电流保护配合。此时，动作电流：

$$I_{act.1}^{II} = K_{rel}^{II} I_{act.2}^{II} \qquad (7-7)$$

动作时限：

$$t_1^{\mathrm{II}} = t_2^{\mathrm{II}} + \Delta t \qquad (7-8)$$

与瞬时电流速断保护相比，限时电流速断的灵敏性较高，它能保护本线路的全长，可以较快地切除故障，并能作瞬时电流速断保护的近后备保护，即被保护线路首端故障时，如果瞬时电流速断保护拒动，由限时电流速断保护动作切除故障。但当下一线路故障而该线路保护或断路器拒动时，限时电流速断保护不一定能动作，即不能起完全的远后备保护作用，为解决远后备问题，还需装设过电流保护。

3. 定时限过电流保护（第Ⅲ段）

1）工作原理

为防止本线路主保护（瞬时电流速断、限时电流速断保护）拒动和下一级线路的保护或断路器拒动，装设定时限过电流保护作为本线路的近后备和下一线路的远后备保护。过电流保护有两种：一种是保护启动后出口动作时间是固定的整定时间，称为定时限过电流保护；另一种是出口动作时间与过电流的倍数相关，电流越大，出口动作越快，称为反时限过电流保护。

2）整定计算原则

（1）动作电流的整定。

为保证在正常情况下过电流保护不动作，保护装置的动作电流必须大于该线路上出现的最大负荷电流 $I_{\mathrm{L \cdot max}}$，即

$$I_{\mathrm{act}}^{\mathrm{III}} > I_{\mathrm{L \cdot max}} \qquad (7-9)$$

同时还必须考虑在外部故障切除后电压恢复，负荷自启动电流作用下保护装置必须能够返回，其返回电流 I_{re} 应大于负荷自启动电流 $K_{\mathrm{ast}} I_{\mathrm{L \cdot max}}$，即

$$I_{\mathrm{re}} > K_{\mathrm{ast}} I_{\mathrm{L \cdot max}} \qquad (7-10)$$

$$K_{\mathrm{re}} = \frac{I_{\mathrm{re}}}{I_{\mathrm{act}}^{\mathrm{III}}} \qquad (7-11)$$

由式（7-10）和式（7-11）两式可得

$$I_{\mathrm{act}}^{\mathrm{III}} > \frac{K_{\mathrm{ast}} I_{\mathrm{L \cdot max}}}{K_{\mathrm{re}}} \qquad (7-12)$$

为保证两个条件都满足，取以上两个条件中较大者为动作电流整定值，即

$$I_{\mathrm{act}}^{\mathrm{III}} = \frac{K_{\mathrm{rel}}}{K_{\mathrm{re}}} K_{\mathrm{ast}} I_{\mathrm{L \cdot max}} \qquad (7-13)$$

式中　K_{ast}——自启动系数，一般取 1.5~3；

　　K_{rel}——可靠系数，一般取 1.15~1.25；

　　K_{re}——电流继电器的返回系数，一般取 0.85~0.95。

（2）动作时限的整定。

如图 7-8 所示，假定在每条线路首端均装有过电流保护，各保护的动作电流均按照躲开被保护元件上各自的最大负荷电流来整定。这样当 k1 点短路时，保护 1~5 在短路电流的作用下都可能启动，为满足选择性要求，应该只有保护 1 动作切除故障，而保护 2~5 在故

障切除之后应立即返回。这个要求只有依靠使各保护装置带有不同的时限来满足。保护 1 位于电力系统的最末端，假设其过电流保护动作时间为 t_1^{III}，对保护 2 来讲，为了保证 k1 点短路时动作的选择性，则应整定其动作时限 $t_2^{\text{III}} > t_1^{\text{III}}$，即 $t_2^{\text{III}} = t_1^{\text{III}} + \Delta t$。

以此类推，保护 3、4、5 的动作时限均应比相邻元件保护的动作时限高出至少一个 Δt，只有这样才能充分保证动作的选择性，即 $t_1^{\text{III}} < t_2^{\text{III}} < t_3^{\text{III}} < t_4^{\text{III}} < t_5^{\text{III}}$。

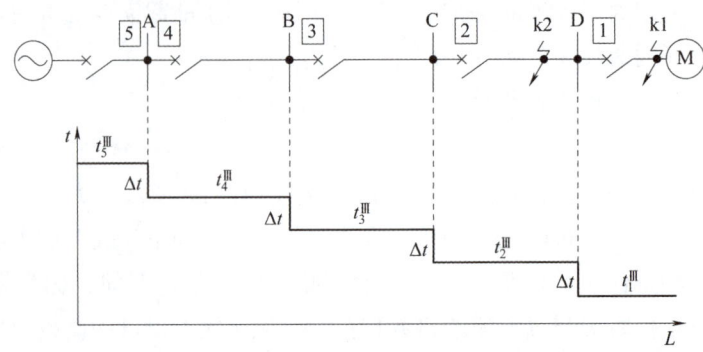

图 7 - 8　单侧电源放射形网络中定时限过电流保护的动作时限

由此可见，定时限过电流保护动作时限的配合原则是，各保护装置的动作时限从用户到电源逐级增加一个级差 Δt（一般取 0.5 s），如图 7 - 8 所示，其形状好似一个阶梯，故称为阶梯形时限特性。在电网终端的过电流保护时限最短，可取 0.5 s，可作主保护；其他保护的时限较长，只能作后备保护。

这种保护的动作时限，经整定计算确定之后不再变化且和短路电流的大小无关，因此称为定时限过电流保护。

第 I 段电流保护依据动作电流整定保证选择性；第 II 段电流保护依据动作电流和时限整定共同保证选择性；第 III 段电流保护依据动作时限的"阶梯形时限特性"配合来保证选择性。

3）原理接线

定时限过电流保护的原理接线与限时电流速断保护相同，只是动作电流和动作时限不同。

4）灵敏度校验

过电流保护灵敏系数的校验仍采用式（7 - 6）。当过电流保护 4 作为本线路 AB 的近后备时，要求

$$K_{\text{sen}}^{\text{III}} = \frac{I_{\text{K. B. min}}}{I_{\text{act}}^{\text{III}}} \geqslant 1.3 \sim 1.5 \tag{7 - 14}$$

当作为相邻线路 BC 的远后备保护时，要求

$$K_{\text{sen}}^{\text{III}} = \frac{I_{\text{K. C. min}}}{I_{\text{act}}^{\text{III}}} \geqslant 1.2 \tag{7 - 15}$$

评价：

（1）第 III 段的动作电流比第 I、II 段的小，其灵敏度比第 I、II 段高，但电流保护受

运行方式的影响大，线路越简单，可靠性越高。

（2）在后备保护之间，只有灵敏系数和动作时限都互相配合时，才能保证选择性；在单侧电源辐射网中，有较好的选择性（靠动作电流、动作时限），但在多电源或单电源环网等复杂网络中可能无法保证选择性。

（3）保护范围是本线路和相邻下一线路全长。

（4）电网末端第Ⅲ段的动作时间可以是保护中所有元件的固有动作时间之和（可瞬时动作），故可不设电流速断保护；末级线路保护亦可简化（Ⅰ＋Ⅲ或Ⅲ），越接近电源，$t^{\text{Ⅲ}}$越长，应设三段式保护。

4. 阶段式电流保护及应用

瞬时电流速断保护（以下简称速断保护）、限时电流速断保护和过电流保护都是反应电流升高而动作的保护。它们之间的区别在于按照不同的原则来选择动作电流。速断是按照躲开本线路末端的最大短路电流来整定；限时速断是按照躲开下级各相邻线路电流速断保护的最大动作范围来整定；而过电流保护则是按照躲开本元件最大负荷电流来整定。

由于电流速断不能保护线路全长，限时电流速断又不能作为相邻元件的后备保护，因此为保证迅速而有选择性地切除故障，常常将电流速断保护、限时电流速断保护和过电流保护组合在一起，构成阶段式电流保护。具体应用时，可以只采用速断保护加过电流保护，或限时速断保护加过电流保护，也可以三者同时采用。阶段式电流保护的逻辑框图如图 7－9 所示。其工作流程图如图 7－10 所示。

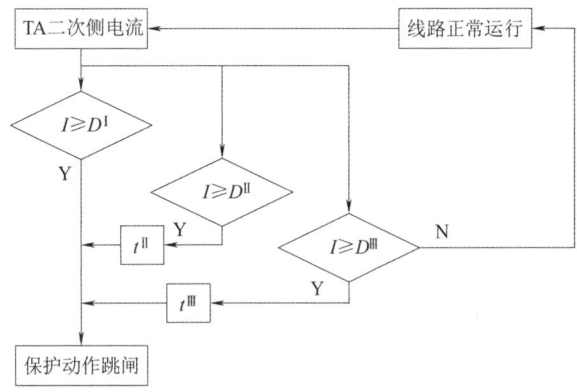

图 7－9　阶段式电流保护的逻辑框图

电流保护在 35 kV 及以下的单电源辐射状网络中广泛应用；电流第 Ⅰ 段也有在 110 kV 电网中应用，作为辅助保护。

5. 电流保护的接线方式

电流保护的接线方式是指保护中电流继电器线圈与电流互感器二次绕组之间的连接方式。流入电流继电器的电流 I_k 与电流互感器的二次侧流出电流 I_2 的比值称为接线系数 K_{con}。

1）电流保护常用的接线方式

（1）三相完全星形接线（图 7－11）的特点：

①每相上均装有 TA 和 KA，Y形接线；

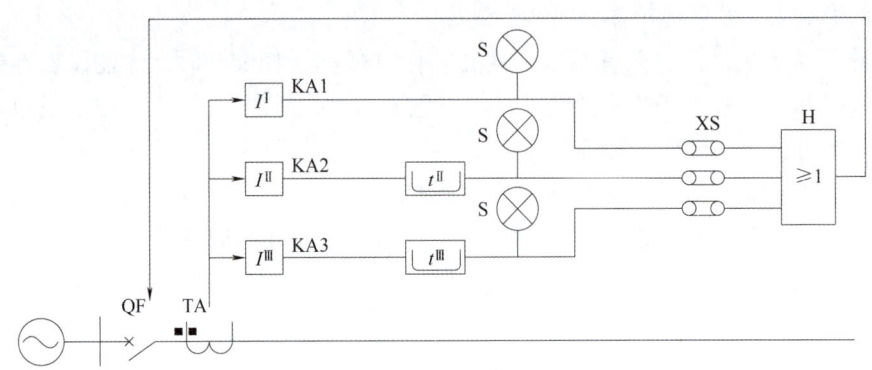

图 7 – 10　阶段式电流保护的工作流程

KA1、KA2、KA3—Ⅰ、Ⅱ、Ⅲ段电流保护的电流测量元件；S—信号元件；

XS—连接片，投退各段保护；t^{II}、t^{III}—Ⅱ、Ⅲ段保护时限元件的时限；H—出口跳闸元件

②KA 的触点并联（或门逻辑关系）。

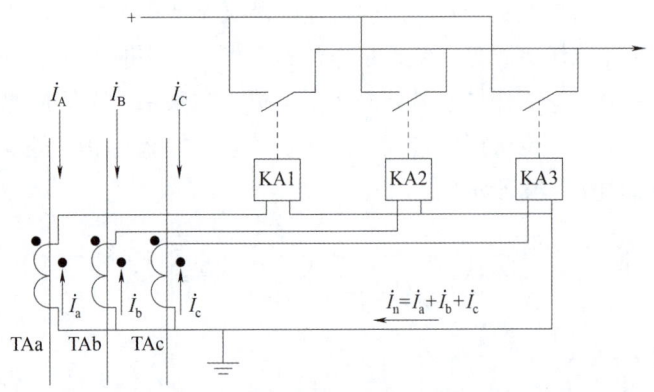

图 7 – 11　三相完全星形接线方式的原理接线图

（2）两相两继电器不完全星形接线（图 7 – 12）的特点：

①某一相上不装设 TA 和 KA，丫形接线；

②KA 的触点并联（通常接 A、C 相）。

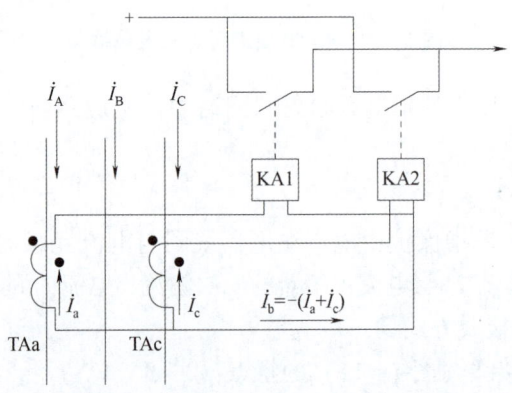

图 7 – 12　两相两继电器不完全星形接线方式的原理接线图

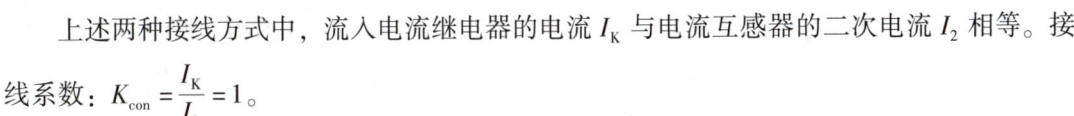

上述两种接线方式中，流入电流继电器的电流 I_K 与电流互感器的二次电流 I_2 相等。接线系数：$K_{con} = \dfrac{I_K}{I_2} = 1$。

对上述两种接线方式进行性能分析比较如下：

①对各种相间短路，两种接线方式均能正确反映；

②在小接地电流系统中，在不同线路的不同相上发生两点接地时，一般只要求切除一个接地点，而允许带一个接地点继续运行一段时间；

③经济性：两相星形接线优于三相星形接线；

④三相星形接线灵敏度是两相星形接线的 2 倍。

2）应用情况说明

（1）三相星形接线：广泛应用于发电机、变压器等大型贵重电气设备的保护中及大电流接地电网系统中输电线路的电流保护中（要求较高的可靠性和灵敏性）。

（2）两相星形接线：广泛用于小电流接地电网中输电线路的电流保护。（注：所有线路上的保护装置应安装在相同的两相上。）

7.2.3　双侧电源线路的方向性电流保护

1. 方向问题的提出

采用图 7 – 13 所示的两侧供电辐射形电网或单电源环形电网可以提高供电可靠性，但必须在线路两侧都装设断路器和保护装置，以便在线路故障时，两侧断路器可以跳闸切除故障。当在图 2 – 13（a）和（b）中的 k1 点发生相间短路时，要求保护 3 和 4 动作，断开 3QF 和 4QF 两个断路器，即切除故障元件，保证非故障设备继续运行。在这种电网中，如果还采用一般的电流保护作为相间短路保护，往往不能满足选择性的要求。

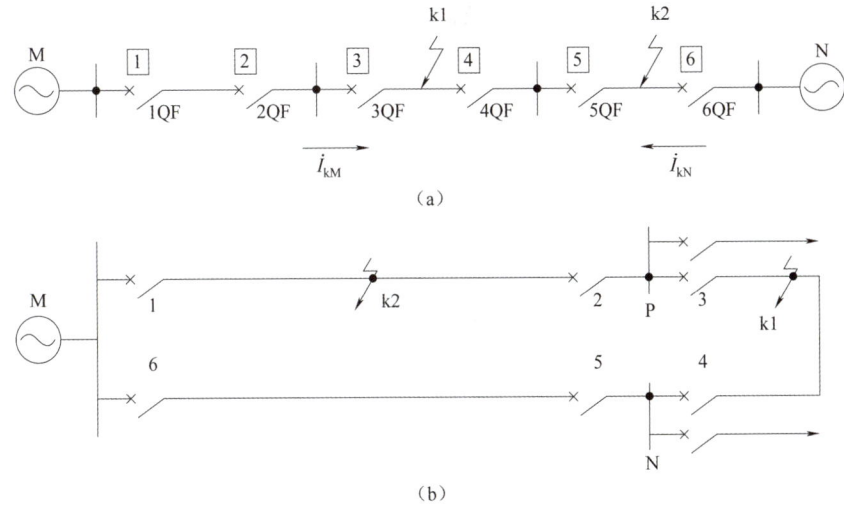

图 7 – 13　电网示意图

（a）双侧电源供电的辐射形电网；（b）单电源供电的环形电网

例如：在图 7 – 13（a）的保护 3 的 1 段范围内 k1 点短路，则 M 侧电源供给的短路电流为 $\dot{I}_{kM}$，N 侧电源供给的短路电流为 $\dot{I}_{kN}$，若 $\dot{I}_{kM} > I_{act.2}$，则保护 2 和 3 的无时限电流速断保护同时动作，错误地将断路器 2QF 跳开，造成变电站 P 全部停电。所以对电流速断保护来说，在双电源线路上难于满足选择性的要求。

对电流保护第Ⅲ段而言，k1 点短路故障时，为保证选择性，要求保护 5 的时限大于保护 4 的时限，即 $t_5 > t_4$；而当 k2 点短路故障时，又要求 $t_4 > t_5$，显然这是无法整定的。

2. 解决问题的措施

解决双侧电源线路
方向性的措施

任务实施

限时电流速断保护检验调试：

（1）教师下发项目任务书，描述任务学习目标；

（2）教师通过图片、动画、视频等讲解本任务中的动作原理；

（3）通过现场实验设备演示检验前期准备及安全措施实施；

（4）学生进行整定调试前资料和工具的准备，根据任务书的要求，收集有关检验规程、职业工种要求、装置说明书等资料，根据获得的信息进行分析讨论。

（5）检验调试过程：

限时电流速断保护整定测试

拓展阅读

国产继电保护技术发展领跑世界

任务7.3 电力变压器保护

7.3.1 变压器的故障、不正常运行状态

1. 变压器的故障

变压器的故障分为油箱内的故障和油箱外的故障。油箱内的故障主要是绕组的相间短路、接地短路、匝间短路以及铁芯的烧损等。油箱外的故障主要是套管和引出线上发生相间短路和接地短路（中性点直接接地或经小电阻接地侧）。

瓦斯保护

2. 变压器的不正常运行状态

变压器的不正常运行状态主要有：由于变压器外部相间短路引起的过电流和外部接地短路引起的过电流和中性点过电压。由于负荷超过额定容量引起的过负荷以及由于漏油等原因而引起的油面降低。大容量变压器在过电压或低频率等异常运行方式的过励磁故障。

7.3.2 变压器的保护配置

1. 高压为 6～10 kV 的车间变电所主变压器

高压为 6～10 kV 的车间变电所主变压器，通常装设带时限的过电流保护。如果过电流保护动作时间大于 0.5～0.7 s 时，还应装设电流速断保护。容量在 800 kV·A 及以上的油浸式变压器和 400 kV·A 及以上的车间内油浸式变压器，按规定还应装设瓦斯保护（也称气体继电保护）。容量在 400 kV·A 及以上的变压器，当数台并列运行或者单台运行并作为其他负荷的备用电源时，应根据可能过负荷的情况装设过负荷保护。

过负荷保护和瓦斯保护在轻微故障时（通常称为"轻瓦斯"故障），只动作于信号；而其他保护包括瓦斯保护在严重故障时（通常称为"重瓦斯"故障），一般均动作于跳闸。

2. 35 kV 及以上的工厂总降压变电所主变压器

35 kV 及以上的工厂总降压变电所主变压器，应装设过电流保护、电流速断保护和瓦斯保护。在有可能过负荷时还应装设过负荷保护。如果单台运行的变压器容量在 10 000 kV·A 及以上或者并列运行的变压器每台变压器容量在 6 300 kV·A 及以上时，则应装设纵联差动保护来取代电流速断保护。

7.3.3 变压器的瓦斯保护

目前，电力系统中所使用的变压器大多数仍然是油浸式变压器，在变压器油箱内部发生故障时会产生大量的瓦斯气体，能使瓦斯保护（也称气体继电保护）可靠动作。瓦斯保护是变压器油箱内部短路故障及异常的重要保护装置。瓦斯保护分为轻瓦斯保护和重瓦斯保护两种。轻瓦斯保护动作于信号，重瓦斯保护作用于切除变压器。

1. 变压器瓦斯保护基本原理

瓦斯保护是变压器的主保护，它可以反映变压器油箱内的一切故障，包括：油箱内的多

相短路、绕组匝间短路、绕组与铁芯或与外壳间的短路、铁芯故障、油面下降或漏油、分接开关接触不良或导线焊接不良等。但是它不能反映变压器油箱外部（如引出线上）的故障，所以不能作为保护变压器内部故障的唯一保护装置。另外，瓦斯保护也易在一些外界因素（如地震）的干扰下误动作，对此必须采取相应的措施。

当油浸式变压器的内部发生故障（包括轻微的匝间短路和绝缘破坏引起的经电弧电阻的接地短路）时，由于故障点电流和电弧的作用，将使变压器油及其他绝缘材料因局部受热而分解产生气体，因气体比较轻，它们将从油箱流向油枕的上部。当严重故障时，油会迅速膨胀并产生大量的气体，此时将有剧烈的气体夹杂着油流冲向油枕的上部。

利用油箱内部故障的上述特点，可以构成反映上述气体而动作的保护装置。

2. 变压器瓦斯保护的构成

瓦斯保护的主要构成元件是气体继电器（瓦斯继电器），安装在变压器油箱与油枕之间的连接管道上，如图 7 – 14 所示。

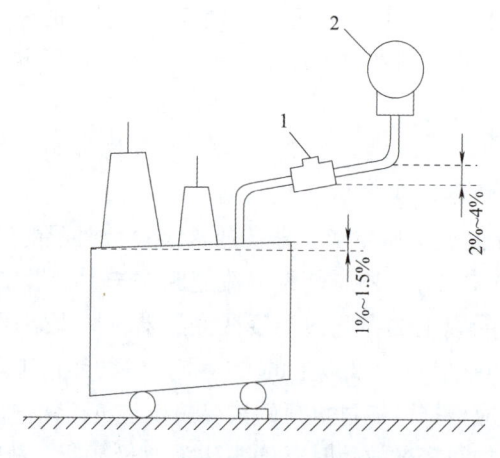

图 7 – 14　瓦斯继电器安装位置示意图

1—瓦斯继电器；2—油枕

瓦斯继电器有浮筒式、挡板式、开口杯式等不同型号。目前大多采用 QJ1 – 80 型瓦斯继电器，其结构如图 7 – 15 所示。

在正常运行时，继电器内充满油，上开口杯浸在油内，处于上浮位置，干簧继电器不动作；挡板则由于本身质量而下垂，其干簧继电器也不动作。

当变压器内部发生轻微故障时，气体产生的速度较缓慢，气体上升至油枕途中首先积存于瓦斯继电器的上部空间，使油面下降，上开口杯随之下降而使干簧继电器动作，接通延时信号，这就是所谓的"轻瓦斯"。

当变压器内部发生严重故障时，则产生强烈的瓦斯气体，油箱内压力瞬时突增，产生很大的油流向油枕方向冲击，因油流冲击挡板，挡板克服弹簧的阻力，带动磁铁向干簧触点方向移动，使干簧继电器动作，接通跳闸回路，使断路器跳闸，这就是所谓的"重瓦斯"。重瓦斯动作，立即切断与变压器连接的所有电源，从而避免事故扩大，起到保护变压器的作用。

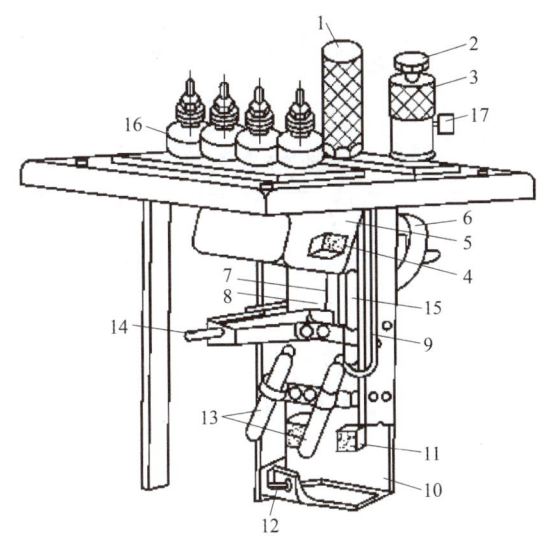

图 7－15 QJ1－80 型瓦斯继电器的结构

1—罩；2—顶针；3—气塞；4—磁铁；5—开口杯；6—重锤；7—探针；

8—开口销；9—弹簧；10—挡板；11—磁铁；12—螺杆；13—双干簧触点；14—调节杆

3. 变压器瓦斯保护的原理接线

变压器瓦斯保护的原理接线如图 7－16 所示。

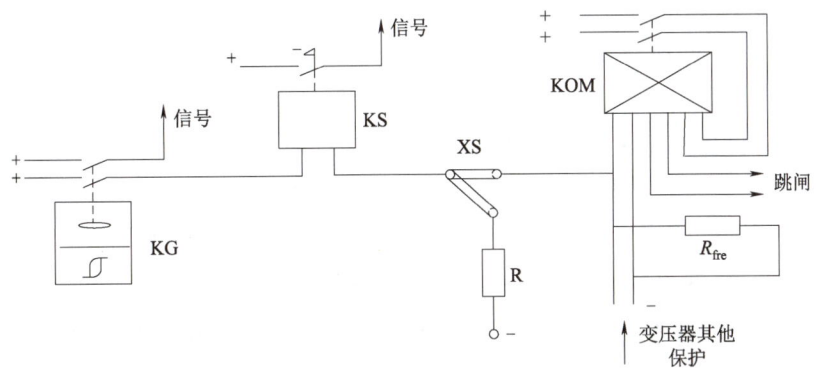

图 7－16 变压器瓦斯保护的原理接线

（1）接线原理：瓦斯继电器 KG 有两对触点，上面的触点表示"轻瓦斯保护"，动作后经延时发出报警信号。下面的触点表示"重瓦斯保护"，动作后启动变压器保护的总出口中间继电器 KOM，使断路器跳闸。

（2）KOM 作用：当油箱内部发生严重故障时，由于油流的不稳定可能造成干簧触点的抖动，此时为使断路器能可靠跳闸，应选用具有电流自保持线圈的出口中间继电器 KOM，动作后由断路器的辅助触点来解除出口回路的自保持。

（3）切换片 XS 作用：为防止变压器换油或进行试验时引起重瓦斯保护误动作跳闸，可利用切换片 XS 将跳闸回路切换到信号回路。

4. 变压器瓦斯保护动作后的故障分析

电力变压器瓦斯保护动作后，可由蓄积在瓦斯继电器内的气体性质来分析和判断故障的原因及处理要求，如表 7 - 2 所示。

表 7 - 2　瓦斯继电器动作后的气体分析和处理要求

气体性质	故障原因	处理要求
无色、无臭、不可燃	电力变压器内含油	允许继续运行
灰白色、有剧臭、可燃	纸质绝缘烧毁	应立即停电检修
黄色、难燃	木质绝缘烧毁	应停电检修
深灰色或黑色、易燃	油内闪络，油质炭化	应分析油样，必要时停电检

7.3.4　变压器差动保护

按 GB 50062—2008 规定：10 000 kV · A 及以上的单独运行变压器和 6 300 kV · A 及以上的并列运行变压器，应装设纵联差动保护；其他重要变压器及电流速断保护灵敏度达不到要求时，也可装设纵联差动保护。

变压器差动保护

差动保护分纵联差动保护和横联差动保护两种形式，纵联差动保护用于单回路，横联差动保护用于双回路。

变压器纵联差动保护作为变压器绕组故障时变压器的主保护，其保护区是构成差动保护的各侧电流互感器之间所包围的部分，包括变压器本身、电流互感器与变压器之间的引出线。

1. 变压器纵联差动保护的工作原理

变压器纵联差动保护与线路纵差保护的原理相同，都是比较被保护设备各侧电流的相位和数值的大小。以一个双绕组变压器为例进行分析，如图 7 - 17 所示。

当正常运行或外部故障时，电流方向如图 7 - 17 （a） 所示，流入差动继电器中电流 $\dot{I}_\mathrm{d} = \dot{I}_1' - \dot{I}_2'$，而此时继电器应不动作。在不考虑误差的情况下，流入差动继电器中的电流为零，即

$$\dot{I}_\mathrm{d} = \dot{I}_1' - \dot{I}_2' = \frac{\dot{I}_1}{n_{\mathrm{TA1}}} - \frac{\dot{I}_2}{n_{\mathrm{TA2}}} = 0$$

式中，$\dfrac{\dot{I}_1}{n_{\mathrm{TA1}}} = \dfrac{\dot{I}_2}{n_{\mathrm{TA2}}}$。

当区内发生故障时，电流方向如图 7 - 17 （b） 所示，流入差动继电器的电流 $\dot{I}_\mathrm{d} = \dot{I}_1' + \dot{I}_2'$，保护装置可以动作。

在上面分析中，忽略了变压器接线形式，目前，大中型变电站的变压器一般采用 Yd11 的接线，d 侧超前 Y 侧 30°，即使满足 $n_\mathrm{T} = \dfrac{n_{\mathrm{TA2}}}{n_{\mathrm{TA1}}}$ 条件，流入差动继电器的电流值也不为 0。

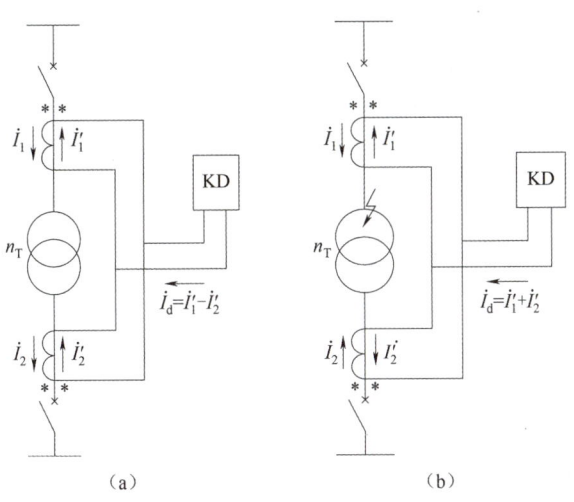

图 7 – 17　变压器纵差动保护原理接线图

（a）正常运行或外部故障；（b）内部故障

在正常运行情况下 Y、d 侧同名相电流的相位相差 30°。如果直接用这两个电流构成变压器纵差动保护，即使它们的幅值相同也会产生很大的不平衡电流，所以需要进行相位校正和幅值校正。因此将装设在变压器星形连接一侧的电流互感器接成三角形，而装设在变压器三角形连接一侧的电流互感器接成星形，如图 7 – 18（a）所示。由图 7 – 18（b）、（c）的相量图可知，这样就可消除差动回路中由于变压器两侧电流相位不同而引起的不平衡电流。

此外，在变压器纵联差动保护装置中，还应设法减小由两侧电流互感器电流比与变压器电压比不能完全配合而引起的不平衡电流，并设法减小由变压器励磁涌流（只通过变压器一次绕组）而引起的不平衡电流，因此这种保护装置是比较复杂、成本也是比较高的。实际上，在差动回路中产生不平衡电流的因素很多，不可能完全消除，而只能使之减小到最小值。

2. 变压器纵差动保护不平衡电流产生的原因及减小不平衡电流的措施

（1）电流互感器计算变比与实际变比不同。

由于变比的标准化使得其实际变比与计算变比不一致，从而产生不平衡电流。

（2）变压器各侧电流互感器型号不同。

由于变压器各侧电压等级和额定电流不同，所以变压器各侧的电流互感器型号不同，它们的饱和特性、励磁电流（归算至同一侧）也就不同，从而在差动回路中产生较大的不平衡电流。

由于变压器各侧电流互感器型号不同产生的不平衡电流在差动保护的整定计算中加以考虑。

（3）变压器带负荷调节分接头。

当差动保护投入运行后，在调压抽头改变时，一般不可能对差动保护的电流回路重新操作，因此又会出现新的不平衡电流，不平衡电流的大小与调压范围有关。

变压器带负荷调节分接头产生的不平衡电流在变压器差动保护的整定计算中考虑。

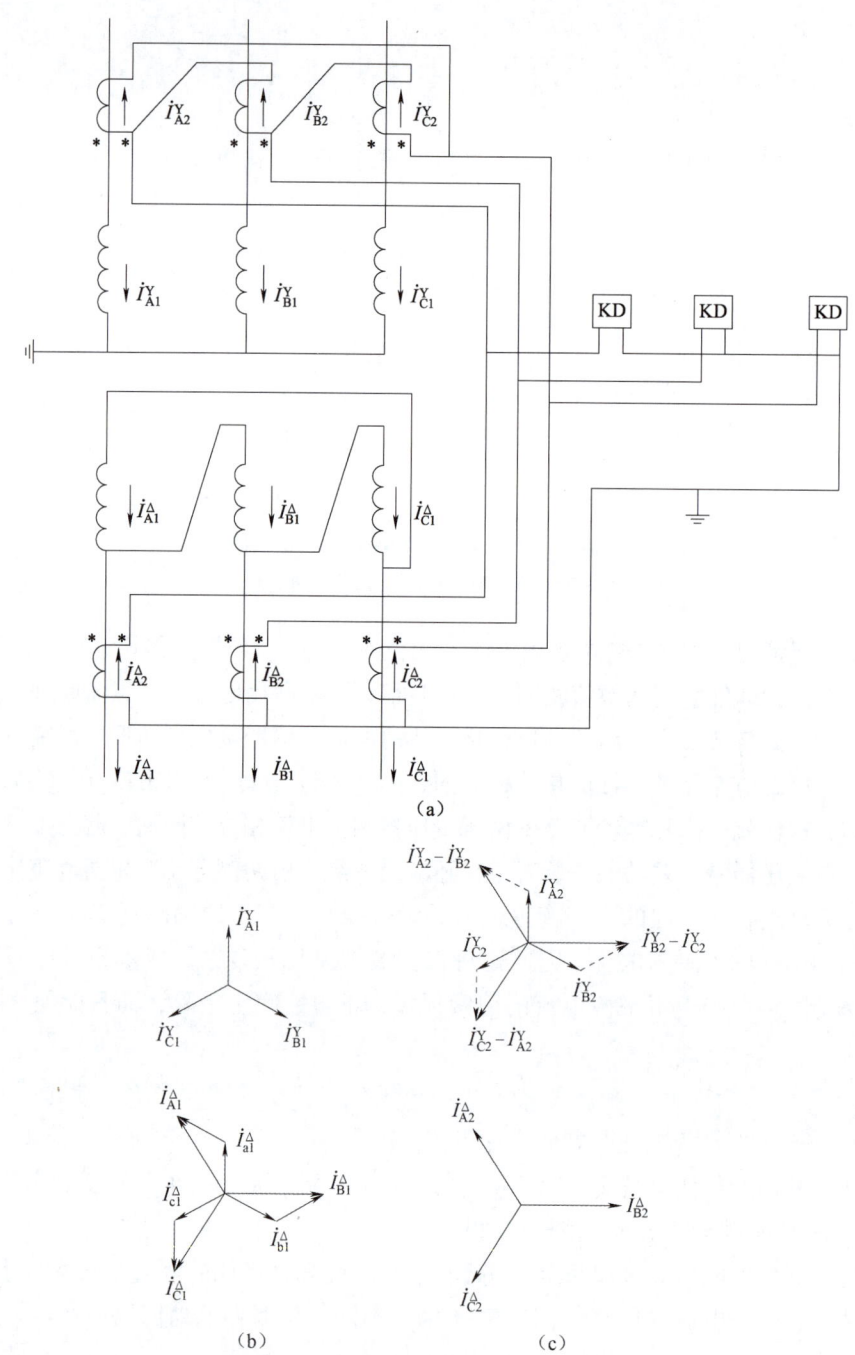

图 7-18　Yd11 接线变压器差动保护接线图和相量图

（a）原理接线图；（b）一次侧电流相量；（c）差动回路电流相量

在稳态情况下，变压器的差动保护的不平衡电流可由下式决定。

$$I_{\text{unb. max}} = (K_{\text{ss}}K_{\text{aper}} \times 10\% + \Delta U + \Delta f_{\text{za}})I_{\text{k. m. max}}/n_{\text{TA}}$$

式中　K_{aper}——非周期分量影响系数，取 1；

　　　K_{ss}——电流互感器同型系数，取 1；

10%——电流互感器允许的最大相对误差;

ΔU——变压器调压分接头改变引起的相对误差,取调压范围的一半。

(4)暂态情况下的不平衡电流。

暂态过程中不平衡电流的特点:

①暂态不平衡电流含有大量的非周期分量,偏离时间轴的一侧。

②暂态不平衡电流最大值出现的时间滞后一次侧最大电流的时间(根据此特点靠保护的延时来躲过其暂态不平衡电流必然影响保护的快速性,甚至使变压器差动保护不能接受)。

(5)励磁涌流的特点及克服励磁涌流的方法。

在空载投入变压器或外部故障切除后恢复供电等情况下,变压器励磁电流的数值可达变压器额定的6~8倍,变压器励磁电流通常称为励磁涌流。励磁涌流的波形如图7-19所示。

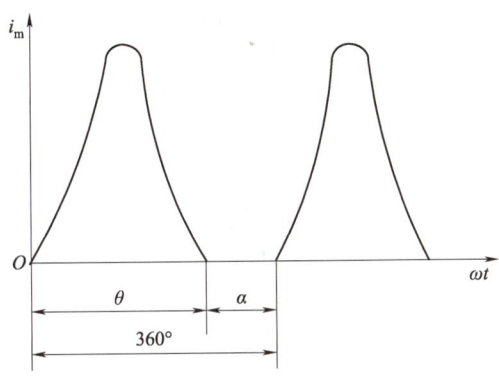

图 7 – 19　励磁涌流的波形

励磁涌流有以下特点:

①励磁电流数值很大,并含有明显的非周期分量,使励磁电流波形明显偏于时间轴的一侧。

②励磁涌流中含有明显的高次谐波,其中励磁涌流以2次谐波为主。

③励磁涌流的波形出现间断角。

克服励磁涌流对变压器纵差保护影响的措施:

①在模拟型变压器纵差动保护中采用带有速饱和变流器的差动继电器(BCH型)构成差动保护。

②微机型变压器纵差动保护中利用二次谐波制动原理构成的差动保护,利用间断角原理构成的变压器差动保护,采用波形对称性原理构成的变压器差动保护。

(6)和应涌流。

和应涌流是当电网中空投一台变压器时,在相邻的并联或级联运行变压器中产生的。和应涌流在合闸变压器涌流持续一段时间后产生,该涌流波形特征不明显且持续时间很长,容易导致变压器的涌流闭锁环节失效,造成运行变压器保护误动作。由于运行变压器本身没有故障,并且误动是发生在相邻变压器空投完成较长的一段时间之后,所以很难查明误动原因，误动原因更具有隐蔽性。

任务实施

变压器事故（5 min、30 min、60 min）、异常汇报：

（1）教师下发项目任务书，描述任务学习目标；

（2）教师通过图片、动画、视频等讲解本任务中的动作原理；

（3）通过现场实验设备演示检验前期准备及安全措施实施；

（4）学生进行检验前资料和工具的准备，根据任务书的要求，收集有关检验规程、职业工种要求、装置说明书等资料，根据获得的信息进行分析讨论。

（5）变压器事故、异常汇报：

变压器事故异常汇报

拓展阅读

电力"特种兵"张冬：手握高压线，不停一户电

测一测

模块七测一测

模 块 八

电击防护与安全用电

模块介绍

本模块主要是让同学们认识电击伤害的机理及其影响因素；掌握直接触电防护措施的适用场景，主要包含绝缘、屏蔽、安全距离、安全电压、漏电保护器；掌握间接触电防护措施的适用场景，包括保护接地和保护接零；掌握漏电保护器的工作原理、技术参数、选用与运行维护。

知识目标

1. 熟知触电伤害机理及其影响因素。

2. 掌握直接触电防护措施的适用场景，主要包含绝缘、屏蔽、安全距离、安全电压、漏电保护器。

3. 掌握间接触电防护措施的适用场景，包括保护接地和保护接零。

4. 掌握漏电保护器的工作原理、技术参数、选用与运行维护。

能力目标

1. 具备实施防止电击安全措施能力。

2. 合理选择低压配电系统漏电保护器。

3. 开展漏电保护器的运行与维护。

素质目标

1. 培养学生自主探究学习能力。

2. 培养学生团队合作意识。

3. 培养学生敬业、专注、创新的工匠精神。

任务 8.1 电击伤害及防护技术

相关知识

8.1.1 电击伤害

电流通过人体时，人体内部组织将产生复杂的反应。人体触电可分两种情况：一种是雷击和高压触电，较大的安培数量级的电流通过人体所产生的热效应、化学效应和机械效应，将使人的肌体遭受严重的电灼伤、组织炭化坏死及其他难以恢复的永久性伤害。另一种是低压触电，在几十至几百毫安电流作用下，使人的肌体产生病理生理反应，轻的有

电流对人体的伤害

针刺痛感，或出现痉挛、血压升高、心律不齐以致昏迷等暂时性的功能失常，重的可引起呼吸停止、心跳骤停、心室纤维性颤动等危及生命的伤害。

图 8-1 所示为 IEC 提出的人体触电时间与通过人体电流（50 Hz）对人身机体反应的曲线。由该图可以看出，人体触电反应可分 4 个区域，其中①、②、③区可视为"安全区"。在③区与④区间的一条曲线，称为"安全曲线"。④区是致命区，但③区也并非绝对安全的。

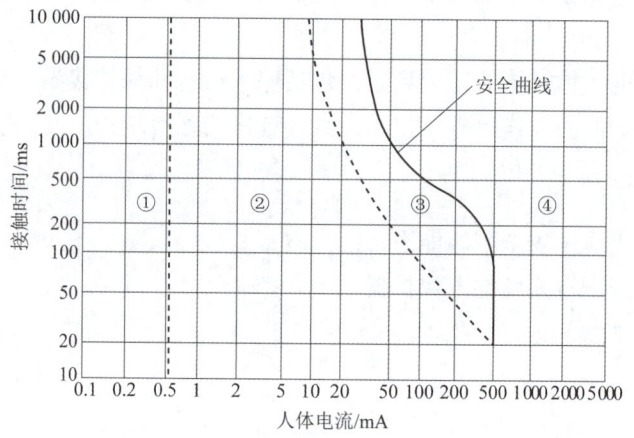

图 8-1　IEC 提出的人体触电时间与通过人体电流（50 Hz）对人身机体反应的曲线

①—人体无反应区；②—人体一般无病理生理性反应区；

③—人体一般无心室纤维性颤动和器质性损伤区；④—人体可能发生心室纤维性颤动区

8.1.2 电击防护

直接触电防护

1. 直接触电

直接触电是指人体直接触及或过分靠近电气设备及线路的带电导体而发生的触电现象，如单相触电、两相触电、电弧伤害等。

1）人与带电体直接接触

（1）单相触电：指人站在地面或其他接地体上，人体的某一部位触及一相带电体所引起的触电。其危害程度与电压的高低、电网中性点接地方式、带电体对地绝缘等有关。

中性点接地的单相触电如图 8 – 2 所示。

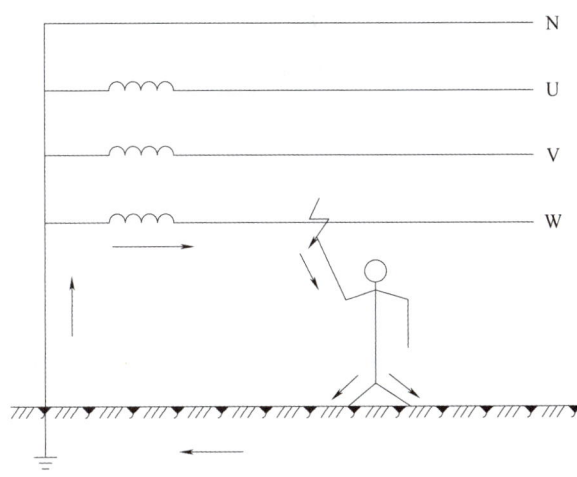

图 8 – 2　中性点接地的单相触电

流过人体的电流为

$$I_r = \frac{U_X}{R_g + R_r} \approx \frac{U_X}{R_r}(R_r \gg R_g)$$

中性点不接地系统的单相触电如图 8 – 3 所示。

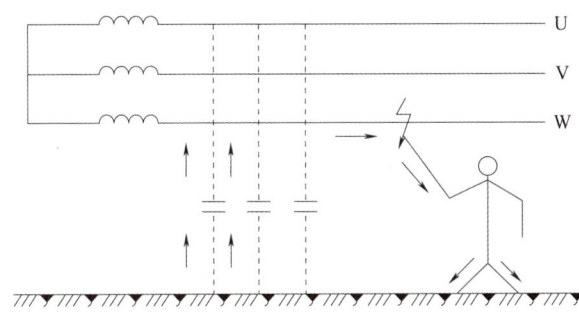

图 8 – 3　中性点不接地系统的单相触电

此时通过人体的电流为

$$I_r = \frac{3U_x}{\mid 3R_r + Z_j \mid}$$

（2）两相触电：指人体有两处同时接触带电的任何两相电源时发生的触电，如图 8 – 4 所示。人体承受线电压，危险性大，发生概率小。

不论中性点是否接地、人体对地是否绝缘，通过人体的电流为

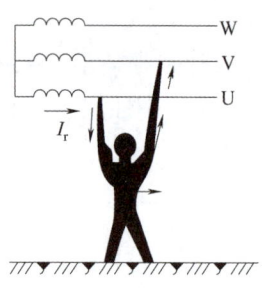

图 8 − 4　两相触电

$$I_r = \frac{U_l}{R_r}$$

直接触电防护也称基本保护，变配电装置从设计、安装、调试、运行、检修各个环节都必须注意防止触及电气装置的带电部分时可能发生的危险，并设置安全防护措施。

保护的基本原则是防止电流经由任何人的身体通过；或限制可能流经人体的电流使之小于允许电流。

对直接触电可采用以下防护措施：

（1）绝缘。

使用绝缘材料对带电体进行封闭和电位隔离，以防止任何人与带电体的接触。

良好的绝缘是保证设备和线路正常工作的必要条件，也是防止触电事故的重要措施。设备或线路的绝缘必须与所采用的电压相符合，与周围环境和运行条件相适应。

电气作业时使用绝缘站台（垫）工作、穿绝缘鞋、戴绝缘手套、使用有绝缘手柄的工具等都是为了防止直接触电。

（2）屏护。

使用遮拦、护罩、护盖等外护物将带电部分与外界隔离，防止人体无意识地触及或过分靠近带电体引起触电。

屏护的作用：①防止工作人员意外碰触或过分接近带电体。②作为检修部位与带电体的距离小于安全距离时的隔离措施。③保护电气设备不受机械损伤。

屏护主要用于电气设备不便于绝缘或绝缘不足的场合以保证安全。

（3）障碍。

障碍是指设置阻挡物以防止无意识地接近带电体或触及带电部分。

但障碍不能防止工作人员有意识移开、绕过或翻越该障碍触及或接近带电体，所以是一种不安全的防护。

（4）采用安全电压。

接触电压的限定值 50 V 就是根据 30 mA 人体允许电流和 1 700 Ω 人体电阻的条件下确定的。

（5）加装漏电保护器。

漏电保护断路器（又称漏电开关、触电保安器等），它是一种在规定条件下，当漏电电流达到或超过给定值时，便能自动断开电路的一种机械式开关电器或组合电器。漏电保护断路器的作用就是防止电气设备和线路等漏电引起人身触电事故。

2. 间接触电

间接触电是指触及正常运行时不带电而发生故障时带电的电气设备金属外壳或金属构架而发生的触电，如跨步电压触电、接触电压触电。

间接触电防护

1）跨步电压触电

跨步电压：当电气设备发生接地故障（绝缘损坏）或线路发生单相断线落在地面时，接地点周围存在电位分布区域，在此区域内，人的两脚之间（0.8 m）的电位差就是跨步电压，如图 8-5 所示。

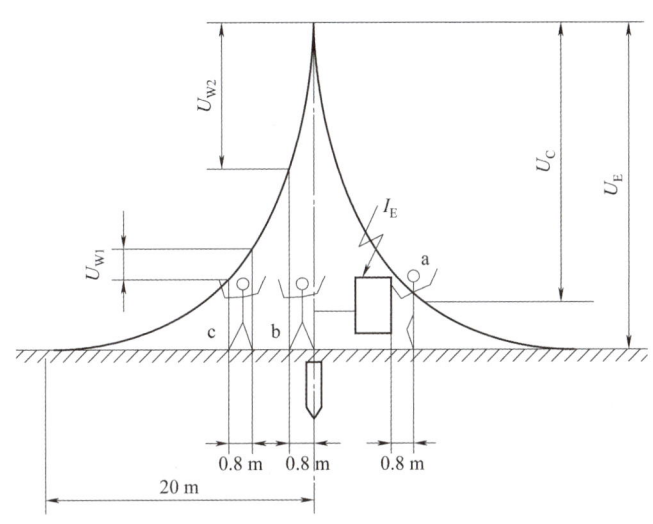

图 8-5　跨步电压

防止跨步电压触电的措施：

（1）远离断线落地区；

（2）不小心步入断线落地区时，应将双脚并在一起或用一条腿跳着离开断线落地区；

（3）进入落地区救人或排除故障时应穿绝缘靴（鞋）。

2）接触电压触电

当电气设备因绝缘损坏而发生接地故障时，站在设备附近地面的人触及设备外壳时，加于人手与脚之间（距设备水平距离 0.8 m，垂直距离 1.8 m）的电位差，就是接触电压。

保护接地和保护接零是广泛采用的防止间接触电的措施：

（1）保护接地。

定义：保护接地是将一切正常时不带电而在绝缘损坏时可能带电的金属部分（如各种电气设备的金属外壳、配电装置的金属构架等）与独立的接地装置相连，从而防止工作人员触及时发生触电事故。

保护接地的作用：利用接地装置足够小的接地电阻值，降低故障设备外壳可导电部分对地电压，减少人体触及时流过人体的电流，达到防止接触电压触电的目的。

（2）保护接零。

将电气设备的金属外壳与电网的零线（变压器接地的中性线）或与由电源中性点引出

的保护线相连接，称为保护接零。

广泛应用于三相四线制供电的 380/220 V 系统中。

拓展阅读

技术的价值就是让麻烦不再麻烦

任务 8.2　安全用电

相关知识

8.2.1　安全电流

安全电流就是人体触电后的最大摆脱电流。安全电流值，各国规定并不完全一致。我国一般采用 30 mA（50 Hz）为安全电流值，但其触电时间按不超过 1 s 计，因此这安全电流值也称为 30 mA·s。由图 8 – 1 所示安全曲线也可以看出，如果通过人体电流不超过 30 mA·s 时，对人身机体不会有损伤，不致引起心室纤维性颤动和器质性损伤。如果通过人体电流达到 50 mA·s 时，对人就有致命危险；而达到 100 mA·s 时，一般要致人死命。

电气安全

安全电流主要与以下因素有关：

（1）触电时间。由图 8 – 1 的安全曲线可以看出，触电时间在 0.2 s（即 200 ms）以下和 0.2 s 以上，电流对人体的危害程度是大有差别的。触电时间超过 0.2 s 时，致颤电流值将急剧降低。

（2）电流性质。试验表明，直流、交流和高频电流通过人体时对人体的危害程度是不一样的，通过 50 Hz 的工频电流对人体的危害最为严重。

（3）电流路径。电流对人体的伤害程度主要取决于心脏受损的程度。试验表明，不同路径的电流对心脏有不同的损害程度，而以电流从手到脚特别是从一只手到另一只手最为危险。

8.2.2　安全电压

安全电压（safety voltage）是指不致使人直接致死或致残的电压。

我国国家标准 GB/T 3805—2008《安全电压》规定的安全电压分类见表 8 – 1。

表 8 – 1　安全电压分类（据 GB/T 3805—2008）

安全电压分类	应用场合
42 V	特别危险环境中使用的手持电动工具应采用 42 V 安全电压
36 V/24 V	在有电击危险环境中使用的手持照明灯和局部照明灯应采用 36 V 或 24 V 安全电压
12 V	金属容器内、特别潮湿处等特别危险环境中使用的手持照明灯应采用 12 V 安全电压
6 V	水下作业等场所应采用 6 V 安全电压

还必须说明的是，当电气设备采用 24 V 以上安全电压时，必须采取防护直接接触电击的措施。

实际上，从电气安全的角度来说，安全电压与人体电阻是有关系的。

人体电阻由体内电阻和皮肤电阻两部分组成。体内电阻约为 500 Ω，与接触电压无关。皮肤电阻随皮肤表面的干湿洁污状况及接触面积而变。从人身安全的角度考虑，人体电阻一般取下限值 1 700 Ω（平均值为 2 000 Ω）。

8.2.3　保证安全的组织措施

保证安全的组织措施是为实现安全作业而制定的管理方法体系和原则，是对电气设备和线路上作业全过程的安全行为总结。在电气作业时按照组织措施，协调各方的行动，使运行、检修、试验等部门统一指挥、明确分工、密切配合，共同保证作业人员的安全和设备安全。

保证安全的组织
措施动画

保证安全的组织措施：工作票制度；工作许可制度；工作监护制度；工作间断、转移和终结制度。

1. 工作票制度

工作票是准许在电气设备或线路上工作的书面命令，工作负责人和工作许可人要凭工作票履行工作许可手续，工作票也是工作间断、转移和终结手续的依据。

1）工作票的种类

变电站（发电厂）第一种工作票：

电力线路第一种工作票；

电力电缆第一种工作票。

变电站（发电厂）第二种工作票：

电力线路第二种工作票；

电力电缆第二种工作票。

变电站（发电厂）带电作业工作票：

电力线路带电作业工作票。

变电站（发电厂）事故应急抢修单：

电力线路事故应急抢修单。

2）工作票的适用范围

不论电气一次回路，还是二次回路、照明回路等的检修作业，因安全距离不够、地点狭窄以及其他方面的问题，对工作形成妨碍需要全部或部分停止高压设备运行，并采取安全措施的工作，要填写第一种工作票。简言之，需要停电的作业填写第一种工作票。

不需停电的作业填写第二种工作票。

填用带电作业工作票的工作为在电气设备或线路上带电作业或与邻近带电设备距离小于安全作业规程规定的工作以及低压带电作业。

事故应急抢修工作为电气设备发生故障被迫紧急停止运行，需短时间内恢复的抢修和排除故障的工作。非连续进行的事故修复工作，应使用工作票。

按口头或电话命令执行的工作有测量接地电阻、修剪树枝、杆塔底部和机场等地面检查、涂写杆塔号、安装标示牌等。

3）工作票的填写

工作票由工作负责人填写，也可以由工作票签发人填写。工作票应使用钢笔或圆珠笔填写与签发，一式两份，内容应正确、清楚，不得任意涂改。工作票上所列的工作地点，以一个电气连接部分为限。所谓一个电气连接部分是指电气装置中，可以用隔离开关同其他电气装置分开的部分。

4）工作票的签发

工作票填写完成后，由工作票签发人审核无误，手工或电子签名后方可执行。工作票由设备运行单位签发，也可由经设备运行单位审核合格且经批准的修试及基建单位签发。

第一种工作票所列工作地点超过两个，或有两个及以上不同的工作单位（班组）在一起工作时，可采用总工作票和分工作票。总、分工作票应由同一个工作票签发人签发。

5）工作票的执行

第一种工作票应在工作前一日送达运行人员，可直接送达或通过传真、局域网传送，但传真传送的工作票许可应待正式工作票到达后履行。

工作班组在作业前要整齐列队、清点人数，由工作负责人宣读工作票、交待工作任务、安全措施及注意事项。工作负责人在作业过程中要始终在现场，必须做到不间断地监护督促全班人员认真执行工作票上的各项安全措施，保证作业安全。

6）工作票的有效期与延期

第一、二种工作票和带电作业工作票的有效时间以批准的检修期为限。

第一、二种工作票需办理延期手续时，应在工期尚未结束以前由工作负责人向运行值班负责人提出申请（属于调度管辖、许可的检修设备，还应通过值班调度员批准），由运行值班负责人通知工作许可人给予办理。第一、二种工作票只能延期一次。

2. 工作许可制度

在电气设备上进行工作，必须事先征得工作许可人的同意，未办理许可手续，不准擅自进行工作。

工作许可制度是指工作许可人负责审查工作票所列安全措施是否正确完备、是否符合现场条件，在负责完成现场的安全措施后会同工作负责人到工作现场所做的一系列证明、交待、提醒和签字，而准许检修工作开始的过程。

3. 工作监护制度

工作监护制度是指作业人员在作业过程中始终受到监护人的严格监督和保护，以便及时纠正作业人员的一切不安全行为和错误。

工作许可手续完成后，工作负责人、专责监护人应向工作班成员交待工作内容、人员分工、带电部位和现场安全措施，进行危险点告知，并履行确认手续，工作班方可开始工作。工作负责人、专责监护人应始终在现场，对工作班人员的安全认真监护，及时纠正不安全的行为。

4. 工作间断、转移和终结制度

1）工作间断

工作间断是指工作过程中，因需要补充营养、休息或其他原因，工作人员从现场撤出停止作业一段时间的情况。工作间断有当日间断和隔日间断。

当日工作间断时，工作班人员应从工作现场撤出，所有安全措施保持不动，工作票仍由工作负责人执存，间断后继续工作，无须通过工作许可人。

隔日间断时，应清扫工作地点，开放已封闭的通路，并将工作票交回运行人员。次日复工时应得到工作许可人的许可，取回工作票，工作负责人应重新认真检查安全措施是否符合工作票的要求，并召开现场班会后，方可工作。若无工作负责人或专责监护人带领，工作人员不得进入工作现场。

2）工作转移

使用同一张厂站工作票依次在几个工作地点转移工作时，工作负责人应向作业人员交代不同工作地点的带电范围、安全措施和注意事项。

使用一张工作票并在检修状态下的一条高压线路分区段工作，工作班自行装设的接地线等安全措施可分段执行。工作票上应填写使用的接地线编号、位置等随工作区段转移情况。

3）工作终结

工作终结是指工作票的终结，调度检修申请单的终结或书面形式布置和记录的终结。

厂站第一种工作票和以厂站许可模式使用的用于高压配电线路的线路第一种工作票的终结，分为工作负责人持有工作票的终结和工作许可人持有工作票的终结。工作负责人持有工作票的作业终结即工作票的终结。

分组工作的工作票作业终结前，工作负责人应收到所有分组负责人作业已结束的汇报，方可办理作业终结。全部作业结束，作业人员撤离现场后、办理作业终结前，任何人员未经工作负责人许可，不得进入工作现场。

8.2.4 保证安全的技术措施

保证安全的技术措施是保障电气设备和人员生命安全最有效和必不可少的技术手段，主要包括停电、验电、装设接地线、悬挂标示牌和装设遮拦等。

1. 停电

将停电的设备可靠地脱离电源，确保有可能给停电设备送电的各方面电源均须断开。断开电源，至少要有一个明显的断开点（拉开隔离开关），并采取防止误合隔离开关的措施。与停电设备有电气连接的星形接地的电气设备的中性点也应视为带电设备，且中性点必须断开。

保证安全的技术
措施动画

为了防止因误操作或校验引起继电保护误动等造成断路器或远方控制的隔离开关突然合闸而发生意外，必须断开开关的电、气、油等操作能源。对一经合闸就可能送电到停电设备的刀闸操作把手必须锁住。对难以做到与电源完全断开的检修设备，可以拆除设备与电源之间的电气连接。

2. 验电

验电就是使用验电器验证停电设备是否确无电压，是检验停电措施的制定和执行是否正确、完善的重要手段，也防止了发生带电装设接地线或合接地隔离开关等恶性事故。

（1）高压验电时，操作人员必须戴绝缘手套。

（2）验电时，应使用相应电压等级、试验合格且在有效期内的验电器，特别禁止使用低于或高于相应电压等级的验电器。

（3）验电前应先在有电设备上进行试验，确证验电器良好；无法在有电设备上进行试验时，可用高压发生器等确证验电器良好。

（4）在木杆、木梯或木架上验电，验电器不接地线不能指示者，可在验电器绝缘杆尾部接上接地线，但应经运行值班负责人或工作负责人许可。

（5）验电应分相逐相进行，对在断开位置的开关或刀闸进行验电时，还应同时对两侧各相验电。

（6）雨雪天气时不得进行室外直接验电。

（7）对电容量较大的设备进行验电时，必须充分放电后验电，直至验电器指示无电为止。

（8）不能光凭信号或表计的指示来判断设备是否带电；如果信号和表计指示有电，在未查明原因，排除异常的情况下，即使验电器检测无电，也应禁止在该设备上工作。

（9）对无法进行直接验电的设备，可以进行间接验电，即检查隔离开关的机械指示位置、电气指示、仪表及带电显示装置指示的变化，且至少应有两个及以上指示已同时发生对应变化。

（10）330 kV 及以上的电气设备可采用间接验电方法进行验电。

3. 装设接地线

装设接地线就是把工作地点的电气设备用导电性能良好的金属与接地网可靠地连接起来，使工作设备上的电位与地点位相同，形成一个等地电位作业保护区域。装设接地线包括合上接地刀闸和悬挂临时接地线（又称携带型接地线）。

1）装设接地线的作用

防止突然来电造成工作人员触电。突然来电时，接地线使其三相断路保护瞬间动作跳闸，切断电源；同时可限制突然来电时设备对地电位的升高，在某些情况下，还可将工作地点的对地电位限制在"地电位"。因此接地线是防触电的"生命线"。将停电设备上的感应电荷、残余电荷泄放入大地。

2）停电设备发生突然来电的原因

由于误调度或误操作，造成对停电设备误送电。由于自发电、双电源用户以及发电厂、变电所的厂（所）用变压器和电压互感器二次回路等的错误操作而造成对停电设备的倒送电。附近带电设备的感应，使其意外地带有危险电压。

停电线路和带电线路同杆架设或交叉跨越，两者之间发生意外的接触或接近放电，而使停电设备突然带电。当停电的低压网络和带电的低压网络共用零线时，由于零线断开或接地不良等原因，可能从零线窜入高电位而使停电的低压网络带有危险电压。停电设备上空有雷电活动时，落雷或雷电感应使停电工作设备突然带电。

4. 悬挂标示牌和装设遮拦

1）悬挂标示牌和装设遮拦的作用

悬挂标示牌可以提醒有关人员及时纠正将要进行的错误操作或动作。

2）悬挂标示牌和装设遮拦要求

在一经合闸即可送电到工作地点的开关和刀闸的操作把手上，均应悬挂"禁止合闸，有人工作！"的标示牌；对既能远方操作又能就地操作的断路器和隔离开关，在控制盘的操作手柄和就地操作把手上都应悬挂标示牌。

当线路有人工作时，则应在线路开关和母线侧刀闸把手上悬挂"禁止合闸，线路有人工作！"的标示牌。

在室内高压设备上工作时，应在工作地点两旁间隔、对面间隔的遮拦上及禁止通行的过道上悬挂"止步，高压危险！"的标示牌。

在室外配电装置上进行部份停电工作时，应在工作地点带电设备四周用绳子做好围栏，以限制检修人员的活动范围，防止误登邻近有电设备和构架；围栏上还应悬挂适当数量的"止步，高压危险！"标示牌，并悬挂在围栏内侧方向。

发电厂、变电所部分停电工作时，还须在工作地点或工作设备上悬挂"在此工作！"标示牌。

为了防止人身或停电部分对邻近带电设备的危险接近，安全距离小于电力安全工作规程规定以内的带电设备均应加装临时遮拦，临时遮拦与带电部分的距离不得小于电力安全工作规程的规定，并悬挂"止步，高压危险"的标示牌。

35 kV 及以下设备的临时遮拦，如因工作特殊需要，可用绝缘挡板与带电部分直接接触，但此种挡板应具有高度的绝缘性能。

严禁工作人员擅自移动或拆除遮拦（围栏）、标识牌。

拓展阅读

我国首个省级电网直流项目工程建设

任务 8.3　触电急救

相关知识

8.3.1　触电伤害的特点

触电后，一般会出现神经麻痹、昏迷不醒、呼吸中断、心脏停止跳动等症状。

假死状态：触电者丧失了知觉、面色苍白、瞳孔放大、脉搏和呼吸停止，但没有明显的致命内、外伤。根据临床表现，假死可分为三类：

（1）心跳停止、但尚能呼吸；

（2）呼吸停止、心跳尚存在但脉搏很微弱；

（3）心跳和呼吸均停止。

触电死亡有五个特征：心跳呼吸停止、瞳孔放大、尸斑、尸僵、血管硬化。若其中有一个尚未出现，都应视为触电者"假死"，应坚持抢救。是否死亡，只有医生才有权做出诊断结论。

实践经验证明：触电后 1 min 内急救，有 60% ~ 90% 的机会救活；1 ~ 2 min 内急救，有 45% 左右的机会救活；6 min 内进行急救，有 10% ~ 20% 的机会救活；超过 6 min 急救，救活的可能性就更小了。

触电急救

8.3.2　紧急救护通则

（1）现场采取措施保护伤员的生命，减轻伤情和痛苦，并迅速联系医疗机构救治。要求动作快、操作正确。

（2）认真观察伤员情况，防止伤情恶化，发现呼吸、心跳停止时，应立即就地进行心肺复苏。

（3）现场工作人员定期培训，会紧急救护。

（4）工作场所应配备急救箱。

8.3.3　触电急救的步骤与方法

触电急救包括脱离电源和现场心肺复苏两大环节。

1. 脱离电源

1）脱离低压电源

（1）迅速拉开附近开关或拔掉插头；

（2）用带绝缘柄的利器切断电源线；

（3）挑开电源线；

（4）拉开触电者；

（5）先在触电者与地之间垫绝缘木板等，然后再设法切断电源。

2）脱离高压电源

（1）电源开关在现场附近时，使用适合电压等级的绝缘工具切断电源；

（2）立即与电业部门联系迅速停电；

（3）当架空线路有人触电，可采取措施使线路短路跳闸，但要注意采用正确的步骤和方法，确保自身安全；

（4）当触电者触及断落在地上的高压导线，在未确认线路无电时，未采取安全措施的救护人不能接近断线 8 ~ 10 m 内。

2. 杆上或高处触电急救

当发现电杆上的工作人员突然患病、触电、受伤或失去知觉时，杆下人员应立即采取适当措施进行抢救。首先要使伤员立即脱离电源和高空，将其安全护降到地面再实施救护。

（1）脱离电源。

（2）准备安全用具：绝缘手套、安全带、脚扣、绳子等。

（3）选好营救位置：一般要高出伤者 20 cm，面向伤者。

（4）确定伤员病情：进行意识、呼吸、脉搏判定。

（5）杆上急救：如呼吸停止，应立即口对口（鼻）吹气 2 次，以后每 5 s 再吹气 1 次；如心跳停止，杆上难以实施胸外按压，可用空心拳头离胸前上方 25 ~ 30 cm 向前胸叩击 2 次，以促使心脏复跳。如心跳不恢复，应与地面联系，将伤员安全送至地面。

（6）下放伤员：单人下放和双人下放。

3. 心肺复苏法

1）清理口腔异物、畅通气道

（1）清理口腔异物。

①清醒者气道阻塞的处理：强行咳嗽法；膈下腹部猛压法；立位胸部猛压法。

②昏迷者气道阻塞的处理：手指清除异物法；腹部按压法。

（2）畅通气道：①仰头抬颏法；②托颌法。

2）人工呼吸

（1）口对口人工呼吸。

准备工作：解开触电者上衣领扣、松开上身紧身衣、解开裤带、摘下假牙等。

①头部后仰；②捏鼻掰嘴；③贴嘴吹气；④放松换气。

检查效果：一看胸部是否有起伏；二看口或鼻是否有气体逸出。

（2）口对鼻人工呼吸。

3）胸外心脏按压法

准备工作：先试触电者脉搏，无脉搏时才能进行胸外心脏按压；再让触电者仰面躺在平硬的地面上，头部放平，下肢可抬高 30 cm 左右；施救者跪在触电者肩旁，两脚分开。

（1）确定胸外心脏按压的正确部位。

（2）按压的正确姿势。

（3）进行按压：按压深度一般为 3.8 ~ 5 cm；速度以每分钟 80 ~ 100 次为宜，放松时间与按压时间相等。

4）救护过程注意事项

触电者呼吸、心跳均停止的抢救方法：

采用人工呼吸和胸外心脏按压交叉救护：操作时，每按压 30 次，吹气 2 次（30:2），反复进行。

拓展阅读

云南独龙江建成我国首个 20 kV 乡镇独立电网

测一测

模块八测一测

参 考 文 献

[1] 刘介才. 供配电技术 [M]. 4 版. 北京：机械工业出版社，2012.

[2] 张祥军，关大陆. 供配电应用技术 [M]. 北京：科学出版社，2011.

[3] 张刚毅，曹阳. 电力内外线工程 [M]. 北京：中国铁道出版社，2013.

[4] 王磊，曾令琴. 供配电技术 [M]. 3 版. 北京：高等教育出版社，2021.

[5] 黄伟. 供配电技术及成套设备 [M]. 北京：国防工业出版社，2016.

[6] 李火元等. 电力系统继电保护及自动装置 [M]. 2 版. 北京：中国电力出版社，2013.

[7] 杨利水，王艳. 电力系统继电保护与自动装置 [M]. 北京：中国电力出版社，2018.

[8] 任晓丹. 刘建英. 电力系统继电保护 [M]. 北京：北京理工大学出版社，2020.

[9] 张静. 邓丰. 专业为基思政铸魂 [M]. 长沙：中南大学出版社，2021.

[10] 黄绍平. 成套电器技术 [M]. 2 版. 北京：机械工业出版社，2023.

[11] 方万良，李建华，王建学. 电力系统暂态分析 [M]. 3 版. 北京：中国电力出版社，2017.

[12] 杨文学. 电力安全技术 [M]. 北京：中国电力出版社，2011.

[13] 陈琪，王旭. 智能照明工程手册 [M]. 北京：中国电力出版社，2021.

[14] 中国建筑科学研究院/北京照明学会照明设计专业委员会. 建筑照明设计手册 [M]. 3 版. 北京：中国电力出版社，2016.

[15] 王宏玉. 建筑供电与照明 [M]. 3 版. 北京：中国建筑工业出版社，2019.

[16] 刘介才. 工厂供电设计指导 [M]. 北京：机械工业出版社，1998.

[17] 马永力，黄志开. 建筑电气 [M]. 北京：中国水利水电出版社，2018.

[18] 袁小华. 电力工程 [M]. 北京：中国电力出版社，2023.

[19] 王华龙，孙承智. 电气安全技术 [M]. 沈阳：东北大学出版社，2023.

[20] 肖辉. 电气照明技术 [M]. 3 版. 北京：机械工业出版社，2015.

[21] GB 50054—2011 低压配电设计规范 [S]. 北京：中国计划出版社，2011.

[22] GB 26860—2011 电力安全工作规程 发电厂和变电站电气部分 [S]. 北京：中国标准出版社，2011.

[23] GB/T 50065—2011 交流电气装置的接地设计规范 [S]. 北京：中国标准出版社，2011.